"十二五"职业教育国家规划教材

经全国职业教育教材审定委员会审定

U0189786

服装制图与样板制作

（第4版）

徐雅琴　马跃进　编著

中国纺织出版社

内 容 提 要

本书是"'十二五'职业教育国家规划教材"之一。全书由两大部分组成,第一部分为服装制图部分,共分五章,分别介绍服装制图概述、裙装制图、裤装制图、女装制图及男装制图;第二部分为服装样板制作部分,共分十章,分别介绍服装样板制作概述、服装样板推档、裙装样板制作与推档、裤装样板制作与推档、女装样板制作与推档、男装样板制作与推档及服装成品剥样、服装衬布与里布配置、服装排料、服装样板操作范例等,并在每章后附思考题。

本书用简洁的文字配以大量的实例,较全面地介绍了服装制图与服装样板制作的过程,操作性强是本书的最大特点,也是作者力求达到的目标。本书既可作为高等职业教育服装专业教材,也可供服装技术人员、服装爱好者自学参考。

图书在版编目(CIP)数据

服装制图与样板制作/徐雅琴,马跃进编著. -- 4版. -- 北京:中国纺织出版社,2018.3(2024.5重印)

"十二五"职业教育国家规划教材

ISBN 978-7-5180-3447-5

Ⅰ.①服… Ⅱ.①徐… ②马… Ⅲ.①服装量裁—制图—高等职业教育—教材 Ⅳ.①TS941.2

中国版本图书馆 CIP 数据核字(2017)第 064977 号

责任编辑:郭 沫 责任校对:王花妮
责任设计:何 建 责任印制:王艳丽

中国纺织出版社出版发行
地址:北京市朝阳区百子湾东里 A407 号楼 邮政编码:100124
销售电话:010—67004422 传真:010—87155801
http://www.c-textilep.com
中国纺织出版社天猫旗舰店
官方微博 http://weibo.com/2119887771
三河市宏盛印务有限公司印刷 各地新华书店经销
1999 年 3 月第 1 版 2004 年 6 月第 2 版 2011 年 5 月第 3 版
2018 年 3 月第 4 版 2024 年 5 月第 27 次印刷
开本:787×1092 1/16 印张:25.5
字数:430 千字 定价:49.80 元

凡购本书,如有缺页、倒页、脱页,由本社图书营销中心调换

出版者的话

百年大计，教育为本。教育是民族振兴、社会进步的基石，是提高国民素质、促进人的全面发展的根本途径，寄托着亿万家庭对美好生活的期盼。强国必先强教。优先发展教育、提高教育现代化水平，对实现全面建设小康社会奋斗目标、建设富强民主文明和谐的社会主义现代化国家具有决定性意义。教材建设作为教学的重要组成部分，如何适应新形势下我国教学改革要求，与时俱进，编写出高质量的教材，在人才培养中发挥作用，成为院校和出版人共同努力的目标。2012年12月，教育部颁发了教职成司函〔2012〕237号文件《关于开展"十二五"职业教育国家规划教材选题立项工作的通知》（以下简称《通知》），明确指出我国"十二五"职业教育教材立项要体现锤炼精品，突出重点，强化衔接，产教结合，体现标准和创新形式的原则。《通知》指出全国职业教育教材审定委员会负责教材审定，审定通过并经教育部审核批准的立项教材，作为"十二五"职业教育国家规划教材发布。

2014年6月，根据《教育部关于"十二五"职业教育教材建设的若干意见》（教职成〔2012〕9号）和《关于开展"十二五"职业教育国家规划教材选题立项工作的通知》（教职成司函〔2012〕237号）要求，经出版单位申报，专家会议评审立项，组织编写（修订）和专家会议审定，全国共有4742种教材拟入选第一批"十二五"职业教育国家规划教材书目，我社共有40种教材被纳入第一批"十二五"职业教育国家规划。为在"十二五"期间切实做好教材出版工作，我社主动进行了教材创新型模式的深入策划，力求使教材出版与教学改革和课程建设发展相适应，充分体现教材的适用性、科学性、系统性和新颖性，使教材内容具有以下几个特点：

（1）坚持一个目标——服务人才培养。"十二五"职业教育教材建设，要坚持育人为本，充分发挥教材在提高人才培养质量中的基础性作用，充分体现我国改革开放30多年来经济、政治、文化、社会、科技等方面取得的成就，适应不同类型高等学校需要和不同教学对象需要，编写推介一大批符合教育规律和人才成长规律的具有科学性、先进性、适用性的优秀教材，进一步完善具有中国特色的职业教育教材体系。

（2）围绕一个核心——提高教材质量。根据教育规律和课程设置特点，从提高学生分析问题、解决问题的能力入手，教材附有课程设置指导，并于章首介绍本章知识点、重点、难点及专业技能，增加相关学科的最新研究理论、研究热点或历史背景，章后附形式多样的习题等，提高教材的可读性，增加学生学习兴趣和自学能力，提升学生科技素养和人文素养。

（3）突出一个环节——内容实践环节。教材出版突出应用性学科的特点，注重理论与生产实践的结合，有针对性地设置教材内容，增加实践、实验内容。

（4）实现一个立体——多元化教材建设。鼓励编写、出版适应不同类型高等学校教学需要的不同风格和特色教材；积极推进高等学校与行业合作编写实践教材；鼓励编写、出版不同载体和不同形式的教材，包括纸质教材和数字化教材，授课型教材和辅助型教材；鼓励开发中外文双语教材、汉语与少数民族语言双语教材；探索与国外或境外合作编写或改编优秀教材。

教材出版是教育发展中的重要组成部分，为出版高质量的教材，出版社严格甄选作者，组织专家评审，并对出版全过程进行过程跟踪，及时了解教材编写进度、编写质量，力求做到作者权威，编辑专业，审读严格，精品出版。我们愿与院校一起，共同探讨、完善教材出版，不断推出精品教材，以适应我国职业教育的发展要求。

中国纺织出版社

教材出版中心

第 4 版前言

　　服装制图与样板制作是服装高等职业教育中的一门主干课程，为了适应服装制图与样板制作课程的要求，作者根据多年的服装教学与实践经验编著了本教材，希望能为高职学生及广大读者提供一本系统性强、结构合理、内容新颖的实用性高等职业教育教材。

　　随着服装工业的迅速发展，需要大量掌握服装专业技术的人才，为培养适应当前企业需求的技术型人才，我们对本书进行了修订。本教材在前三版的基础上，根据高等职业教育的特点，作了如下修改和调整：

　　一、删减并增加了部分内容。将原有教材中的部分已过时的款式进行了删减，同时根据目前的服装流行趋势，在裙装及女装中增加了新款式。

　　二、服装结构细节的修改。在裙装中，对典型款式一步裙的后衩进行了修改，使之更具有操作性和合理性。在男装中，对戗驳领男西装款式进行了细节性的修改，使之更符合当前男装的流行趋势。

　　三、服装样板制作部分的完善。顺应目前企业对服装样板精确度要求越来越高的趋势，重点完善了服装样板制作部分内容。在原有样板的基础上，对服装零部件中的过面(也称挂面)增补了配置方法，对缝份标注、定位标记、缝制工艺标示等进行了修改和补充，使服装样板的制作方法更能与目前企业的操作方法接轨。

　　四、服装结构线变化类型部分的增补，本书分别在裙装、裤装及女装的基本型讲解的基础上，对其结构线类型的变化作了延展，此次修订在裙装与女装中增补了结构线的变化类型，使之更为全面。

　　此次修订，以梳理全书脉络为目的，对本教材作了上述的修改，希望使教材结构更合理，内容更充实，形式更完善。既便于读者循序渐进地系统学习，又能使读者了解到服装制图与样板制作方面的新发展，希望本教材对高职学生与读者掌握服装制图与样板制作的知识与应用有一定的帮助。

　　本书适合服装高等职业教育层次的教学，同时也可作为服装专业技术人员、服装爱好者的自学用书。

　　本书作者徐雅琴系上海工程技术大学服装学院的专业教师，马跃进系上海纺织工业职工大学的服装专业教师。参加本书编写的还有惠洁、刘国伟、潘静、赵轶群、吴崴、施金妹、叶国权等，本书在撰写过程中，得到了孙熊教授、冯翼校长、包昌法教授的热情指导和帮助，得到了上海工程技术大学服装学院领导的大力支持，在此表示感谢。

由于作者的水平有限，本书难免有不足与疏漏之处，敬请各位专家、读者指正。

编著者

2017 年 2 月

第 3 版前言

服装制图与样板制作是服装高等职业教育中的一门主干课程，为了适应服装制图与样板制作课程的要求，作者根据多年的服装教学与实践经验编著了本教材，希望能为高职学生及广大读者提供一本系统性、结构合理及内容新颖的实用高职教材。

随着服装工业的迅速发展，需要大量掌握服装专业技术的人才，本教材在前两版的基础上，根据高等职业教育的特点，做了如下修改和调整：

（一）对女装和男装结构的构成进行了调整。为了使上装更趋结构合理化和操作的可行性，对男、女装袖窿深及肩斜度的控制公式及数据进行了调整，并根据男装的要求，对衣片及袖片做了方向性的调整。

（二）删减并增加了部分内容。删减了原有教材中部分已过时的款式，同时根据目前的服装流行趋势，在裙装、裤装及女装中增加了一定量的新款式。在男装中，对男西装的衬布与里布的配置做了完善性的补充。

（三）修改了服装里布的配置方法。在原有净配法的基础上，增加了男西装的毛配法，以适应不同服装类型里布配置的需要。

（四）规范了服装结构图的线条。为了使服装结构图更为清晰和美观，对书中部分线条做了调整，如丝缕线的绘制等。

此次修订，旨在使教材的结构更合理，内容更充实，形式更完善，既便于读者循序渐进地系统学习，又能使读者了解到服装制图与样板制作方面的新发展，希望本教材对高职学生与读者掌握服装制图与样板制作的知识与应用有一定的帮助。

本书作者徐雅琴系上海工程技术大学服装学院的专业教师，马跃进系上海纺织工业职工大学的专业教师。参加本书编写的还有惠洁、刘国伟、赵轶群、吴崴、施金妹、叶国权等。另外，本书在撰写的过程中，得到了孙熊教授、冯翼校长、包昌法教授的热情指导和帮助，还得到了上海工程技术大学服装学院领导的大力支持，在此一并表示衷心的感谢！

由于作者水平有限，书中难免有不足与疏漏之处，敬请各位专家、读者指正。

编著者

2010 年 2 月

第 2 版前言

在全国教育事业迅速发展的形势下，为了适应教育体制和教学改革的需要，现对原中国纺织总会教育部委托中国纺织出版社组织上海纺织工业职工大学等 6 所院校编写的服装高等职业教育教材进行修订。

本套教材自 20 世纪 90 年代末问世以来，受到了服装专业广大师生的好评，在社会读者中产生了深远的影响，对培养服装专业人才起了积极的作用。随着教育改革的逐步深入，服装工业新技术、新设备、新工艺、新材料、新标准的不断应用，该套教材的内容已显陈旧，亟须更新。为了满足教学需要，我们组织有关专家对教材进行了修改补充，力争使教材内容新，知识涵盖面宽，有利于学生专业能力的培养。

这次修订在原《服装制图与样板制作》一书的基础上，徐雅琴、马跃进两位老师对书中的部分内容进行了修改和补充，使本书更具可读性和操作性。

首批修订的教材包括：《服装结构设计基础》《服装制图与样板制作》《服装专业英语》《服装市场营销》《服装生产管理》5 本书。希望本套教材修订后能更受广大读者的欢迎，不足之处恳请读者批评指正。

编著者

2003 年

第1版前言

　　服装文化是我国五千多年悠久历史的重要组成部分，为人类发展和社会进步做出了重要的贡献。丰富的服装文化是祖先遗留给我们的宝贵财富，断承和发扬我国服装文化，是我们每位服装教育工作者义不容辞的神圣职责，我们编著"服装高等职业教育教材"，意在为发展我国的服装事业尽职尽责。

　　现代服装教学，已改变了传统、落后的师傅带徒弟的个体传授技艺方式和只讲穿针引线、缝缝烫烫的手工艺内容。一件优秀的服装作品，必然是现代实用艺术和现代科学技术的完美结合，而现代科技又需要赋予服装工业科学合理的经营管理，随着市场经济的发展，服装业已形成一个大的产业。所以，我们培养的目标也必须是会设计、懂技术、能管理、善经营并具有多方面知识和技能的复合型服装专业人才。本教材正是为了培养既有服装专业基础理论，又具有实际动手能力，善于在现场组织指挥的高级服装专业人才而编著的。同时，本教材也可以作为在职服装专业技术人员的参考读物。

　　本教材由中国纺织总会教育部委托中国纺织出版社组织上海纺织工业职工大学服装分校、惠州大学服装分院等一批在教育第一线工作的同志编写的，并得到了中国纺织大学服装学院、上海纺织高等专科学校、上海纺织工业职工大学、上海工程技术大学纺织学院、天津纺织职工大学、武汉纺织工学院、江西纺织职工大学、惠州大学服装分院、上海服装研究所等单位的领导、专家和教授的热心指点，在此一并表示感谢。

　　本套教材共11册，由冯翼主编，参加编写的人员有包昌法、濮微、苏石民、李青、刘小红、刘东、陈学军、万志琴、顾惠生、徐雅琴、沈六新、陈平、严国英等，主审人员有刘晓刚、张文斌、缪元吉、孙熊、金泰钧、宋绍华等。由于服装高等职业教育教材在我国尚属首次编著，缺少经验和资料，加之编者水平所限，不足之处在所难免，望有关专家、学者给予指正。

编著者

1997 年

目　录

第一章　服装制图概述

服装制图是以人体体型、服装规格、服装款式、服装原料质地性能和工艺要求为依据，运用服装制图的方法，将立体的服装款式分解为服装平面结构图。服装制图具有工程性、艺术性和技术性的特点，就工程性而言，服装制图的依据、各部位的结构关系、定点划线和构成的衣片外形轮廓等都必须是非常严谨、规范和准确的，必须达到工程性的要求。就艺术性而言，服装的某些部位或部件形态、轮廓的确定，并非单纯依靠数据或比例推导而成，而是凭艺术的感觉，靠形象的美感而确立的，使之构成理想的结构线条，从而符合艺术性的要求。就技术性而言，服装的缝纫工艺、流水线生产的全过程和服装的原料性能等需要全面掌握，才能达到技术性的要求。

第一节　服装制图相关因素

服装是为人体服务的，服装与人体的关系表现在服装与人体的形态方面。人体的外形决定了服装的基本结构，人体各部位的长度、围度是确定服装各部位规格的依据，人体体表的高低起伏程度是确定服装收省、打褶裥的依据，人体各部位的运动幅度是确定服装放松量的依据等。服装制图最根本的依据是人体体型，因此，深刻地理解人体结构对服装制图的学习是相当必要的。

一、人体体型与服装制图

（一）人体的点、线、面

（1）人体上点的位置示意图如图1-1所示。

（2）人体上线的位置示意图如图1-2所示。

（3）人体上面的位置示意图如图1-3所示。

（二）人体与服装相对应部位

（1）人体与裤片相对应部位如图1-4所示。

（2）人体与衣片相对应部位如图1-5所示。

（3）人体与袖片相对应部位如图1-6所示。

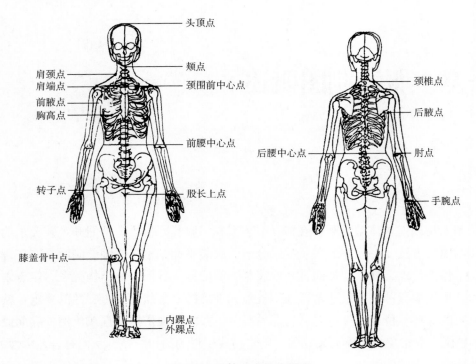

图 1-1　人体上点的位置图

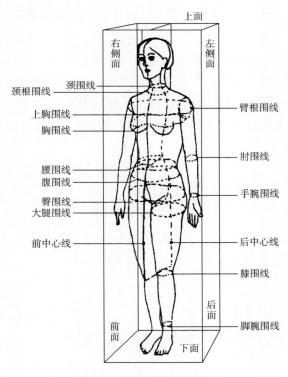

图 1-2　人体上线的位置图

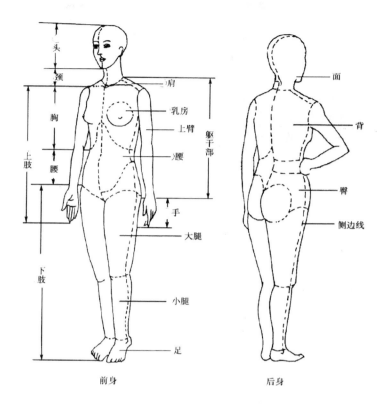

图 1-3　人体上面的位置图

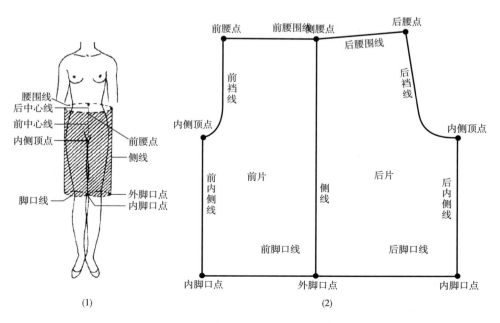

(1)　　　　　　　　　　　(2)

图 1-4　人体与裤片对应部位图

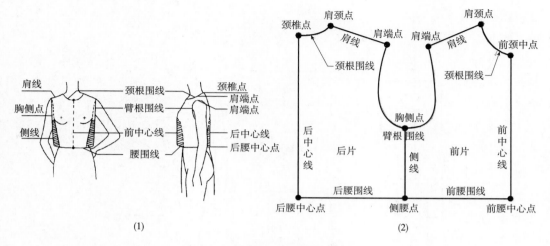

（1）   （2）

图 1-5　人体与衣片相对应部位图

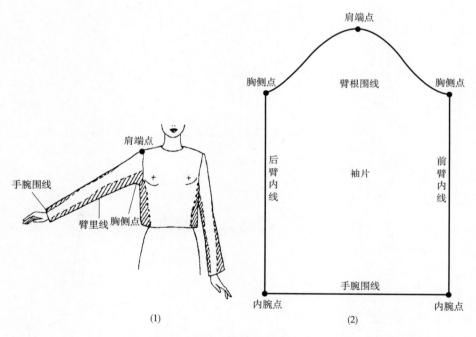

（1）   （2）

图 1-6　人体与袖片相对应部位图

（三）人体测量

人体测量是服装制图的先决条件，由测量得到的净体规格尺寸加上放松量则成为服装的成品规格尺寸，是服装制图的直接依据。

1. 测体工具

（1）软尺：质地柔韧，刻度正确、清晰，稳定不缩。

（2）腰围带：测量腰部最细处，为测量腰节高的辅助工具，可用软尺或布带。

2. 测体前的准备

测体前需根据服装款式的需要确定所要测量的部位。

（1）测体者：测体者不宜站在使被测者有不适感的位置，并准确、快捷地进行测体。测体时要注意观察并记录被测者的体型特征，如是否有挺胸、驼背、溜肩、凸腹等现象，以作为规格确定的参考依据。

（2）被测者：被测者测量时应穿紧身衣、衬衫或连衣裙，并穿戴好胸罩、束腰及鞋子等，以最自然的姿势站好。

3. 测体部位及方法（图 1-7）

（1）头围：使用软尺，自额头中央经过耳朵上方、脑后突出处测量一周。

（2）颈围：将软尺侧立，围绕颈前中点、肩颈点至颈后中点测量一周。

（3）胸围：用软尺过胸高点，水平环绕胸部测量一周。

（4）腰围：用软尺水平环绕腰部最细处测量一周。

（5）臀围：经臀部最丰满处，水平环绕测量一周。

（6）腹围：沿腹围最丰满处，水平环绕测量一周。

（7）臂根围：经过肩端点、腋点，环绕手臂根部测量一周。

（8）臂围：在上臂根部最粗处，水平环绕测量一周。

（9）肘围：曲肘，经过肘点环绕测量一周。

（10）手腕围：绕腕部测量一周。

（11）肩宽：测量左右肩端点之间的距离。

（12）背宽：测量背部左右后腋点之间的距离。

（13）胸宽：测量胸部左右前腋点之间的距离。

（14）乳峰点间距：测量左右胸高点之间的距离。

（15）后腰节长：自肩颈点过背部垂直向下量至腰围线的距离。

（16）前腰节长：自肩颈点过胸高点垂直向下量至腰围线的距离。

（17）胸高：自肩颈点量至胸高点的长度。

（18）臀高：自腰围线至臀围线之间的长度。

（19）股下：测量臀沟至足踝之间的长度。

（20）袖长：自肩端点量至手腕或所需长度。

（21）衣长：自前肩颈点量至所需长度。衣长测量起始点也可为后肩颈点或后颈椎点。

（22）膝长：从腰围线量至髌骨中点。此长度常作为裙长的参考长度。

（23）裤长：在人体侧面自腰围线量至外踝点或所需长度。

二、服装规格与服装制图

（一）服装成品规格的来源、构成和使用

1. 服装成品规格的来源

（1）按 GB/T 1335《服装号型》标准中取得数据设计服装成品规格。

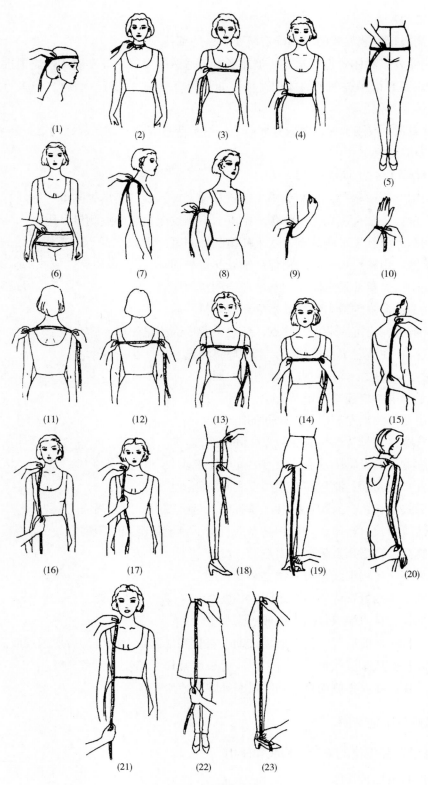

图 1-7　测体部位图

（2）以测体取得的数据加上人体活动松量构成服装成品规格。

（3）由客户提供数据编制服装成品规格。

（4）按实物样品测量取得数据，制定服装成品规格。

2. 服装成品规格的构成

服装成品规格，就其每一部位规格的具体构成来说，包括三个方面的要素，简称"三要素"：

（1）人体的净体数值；

（2）人体运动因素；

（3）服装款式造型因素。

3. 服装成品规格的使用

服装成品规格的使用是在已确定的服装主要部位规格组合的基础上，按人体的比例以主要部位规格推导其他相关部位的规格。一般来说，上装类袖长和下装类裤长是一件（条）服装的长度的主要规格；上装类胸围和下装类腰围、臀围是一件（条）服装围度规格的主要规格。从人体身高推导出衣袖的肘位；从胸围推导出腰围、摆围等；从臀围推导出前后窿门、横裆等。

（二）服装号型系列

"服装号型系列"是以我国正常人体主要部位的尺寸为依据，对我国人体的不同体型进行分类制定的国家标准。它提供了以人体各主要部位尺寸为依据的数据模型，这个数据模型采集了我国人体中与服装有密切关系的尺寸，并经过科学的数据处理，基本反映了我国人体的体型规律，具有广泛的代表性。服装号型系列的人体尺寸是人体的净体尺寸，并不是服装成品规格。服装号型系列是设计服装成品规格的依据。服装号型系列适用于我国绝大多数各部位发育正常的人体，特别高大或特别矮小、过分矮胖或特别瘦小的体型以及特殊体型的人，不包括在"服装号型系列"所指的人群范围内。

1. 号型定义

"号"指人体的高度，以厘米（cm）为单位表示人体的身高，是设计服装长短的依据；"型"指人体的围度，以厘米（cm）为单位表示人体的胸围或腰围等，是设计服装肥瘦的依据。

2. 体型分类

体型分类是根据人体的胸围与腰围的差数来确定的。按差数的大小将体型分为 Y、A、B、C 四种类型，其中 Y 型的胸围与腰围的差数最大，C 型的胸围与腰围的差数最小，具体数据见表 1-1。

表 1-1　体型分类表　　　　　　　　　　　　　　　　　　单位：cm

性别	男				女			
体型分类	Y	A	B	C	Y	A	B	C
胸腰差数	17 ~ 22	12 ~ 16	7 ~ 11	2 ~ 6	19 ~ 24	14 ~ 18	9 ~ 13	4 ~ 8

3. 号型标志

按服装号型系列标准规定，服装成品上必须标明号型。其表示方法为号的数值在前，型的数值在后，中间用斜线分隔，型的数值后标示体型分类，例如男装衬衫 170/88A，其中 170 表示身高为 170cm，88 表示净体胸围为 88cm，体型分类代号 A 则表示胸腰差在 12 ~ 16cm 之间。

4. 号型系列

号型系列设置以中间标准体为中心，向两边依次递减或递增，服装规格按此系列进行设计。将人体的号和型进行有规律的分档排列，称为号型系列。号的分档与型的分档相结合，分别有 5·4 系列和 5·2 系列。号型系列中的"5"表示号的分档数值，号型系列中的"4""2"表示型的分档数值。

5. 号型应用

消费者在选购服装前，首先要测量身高、净胸围和净腰围，按胸围与腰围的差数确定所属的体型分类，然后从中选择合适号型类别的服装。若测量的身高和胸围与号型设置不吻合时，应采用靠档法，具体方法见表 1-2 ~ 表 1-4。

表 1-2 身高选用号一览表（成人） 单位：cm

人体身高	162~167	167~172	172~177	—
选用号	165	170	175	—

表 1-3 胸围选用型一览表（成人） 单位：cm

人体净胸围	82~86	86~90	90~94	—
选用型	84	88	92	—

表 1-4 腰围选用型一览表（成人） 单位：cm

人体净腰围	65~66	67~68	69~70	—
选用型	66	68	70	—

儿童处于成长阶段，其特点是身高的增长速度大于胸围及腰围的增长速度。选择服装时号可选大一档，型可按实际的大小或大一档。具体方法见表 1-5 和表 1-6。

表 1-5 胸围选用型一览表（儿童） 单位：cm

人体净胸围	54~57	58~61	62~65	—
选用型	56	60	64	—

表 1-6 腰围选用型一览表（儿童） 单位：cm

人体净腰围	51~53	54~56	57~60	—
选用型	52	55	58	—

在服装生产中需注意，选用号型系列必须考虑目标市场地区的人员比例和市场需求，相应地安排生产数量，以满足大部分人的穿着需要。

6. 服装号型系列控制部位数值

控制部位的数值共有 10 个，除身高、胸围、腰围外，还有颈椎点高、坐姿颈椎点高、全臂长、腰围高、颈围、总肩宽、臀围。

7. 服装号型与服装规格

服装号型系列和各控制部位数值确定以后，就可设计服装的具体规格，概括地说，是以控制部位的数值加放不同的放松量来设计服装成品规格。这里介绍的是按服装控制部位规格推算服装成品规格的方法。

服装成品规格中长度的确定，一般以身高的百分比加减定数或加放松量来求得。

服装成品规格中围度的确定，一般以控制部位数值加放一定的放松量来求得。例如：

$$衣长 = 号 \times 40\% + 定数$$
$$袖长 = 号 \times 30\% + 定数$$
$$胸围 = 型 + 定数$$
$$领围 = 颈围 + 定数$$
$$总肩宽 = 总肩宽（净体）+ 定数$$

（三）服装成品规格的放松量与人体运动及部位的关系

1. 人体运动与放松量

人体的运动是复杂多样的，有上肢和下肢的伸屈、回旋运动，有躯干的弯曲、扭转运动，也有颈部的前倾后仰运动等，所有这些运动都将引起运动部位肢体表面的变化。为了使服装适应人体表面的变化，需在其相应部位的净体规格基础上加放一定的放松量。由于人体运动部位、运动方式和运动幅度等各不相同，而且不同的服装款式和功能需求也不同，因此所需加放松量的大小也不尽相同。例如体操服，选用具有高弹性的面料制作，要求完全贴合人体，因此无须加入放松量，甚至因面料的弹性高而需在净体规格的基础上有所缩减；又如，工作服要求手臂的抬举方便，人体各部位活动自如、随意，其放松量要比一般服装的放松量大。

2. 服装放松量

人体测量所取得的数据是净体或贴体规格，直接按净体规格制作服装，不能满足人体的运动需求。人在不断地活动和运动，但绝大多数的面料无伸缩性，因此为了使服装适合人体的各种活动和运动，必须在量体所得数据的基础上，根据服装品种、式样和穿着用途加放一定的放松量。同时，还需考虑服装的穿着层次。

人体运动的便利与否并非完全是由服装放松量的大小所决定的。一般认为，服装放松量越大，人体运动越便利。但服装有些部位放松量过大，反而会不利于人体运动，如上裆、袖窿深等部位。

3. 常用服装放松量（表1-7）

表 1-7　各类服装放松量一览表　　　　　　　　单位：cm

服装名称	放松量				备注
	领围	胸围	腰围	臀围	
男衬衫	2 ~ 3	15 ~ 25	—	—	—
男茄克衫	4 ~ 5	20 ~ 30	—	—	春秋季穿着，内可穿羊毛衫
男中山装	4 ~ 5	20 ~ 28	—	—	同上
男西装	4 ~ 5	18 ~ 26	—	—	同上
男大衣	5 ~ 6	25 ~ 30	—	—	冬季穿着，内可穿西装
男裤	—	—	2 ~ 3	10 ~ 12	—
女衬衫	2 ~ 3	10 ~ 20	—	—	—
女连衣裙	2 ~ 3	6 ~ 10	—	—	—
女外套	3 ~ 4	12 ~ 18	—	—	春秋季穿着，内可穿羊毛衫
女西服	3 ~ 4	12 ~ 18	—	—	同上
女大衣	4 ~ 5	20 ~ 25	—	—	冬季穿着，内可穿西装
女裤	—	—	1 ~ 2	8 ~ 10	—
女裙	—	—	1 ~ 2	4 ~ 6	—

注　由于款式、穿着习惯、各地气候条件的不同，表内规格数值仅供参考。

三、服装款式造型与服装制图

　　服装款式造型是由服装成品的外形轮廓、内部的衣缝结构及相关附件的形状与位置等多种因素综合决定的，是服装制图的主要依据。服装制图就是参照服装的款式造型绘制出衣片和附件，并充分地反映服装款式的造型特征和设计者的意图。

（一）服装款式设计的来源

　　服装款式设计的主要来源有实物样品、实物纸样、照片、杂志图片和设计画稿等。在服装生产中，实物样品是由订货单位提供的服装成品，通过对实物样品的分析及测量，制作出与实物样品完全吻合的平面结构图。实物纸样是由订货单位直接提供，可直接投入生产。对于照片、杂志图片及设计画稿所提供的款式，需充分理解款式特点和设计风格作出服装平面结构图。

（二）正确理解设计意图

　　（1）充分理解款式造型特征、款式风格以及装饰和配色特点。

　　（2）充分理解内部结构线的形态及含意。结构线的形态有直线、曲线，结构线的含义可以是省、褶裥、缝及装饰线迹等。有些分割线的设计既有装饰功能，又有实用功能，如女装中经过胸部的分割线，既增加了服装的美感，又使胸省和腰省融进分割线中。

（3）充分理解服装各部件间的组合关系及其具体规格和比例。服装各部位的大小、宽窄、长短、位置等绝大部分是以人体比例为标准来计算的，横向以颈围、肩宽、胸围等为基准，纵向以两肩高低、胸高、背长等为基准。如前衣片分割线的位置以胸高点的位置为基准确定，有一些部件还可以按与其他部位的比例关系为标准，如袋盖宽与袋盖长等。

四、服装材料与服装制图

服装材料是构成服装的物质基础。服装材料品种众多，质地性能各异，有的质地柔软疏松，有的坚挺厚实，材料的伸缩率也各不相同，所有这些因素都与服装制图密切相关。因而服装材料也是服装制图所要考虑的因素之一。

（一）材料的质地

服装材料的质地性能千差万别，有紧密型、疏松型、坚实型、松软型、轻薄型、厚重型、硬挺型、柔软型、表面光洁型、表面粗糙型等，不同质地的材料，应在制图时根据其特性有针对性地处理。越是紧密、坚实、轻薄、硬挺、光洁的织物，其变形性越弱；越是稀疏、松弛、厚重、柔软、布面粗糙的织物，其变形性越强。根据这一特性，制图时，斜丝缕处应适当放缩以适应斜丝缕下垂时的自然伸长和横缩。同时需加宽缝份，以免因材料松散变形造成规格不符。

（二）材料的伸缩率

不同质地性能的材料，其伸缩率各不相同。如全棉材料的伸缩率比化纤材料的伸缩率大的多，因而全棉材料在服装制图时需要根据其缩率适当地加长、加宽，以保证成衣后的规格达到预定的目标。

（三）材料的经纬丝缕

由于目前使用的原料绝大多数是由经纬纱线交织而成的机织物，一般织物的长度方向（与布边平行）为经向，幅宽方向（与布边垂直）为纬向。两者之间称为斜向，俗称直丝缕、横丝缕、斜丝缕（图1-8）。直丝缕的特点是强度高，不易伸长变形，因而有些部位裁片利用直丝缕不易变形的特点，如衣长、裙长、裤长、裤腰、裙腰等。横丝缕的特点是强度稍差，但纱质柔软，较直丝缕易变形，有些部位取其特点，采用横丝缕以保证一定的弹性，如胸围、臀围、衣领等。斜丝缕伸缩性大，易拉伸变形，因此一般滚条、压条等都采用斜丝缕，此外，喇叭裙宽大下摆的波浪也是利用了斜丝缕的特点。

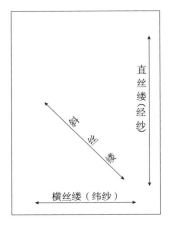

图1-8 经纬丝缕图

五、服装工艺与服装制图

在服装成品缝制加工的过程中，由于采用的衣缝结构形式不同，衣片相互组合形态不同等都会对服装制图产生影响，因而服装工艺也是服装制图所要考虑的因素之一。

（一）服装衣缝结构

服装成品在缝制过程中，采用的衣缝结构是各不相同的。如有些款式的衣缝是袋口位或裆位，就应考虑袋口位的衣缝处理等。

（二）服装组合形态

服装组合形态是指各部位、部件的衣面布与衣里布、衬及其他辅料的关系。从服装的主体来看，服装有单、夹之分，从而有衣面布、衣里布、衣衬等区别。里布又可分为全里、半里、前里、后单等。从服装的局部来看，如前片敷衬与否、肩部装垫肩与否等都会对服装制图产生一定的影响。

（三）服装熨烫工艺

推、归、拔等熨烫技巧可以使裁片由平面趋于立体以更符合人体。如撇门量大的服装，熨烫时前衣片的门襟归缩量较大，在处理过面时应不含撇门量，以保证前衣片与过面（也称挂面）缝合到位。又如服装的收腰造型，采用归拔工艺处理时，可使侧缝处收腰设计较大；不采用归拔工艺处理时，侧缝处的收腰量的处理就不宜太大。

第二节　服装制图基础

服装制图基础主要是指服装制图应掌握的基础知识，包括服装制图使用的工具、图线的形式及用途、符号、代号等。

一、服装制图常用工具

1. 直尺

直尺的材料有钢质、木质、塑料、竹和有机玻璃等。钢直尺刻度清晰、准确，一般用于易变形尺的校量；木、塑料直尺虽然轻便，但易变形，一般使用不多；竹尺一般是市制居多，因而也使用不多。最适宜制图的是有机玻璃尺，因其平直度好、刻度清晰且不易变形而成为服装制图的常用工具之一。常用的规格有 20cm、30cm、50cm、60cm 等［图 1–9（1）］。

2. 三角尺

三角尺的材料有木质、有机玻璃等。服装制图中常用的是有机玻璃的并且多带量角器的成套三角尺，规格有 20cm、30cm、35cm 等，可根据需要选择三角尺的规格［图 1–9（2）］。

3. 软尺

软尺俗称皮尺，多为塑料质地，尺面涂有防缩树脂层，但长期使用会有不同程度的收缩现象，因此应经常检查、更换。软尺的规格多为 150cm，常用于测量人体或制图中的曲线长度等［图 1–9（3）］。

4. 比例尺

比例尺是一种用于按一定的比例作图的测量工具。比例尺一般为木质，也有塑料的，尺形为三棱形，有三个尺面，六个尺边，即六个不同比例的刻度供选用。服装制图可选用相宜的比例制图。

5. 常用曲线板

曲线板的材料大多为有机玻璃，规格为 10 ~ 30cm 不等。在服装制图中主要用于曲线的绘制［图 1-9（4）］。

6. 专用曲线板

专用曲线板是专为服装制图而设计的曲线板。可用于服装制图中较短曲线的绘制，如西装的下摆、前后领圈等［图 1-9（5）］。其次还有大、小弯尺，可用于较长曲线的绘制，如两片袖的前后侧缝，裤的下裆等［图 1-9（6）］。

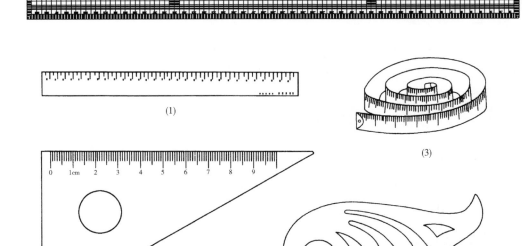

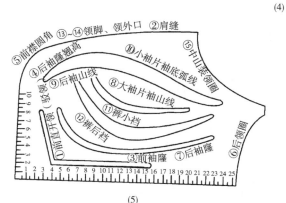

(5)

图 1-9

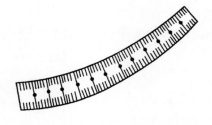

(6)

图 1-9　服装制图工具图

7. 铅笔

铅笔主要用于绘图，因此多用绘图铅笔。绘图铅笔笔芯有软硬之分，标号 HB 为中等硬度；标号 B ～ 6B 的铅芯渐软，笔色粗黑；标号 H ～ 6H 的铅芯渐硬，笔色细淡。服装制图中常用的有 H、HB、B 三种铅笔，根据结构图对线条的不同要求来选用。

8. 墨线笔

墨线笔根据笔尖的粗细不同分为 0.3 ～ 0.9cm 等不同的型号，0.3cm 的墨线笔较细，可用于绘制结构线与标注尺寸线，0.6 ～ 0.9cm 的墨线笔较粗，可用于绘制轮廓线。

9. 记号笔

记号笔有多种颜色，可用于勾画装饰线条或区别叠片，还可用于区分服装样板的面板、里板和衬板等。

10. 橡皮

橡皮种类很多，根据橡皮去除字迹的作用不同，服装制图中一般选用绘图橡皮。

二、服装制图的图线、符号、代号

（一）服装制图的图线

服装制图的图线是服装制图的构成线，有粗、细、虚线等不同形式。一定形式的图线表示一定的制图内容。服装制图图线一般有五种表现形式，具体见表 1-8。

表 1-8　服装制图用线一览表　　　　　　　　　　　　　　单位：cm

序号	图线名称	图线形式	图线粗细	图线主要用途
1	粗实线	——	0.9	服装和零部件的轮廓线
2	细实线	——	0.3	制图的基本线、辅助线、标注尺寸线
3	虚线	- - - - -	0.3	叠面下层轮廓影示线
4	点划线	-·-·-·-	0.3~0.9	对折线（对称部位）
5	双点划线	-··-··-	0.3~0.9	折转线（不对称部位）

注　虚线、点划线、双点划线的线段长度和间隔应各自相同，其首末两端应是线段而不是点。

（二）服装制图的符号

服装制图符号是指具有特定含义的记号，其具体名称及含义见表1-9。

表1-9 服装制图符号一览表

序号	符号名称	符号形式	符号含义
1	等分		表示该段距离等分
2	等长		表示两线段长度相等
3	等量	△ ○ □	表示两个部位以上等量
4	省缝		表示该部位需缝去
5	裥位	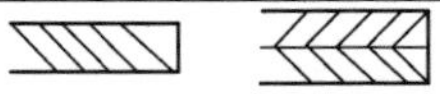	表示该部位有规则折叠
6	褶皱		表示用面料直接收拢成不规则褶
7	直角		表示两线互相垂直
8	拼合		表示两部位在裁片中相连为完整的一片
9	经向	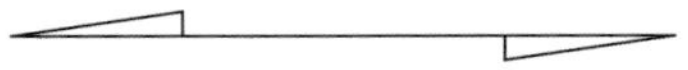	对应面料经向
10	斜向	 ✕	表示对应面料斜向
11	方向箭头	← ↑ → ↓ ↖ ↗ ↘ ↙	表示图线的方向
12	倒顺		顺毛或图案的正立方向
13	阴裥	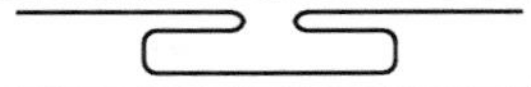	表示裥量在内的折裥
14	明裥	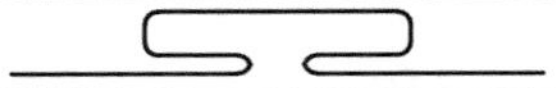	表示裥量在外的折裥
15	平行	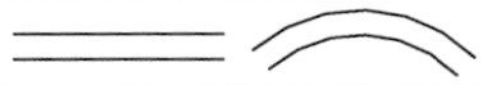	表示两直线或两弧线间距相等
16	间距	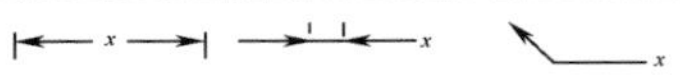	表示两点间距离，其中"x"表示该距离的具体数值和公式

（三）服装制图的代号

在服装制图中，为了书写方便及画面的整洁，通常用部位代号来表示文字的含义。一般的部位代号都是以相应的英文名词首位一个或两个字母的组合来表示。服装制图主要部位代号见表1-10。

表1-10 服装制图代号一览表

序号	部位	代号	相对应的英语单词及词组	序号	部位	代号	相对应的英语单词及词组
1	胸围	B	Bust girth	9	肘围线	EL	Elbow Line
2	腰围	W	Waist girth	10	膝围线	KL	Knee Line
3	臀围	H	Hip girth	11	胸高点	BP	Bust Point
4	领围	N	Neck girth	12	肩颈点	SNP	Side Neck Point
5	胸围线	BL	Bust Line	13	袖隆	AH	Arm Hole

续表

序号	部位	代号	相对应的英语单词及词组	序号	部位	代号	相对应的英语单词及词组
6	腰围线	*WL*	Waist Line	14	长度	*L*	Length
7	臀围线	*HL*	Hip Line	15	肩宽	*S*	Shoulder
8	领围线	*NL*	Neck Line	16	袖长	*SL*	Sleeve Length

三、服装制图的格式

画面整洁、规范是服装制图的基本要求，要达到这一要求，就必须有服装制图的规范格式。服装制图的规范格式主要包括图形的标注尺寸、图纸的布局和制图比例等。

（一）服装制图的尺寸标注

在服装制图中，线条及图形仅用来反映服装的造型轮廓和结构，而具体的尺寸及比例关系则需在图中标注。

1. 标注尺寸的基本规则

（1）图上所标注的尺寸及比例为服装各部位和零部件的实际大小。

（2）图纸上的所有尺寸，一律以 cm（厘米）为单位。

（3）服装制图中各部位和部件的尺寸，一般只标注一次。

（4）尺寸标注线用细实线绘制，其两端箭头应指到尺寸界线为止。

（5）尺寸标注线不得与其他图线重合。

2. 尺寸标注线的画法

主要是指如何标注图形中点与点之间的距离、点与线之间的距离、轮廓直线与弧线的长度、线与线之间的角度关系等。

（1）尺寸标注书写的文字不能旋转，即书写文字的方向必须与所标注的方向一致，如图 1–10（1）所示。

（2）点与线间的距离：若距离较小，难以容纳所需标注的文字则可分别从点和相应线处引线，在适当的位置标注，如图 1–10（1）中的袖窿凹势的标注，若距离较大，可直接在此距离内引直线并标注，如图 1–10（1）中的前袖窿深的标注。

（3）线与线间的距离：若距离大，可直接在两线间距离内引直线，在两端加箭头并标注，如图 1–10（1）中前胸围与前腰节长的标注，而轮廓线以内且对应于结构线的标注也可引弧线，将尺寸标注在弧线断开处。

（4）点与点间的直线距离：若距离较小，可引出标注在适当的地方，如图 1–10（1）中的叠门宽、前腰省大的标注；若距离较大，则直接将尺寸标注在该距离内，如图 1–10（1）中的前领宽和前领深的标注等；若中间有交叉线则需将线引出，并将尺寸标注在适当的地方。

（5）点与点间的水平垂直距离：若可用符号表示则可直接标注在轮廓线中，如图 1–10（2）

垫肩高度水平垂直提高的量"↑"。

（6）轮廓线或弧线的长度：若可用符号表示则可直接标注在轮廓线中，如图1-11（1）中小肩宽"△"和领圈弧线长"◎"；若标注的文字多则可引出标注在适当的地方，如图1-11（2）中前小肩宽的标注。

（7）线与线间的角度关系：一律以两相邻直角边之比表示，如图1-11（3）所示。

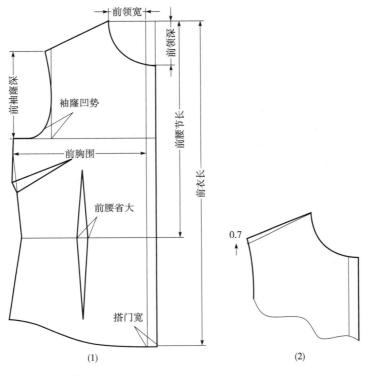

图 1-10 尺寸标注图

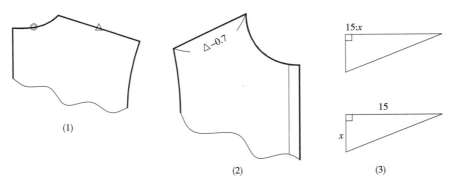

图 1-11 尺寸标注图

（二）服装制图的布局

服装制图的布局合理与否，直接影响结构图的整体图面效果。图纸布局应符合以下要求：

1. 服装部件的取向

在长方形的图纸中，一般衣长、袖长、裤长、裙长等的取向应与图纸的长度或宽度方向一致。

2. 服装部件与零部件的安放位置

上装前、后衣片的前、后腰节线应处于同一直线上，下装前、后裤片上平线应处于同一直线上，而且前、后片内裆缝相对，如图 1–12 所示。

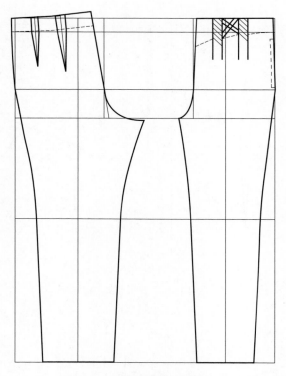

图 1–12   服装制图布局图 1

3. 服装款式图与成品规格表位置

款式图与成品规格表一般放在图纸的右下角，如图 1–13 所示。

（三）服装制图的比例

服装制图比例是指绘制的图形与实物的规格的大小之比。当绘制的图形与实物的大小一致时，比例为 1∶1，也称为等比；当绘制的图形是实物的 1/10 时，其比例为 1∶10；当绘制的图形是实物的 1/5 时，其比例为 2∶10 或 1∶5；当绘制的图形是实物的 2 倍时，其比例为 2∶1。

在服装制图中，除了等比的应用较多外，缩小制图比例的方法也是教学中常用的方法，而放大制图比例的方法主要是教学中作为示范图时使用。

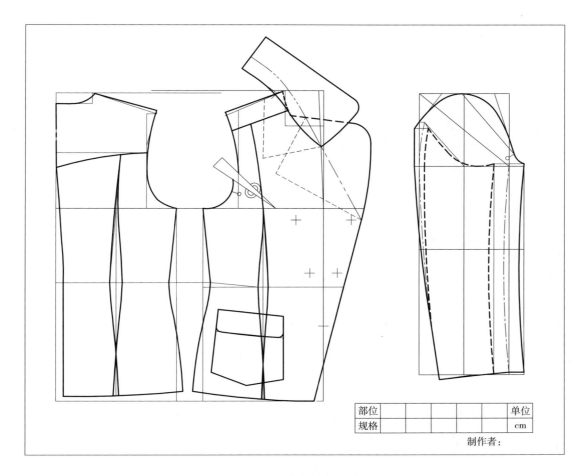

图 1-13　服装制图布局图 2

第三节　服装制图方法

服装制图的方法主要包括服装制图的图形构成方法、图形构成顺序方法、图形线条构成方法等。

一、服装制图的图形构成方法

服装制图的图形构成方法可分为立体裁剪制图和平面制图。平面制图是应用广泛的制图方法，又称平面结构图，平面制图的构成方法很多，有实量式制图法、胸度式制图法、比例分配制图法等。其中胸度式制图法、比例分配制图法以实用、简便的优越性成为普及的制图方法。下面就平面制图法，包括以平面制图法为基础的原型法、基型法作简要的介绍。

（一）平面制图法

1. 实量式制图法

实量式制图法是将服装制图中所有部位的规格全部由人体实际测量并加上放松量获取，因此又称为短寸法或定寸法。实量式制图法虽然精确，切合实际，但需要较多的测量数据，使实际应用特别是工业化生产受到了一定的限制。

2. 胸度式制图法

胸度式制图法是将绝大多数的围度部位规格由胸围这一主要部位规格推导而来。胸度式制图法虽然具有采寸较少、操作相对简便的优点，但正由于采寸较少，其精确度也就相对较差。

3. 比例分配制图法

比例分配制图法是以主要围度部位规格，按既定的比例关系，推导其他部位规格的方法。由于用来分配比例的基数以及推算的范围等不尽相同而出现了多种表现形式。如六分法，即以胸围的 1/6 作为衡量各有关部位规格的基数，如袖窿深为 $B/6+5cm$ 等。至于八分法、十分法只是基数的采用不同而已。同时，在一件（条）服装的制图中也可采用不全是一种基数的比例分配方法，如本书中的比例分配以 $1.5B/10$ 为袖窿深的分配方法，而肩宽则采用 $S/2$ 的分配方法，胸围采用 $B/4$ 的分配方法，领围采用 $N/5$ 的分配方法等。比例分配法与实量式制图法相比采寸要少一些，便于实际应用，符合工业化生产的需要，而与胸度式制图法相比采寸要多一些，从而提高了制图的精确度。因此，比例分配法是一种较好的服装制图的图形构成方法。

（二）原型法

原型法是来源于日本的一种以基本图形为基础的制图方法。所谓"原型"是以人体的净体数值为依据，加上固定的放松量，经平面制图法计算绘制而成的近似于人体表面的平面展开图，然后以此为基础进行各种服装的款式变化。由于采用的平面制图的具体方法不同，因而有多种原型，如文化式原型、登丽美式原型等；由于性别、年龄的不同，原型可分为男装原型、女装原型、童装原型等；由于人体部位的不同，原型可分为衣片、裙片、裤片及袖片原型等。

原型的使用包括两个步骤，首先是绘制原型，但原型不能直接作为具体服装的纸型，还应在原型的基础上，根据服装成品规格、服装款式设计，按相关部位在原型上加以放缩、修饰处理后成为具体的服装纸型，然后再裁剪。

原型法是在基本图形的基础上，根据服装成品规格和款式要求加以完善。其基本图形是建立在近似于人体表面的平面展开图上的，其含义是基本图形中的规格是以人体的净体数值，加上固定的放松量，如文化式原型的胸围固定放松量为 10cm。因此，在原型的使用过程中，对单独的个体来说，不管款式和规格如何变化都依赖于同一个原型，也就是说，对单独个体来说，只需要一个原型就可以完成所有的服装制图，但要求操作者在原型的基础上，同时考虑满足服装成品规格和服装款式变化两个因素。

（三）基型法

基型法是在借鉴原型法的基础上进行适当的充实后提炼而成，因此基型法源于原型法，但又有别于原型法。基型法的使用包括两个步骤，首先是绘制服装基型，但基型也不能直接作为具体服装的纸型，应在基型的基础上，根据服装款式设计，在基型上采用调整、增删、移位、补充等手段画出各种款式的服装纸型，然后再裁剪。

基型法是在基本图形的基础上，根据服装款式变化要求加以完善。其基本图形是建立在服装成品规格构成的平面展开图上的，其含义是基本图形中的规格是以人体的净体数值加上不固定的放松量（放松量的变化包含在基本图形中），如不同季节穿着的服装放松量不同，基型的绘制规格也就不同，因此在基型的使用过程中，对单独的个体来说，需要多个不同规格的基型才能完成服装制图，操作者在基型的基础上只要考虑满足服装款式变化的要求即可。

以上装为例，基型法和原型法都以平面展开图作为各种服装款式变化的基本图形，然后根据服装款式的要求，在图上有关部位采用调整、增删、移位、补充等手段画出各种款式的服装平面结构图，这一点是两种方法的共同之处。它们的不同之处在于，原型法的基本图形是在人体净数值的基础上加上固定的放松量为基数推算绘画得到的，而各围度放松量待缩放；基型法的基本图形是由服装成品规格推算绘画得到的，各围度放松量已包含在基本图形中，不必再加放。因此同样在基本图形上制图，原型法必须考虑各围度放松量和款式差异两个因素，而基型法只要考虑款式差异即可。本教材采用的就是基型法。

二、服装制图的图形构成顺序

服装制图的图形构成顺序包括绘制顺序、部件及零部件的制图顺序、面辅料的制图顺序及上、下装的制图顺序。

1. 图线的绘制顺序

服装制图的平面结构图是由直线和直线、直线和弧线、弧线和弧线等连接构成服装部件和零部件的外形轮廓及内部的线条分割。服装制图步骤为先定长度后定围度，再定点画弧线。

2. 部件及零部件的制图顺序

部件及零部件的制图顺序一般依次为大片→小片→零部件等，如上装制图顺序依次为前片→后片→大袖→小袖→衣领→零部件等。

3. 面辅料的制图顺序

面、辅料的制图顺序为面料→里料→衬料。

4. 上下装的制图顺序

上、下装的制图顺序为先上装后下装。

三、服装制图的图形线条构成方法

服装制图是通过图形的轮廓线来表现的。图形的轮廓线是由构成图形的直线和弧线连接而成，服装制图线条的构成有很多是不规则的，因此往往不能一笔完成，而需要通过分段直线、曲线的光滑连接才能形成。下面就几种不同线条的连接方法进行分述。

1. 直线与弧线的连接方法

（1）直线与正圆弧线的连接：连接方法如图 1-14（1）所示，这种方法常用于上装中前领深与前领圈弧线的连接、后领深与后领圈弧线的连接等［图 1-14（2）］。

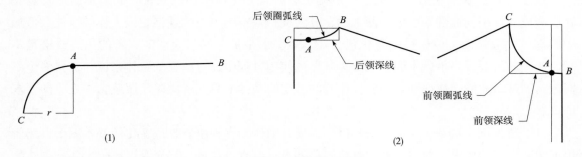

图 1-14　直线与正圆弧线连接示意图

（2）直线与一般弧线的连接：连接方法如图 1-15（1）所示，这种方法常用于裤装中前、后裆缝弧线与前、后裆缝直线的连接等［图 1-15（2）］。

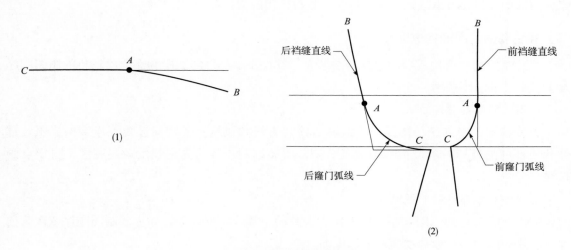

图 1-15　直线与一般弧线连接示意图

（3）折线与正圆弧线的连接：连接方法如图 1-16（1）所示，这种方法常用于上装中胸宽线、袖窿深线与袖窿弧线的连接等［图 1-16（2）］。

2. 弧线与弧线的连接方法

弧线有同向与反向之分，同向弧线是指弯曲方向相同的两条弧线；反向弧线是指弯曲方向相反的两条弧线。同向弧线或反向弧线的连接又分别有正圆弧线与正圆弧线的连接及一般弧线与一般弧线的连接两种，下面分别介绍。

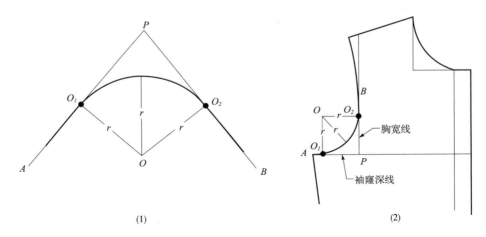

(1)　　　　　　　　　　　　(2)

图 1–16　折线与正圆弧线连接示意图

（1）同向弧线的连接：

①正圆弧线与正圆弧线连接：连接方法如图 1–17（1）所示，这种方法主要用于前、后领圈弧线的连接等［图 1–17（2）］。

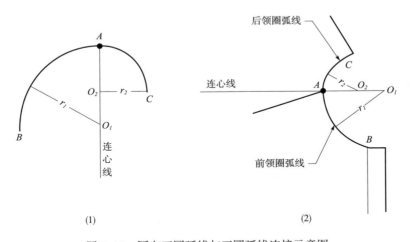

(1)　　　　　　　　　　　　(2)

图 1–17　同向正圆弧线与正圆弧线连接示意图

②一般弧线与一般弧线的连接：连接方法如图 1–18（1）所示，这种方法用于除直线以外所有弧线的连接，如袖山弧线、袖底弧线等［图 1–18（2）］。

（2）反向弧线的连接：

①正圆弧线与正圆弧线连接：连接方法如图 1–19（1）所示，这种方法常用于绘制衬衫的圆下摆等［图 1–19（2）］。

② 一般弧线与一般弧线的连接：连接方法如图 1-20（1）所示，这种方法常用于绘制下装后侧缝线、前侧缝线、袖山弧线等［图 1-20（2）］。

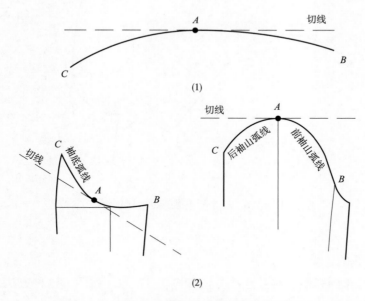

图 1-18 同向一般弧线与一般弧线连接示意图

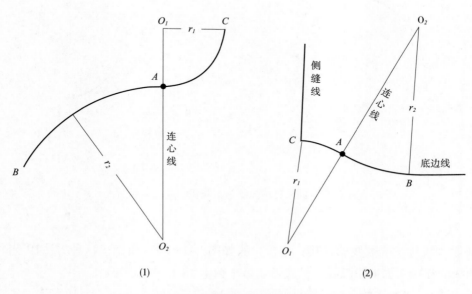

图 1-19 反向正圆弧线与正圆弧线连接示意图

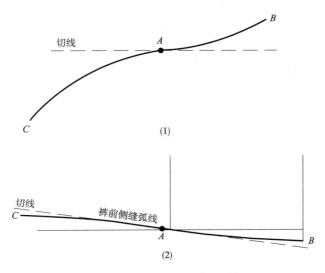

图 1-20　反向一般弧线与一般弧线连接示意图

思考题

1. 简述人体体型与服装制图的关系。

2. 简述服装规格与服装制图的关系。

3. 简述服装款式与服装制图的关系。

4. 简述服装材料与服装制图的关系。

5. 简述服装工艺与服装制图的关系。

6. 尺寸标注的基本规则有哪些？

7. 服装制图的图形构成方法有哪些？

8. 原型法与基型法各有什么特点？

第二章 裙装制图

　　裙，一种围裹在人体腰围线以下的服装，无裆结构，现专指女性穿着的服装。古今中外，裙装的穿着经久不衰，其魅力可见一斑。裙装的穿着范围广泛，就穿着场合而言，既可居家穿着（睡裙），也可上班穿着（直裙、斜裙等），还可在社交场合穿着（礼服裙等）；就穿着季节而言，无论春夏季节还是秋冬季节，裙装始终伴随着人们；就选用的面料而言，选择的余地相当大，薄的、厚的、天然纤维、合成纤维……只要与上装相配得宜均可作为裙装的面料。

　　裙装的款式千变万化，种类和名称繁多，从各个不同的角度有不同的分类：

　　（1）以裙长分类，有长裙、中裙、短裙等；

　　（2）以裙腰围线的形态分类，有高腰裙、中腰裙、低腰裙、装腰型裙、连腰裙等；

　　（3）以裙片的分割线分类，有纵向分割、横向分割、斜向分割、弧形分割、混合分割等；

　　（4）以裙片的纵向分割分类，有四片裙、六片裙、八片裙、多片裙等；

　　（5）以裙片的横向分割分类，有两节裙、三节裙、多节裙等；

　　（6）以裙裥的排列形式分类，有顺裥裙、明裥裙、阴裥裙等。

　　裙装属围裹式服装。裙装的基本结构由裙长、臀长（高）、腰围、臀围、摆围所构成。裙装结构中，其结构变化的关键是臀围。因此，就结构特点而言，裙装可分为合体型裙与非合体型裙，它们之间的区别在于腰部是否有省、是否控制臀围，合体型裙的典型款式为直裙、A字裙等；非合体型裙的典型款式为斜裙、圆裙等。

第一节 裙装基本型

一、裙装各部位结构线条名称

　　裙装基本线条名称如图 2-1 所示。裙装结构线条名称如图 2-2 所示。裙装各部位结构名称如图 2-3 所示。

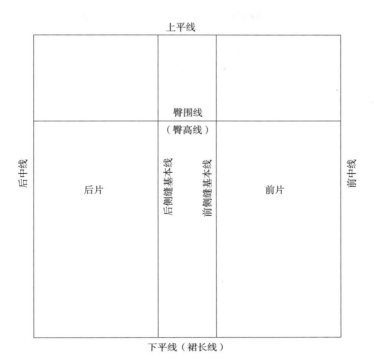

图 2-1 裙装基本线示意图

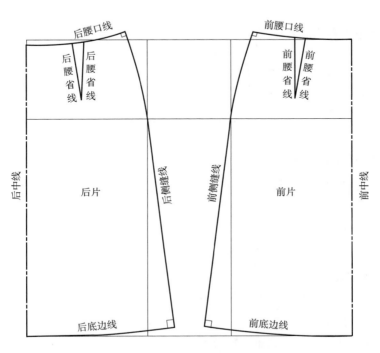

图 2-2 裙装结构线示意图

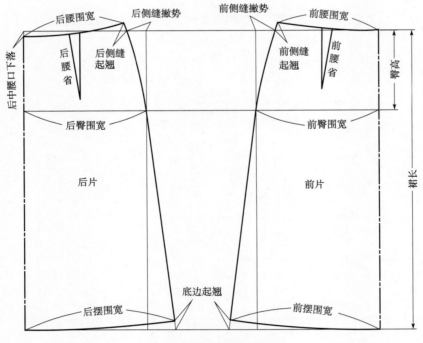

图 2-3　裙装各部位示意图

二、裙装基本型构成

（一）设定规格（表 2-1）

单位：cm

表 2-1　规格表

号　型	部　位	裙长（L）	腰围（W）	臀围（H）
160/68A	规格	60	70	94

（二）裙装基本型制图步骤

1. 裙装基本线制图步骤（图 2-4）

①基本线（后中线）：首先画出基础直线。

②上平线：垂直相交于基本线。

③下平线（裙长线）：自上平线向下量取裙长 – 腰头宽，平行于上平线。

④臀高线（臀围线）：自上平线向下量取 0.1 号 +1cm，平行于上平线。

⑤后侧缝直线：在臀高线上自后中线与臀高线的交点量取 H/4 画线，平行于后中线。

⑥前中线：垂直相交于上平线。

⑦前侧缝直线：在臀高线上自前中线与臀高线的交点量取 H/4 画线，平行于前中线。

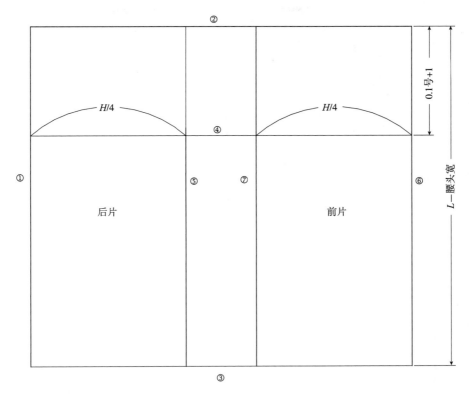

图 2-4 裙装基本线构成示意图

2.裙装结构线制图步骤（图 2-5）

（1）前裙片：

①前腰围：以前中线与上平线的交点为起点，沿上平线量取 $W/4$ 定点。

②前侧缝线：在上平线上取臀围与腰围的差数作三等分，其中一等份作为腰口撇势（其余二等份作为省量）。由前片腰口撇势处定点、臀高线与前侧缝基本线交点定点、下平线与前侧缝基本线交点定点，连接各点画顺弧线。前侧缝线作图方法见图 2-6。

③前腰口线：在上平线上取前中线至侧缝线的 1/4 长做侧缝线的垂线，沿垂线向上平线引弧线。前腰口线作图方法见图 2-6。

④前中线：按基本线。

⑤底边线：按基本线。

⑥前腰口省：确定省量时，将臀围与腰围差数的 2/3 做为省量（两省各取 1/3）；确定省位时，将腰口线三等分定点，省中线垂直于腰口线；确定省长时，省长取 8~11cm，应视省量大小而定。腰口省位置确定方法见图 2-6。修正腰口线。腰口线修正方法见图 2-7。

（2）后裙片：

①后腰围：以后中线与上平线的交点为起点，沿上平线量取 $W/4$ 定点。

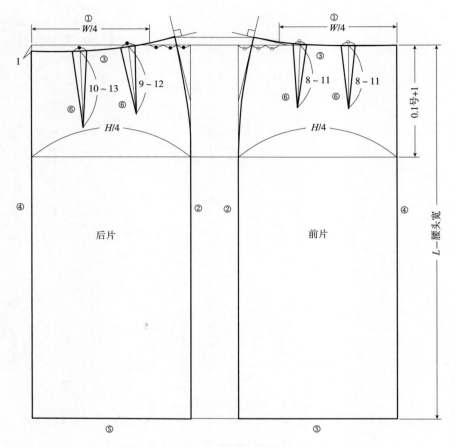

图 2-5　裙装结构线构成示意图

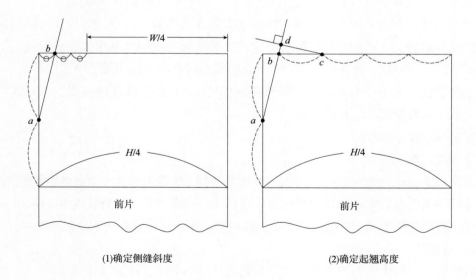

(1)确定侧缝斜度　　　　　　　　　　　　　(2)确定起翘高度

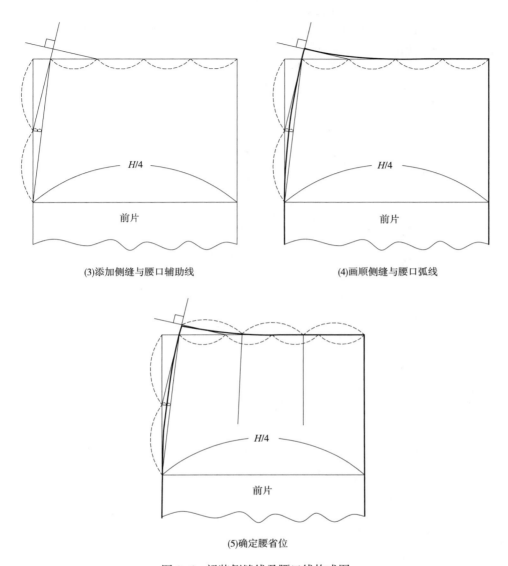

(3)添加侧缝与腰口辅助线　　　　　　　　　　(4)画顺侧缝与腰口弧线

(5)确定腰省位

图 2-6　裙装侧缝线及腰口线构成图

　　②后侧缝线：将上平线上臀围与腰围的差量做三等分，其中一等份作为腰口撇势（其余二等份作为省量）。由后片腰口撇势处定点、臀高线与后侧缝直线交点定点、下平线与后侧缝直线交点定点，连接各点画顺弧线。

　　③后腰口线：在上平线上取后中线至侧缝线的 1/4 长作侧缝线的垂线（同前裙片侧缝起翘），在后中线上自上平线向下取 1cm 定点，向侧缝线的垂线引画弧线。

　　④后中线：按基本线。

　　⑤底边线：按基本线。

　　⑥后腰口省：确定省量时，将臀围与腰围差数的 2/3 作为省量（两省各取 1/3）；确定省位时，将腰口线三等分定点，省中线垂直于腰口线；确定省长时，省长取 9~13cm，应视省

量大小而定，靠近后中线的省稍长。腰口省位置确定方法前、后片相同。修正腰口线，腰口线修正方法前、后片相同。

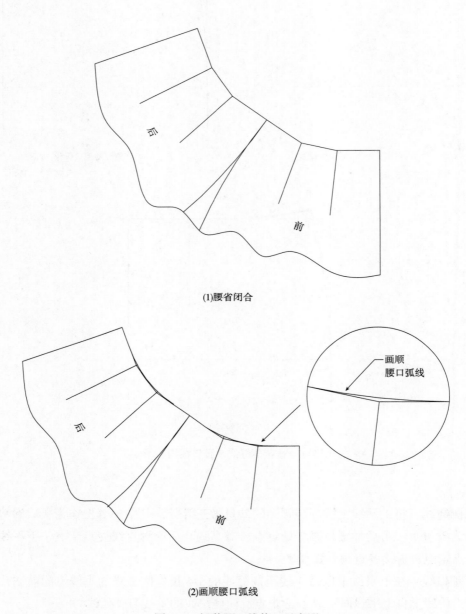

(1)腰省闭合

(2)画顺腰口弧线

图 2-7　裙装腰口线修正示意图

（三）裙装基本型结构线变化类型

1. 结构线变化一

（1）变化要点：侧缝线略向里倾斜，控制臀围。

（2）变化图示：见图 2-8。

2. 结构线变化二

（1）变化要点：侧缝线自底边线向外倾斜（呈弧线状），不控制臀围。

（2）变化图示：见图 2-9。

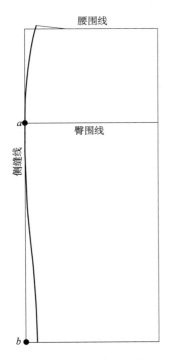

图 2-8　裙装结构线变化一

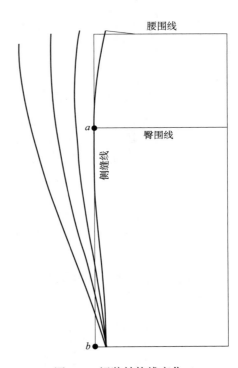

图 2-9　裙装结构线变化二

3. 结构线变化三

（1）变化要点：侧缝线自臀高点以下外斜（呈弧线状），控制臀围。

（2）变化图示：见图 2-10。

4. 结构线变化四

（1）变化要点：侧缝线自腰口线经臀高点外斜，控制臀围。

（2）变化图示：见图 2-11。

5. 结构线变化五

（1）变化要点：侧缝线自腰口线外斜，不控制臀围。

（2）变化图示：见图 2-12。

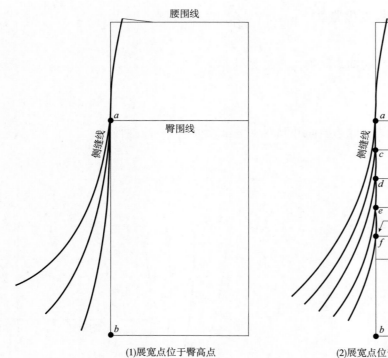

(1)展宽点位于臀高点

(2)展宽点位于臀高点至膝围线以上3cm

图 2-10　裙装结构线变化三

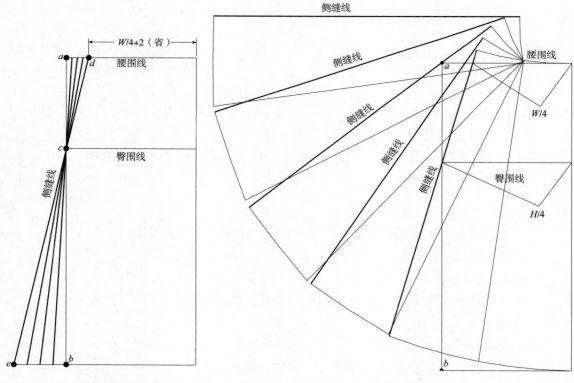

图 2-11　裙装结构线变化四

图 2-12　裙装结构线变化五

第二节　裙装基本型应用

一、应用实例一　直裙（一步裙）

（一）款式图与款式特征（图2-13）

（1）裙腰：装腰型直腰。

（2）裙片：直裙，裙身平直。前，后腰口各设两个省，侧缝线略向里倾斜。后中设分割线，上端装拉链，下端开衩。

（二）直裙主要部位规格控制要点

（1）裙长：裙长在满足基本穿着要求的条件下，主要与款式变化有关，属变化较大部位。此款裙长取膝下 2 ～ 4cm 为宜。

（2）臀高：臀高的确定主要与人体的身高有关，属微变部位。

（3）腰围：腰围是直裙中与人体关系最为密切的部位。处理方法为净腰围加上 1 ～ 2cm 的放松量，属相对不变部位。

（4）臀围：臀围在直裙中的处理方法是净臀围加上 3 ～ 6cm，属微变部位。

（5）摆围：摆围在直裙中的处理方法是小于臀围，其控制量与裙长有关，一般在 4 ～ 14cm 之间，属相对稳定部位。

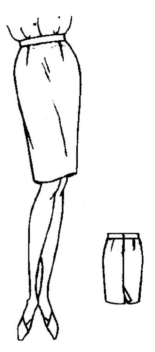

图 2-13　直裙款式图

（三）设定规格（表2-2）

表 2-2　规格表　　　　　　　　　　　　　单位：cm

号　型	部　位	裙长（L）	腰围（W）	臀围（H）	腰头宽
160/72B	规格	60	74	94	3

（四）结构图（图2-14）

二、应用实例二　A字裙

（一）款式图与款式特征（图2-15）

（1）裙腰：装腰型直腰。

（2）裙片：A字裙，裙身呈梯形。前、后腰口各设两个省，侧缝线略向外倾斜。后中设分割线，上端装拉链。

（二）A字裙主要部位规格控制要点

（1）裙长：裙长在满足基本穿着要求的条件下，主要与款式变化有关，属变化较大部位。此款裙长偏短，膝上 3cm 左右。

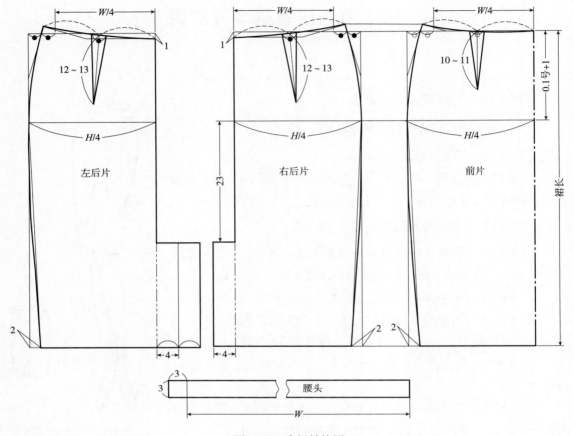

图 2-14 直裙结构图

（2）臀高：臀高的确定主要与人体的身高有关，属微变部位。

（3）腰围：腰围是 A 字裙中与人体关系最为密切的部位。其处理方法为净腰围加上 1 ~ 2cm 的放松量，属相对不变部位。

（4）臀围：臀围在 A 字裙中的处理方法是净臀围加上 5 ~ 8cm，属微变部位。

（5）摆围：摆围在 A 字裙中的处理方法是大于臀围，控制方法应将侧缝线斜度控制在一定的范围内（具体控制方法见本章第一节中的"结构线变化类型三"），属变化部位。

图 2-15 A 字裙款式图

（三）设定规格（表 2-3）

表 2-3 规格表

单位：cm

号 型	部 位	裙长（L）	腰围（W）	臀围（H）	腰头宽
160/68A	规格	55	70	96	4

（四）结构图（图2-16）

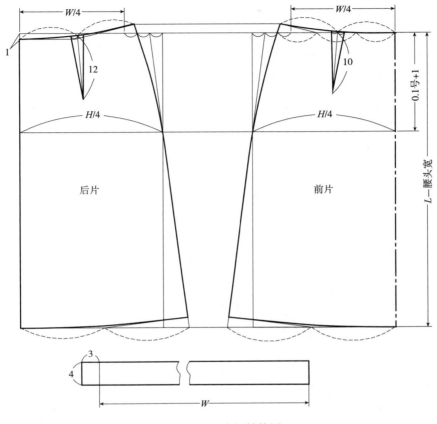

图2-16　A字裙结构图

三、应用实例三　斜裙（四片裙）

（一）款式图与款式特征（图2-17）

（1）裙腰：装腰型直腰。

（2）裙片：斜裙，裙身腰部以下呈自然波浪。前、后腰口无裥无省，裙片为4片，裙摆较大，后中线上端装拉链。

（二）斜裙主要部位规格控制要点

（1）裙长：裙长在满足基本穿着要求的条件下，主要与款式变化有关，属变化较大部位。此款裙长偏长，膝下10cm左右。

（2）臀高：臀高的确定主要与人体的身高有关，属微变部位。

（3）腰围：腰围是斜裙中与人体关系最为密切的部位。其处理方法为净腰围加上1～2cm的放松量，属相对不变部位。

图2-17　斜裙款式图

（4）臀围：臀围在斜裙中的处理方法是大于A字裙的臀围控制量，属变化较大部位。

（5）摆围：摆围在斜裙中的控制量与腰口的控制角度成正比，属变化较大部位。

（三）设定规格（表2-4）

表2-4　规格表　　　　　　　　　　　　　单位：cm

号　型	部　位	裙长（L）	腰围（W）	腰头宽
160/68A	规格	70	70	3.5

（四）结构图（图2-18）

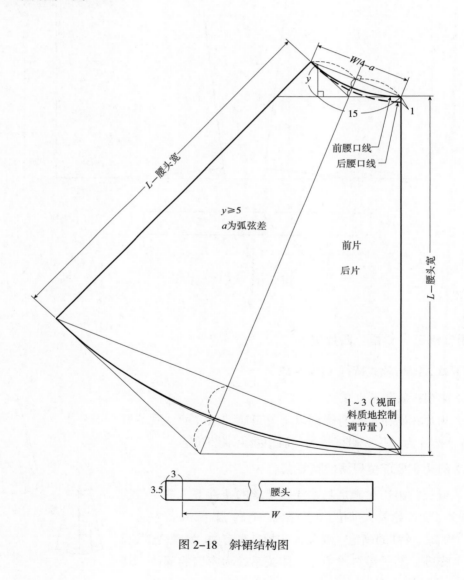

图2-18　斜裙结构图

四、应用实例四 圆裙（两片裙）

（一）款式图与款式特征（图2-19）

（1）裙腰：装腰型直腰。

（2）裙片：圆裙，裙身腰部以下呈自然波浪。前、后腰口无裥无省，裙片分为前、后两片，裙摆宽大，右侧缝上端装拉链。

图2-19 圆裙款式图

（二）圆裙主要部位规格控制要点

（1）裙长：裙长在满足基本穿着要求的条件下，主要与款式变化有关，属变化较大部位。此款裙长适中。

（2）臀高：臀高的确定主要与人体的身高有关，属微变部位。

（3）腰围：腰围是圆裙中与人体关系最为密切的部位。处理方法为净腰围加上1~2cm的放松量，属相对不变部位。

（4）臀围：臀围在圆裙中的处理方法是大于A字裙的臀围控制量，属变化较大部位。

（5）摆围：摆围在圆裙中的控制量与腰口的控制角度成正比，属变化较大部位。

（6）斜裙与圆裙的区别与联系：斜裙与圆裙的区别在于腰口的控制角度，斜裙为任意角，圆裙为特殊角，如180°、360°等。因此，圆裙可以利用数学上的圆周长的计算公式，求得腰口的控制数据。斜裙与圆裙的联系在于裙摆的大小与控制的角度具有相关性。

（三）设定规格（表2-5）

表2-5　规格表 单位：cm

号　型	部　位	裙长（L）	腰围（W）	控制角度	腰头宽
160/68A	规格	70	70	180°	3.5

（四）结构图（图2-20）

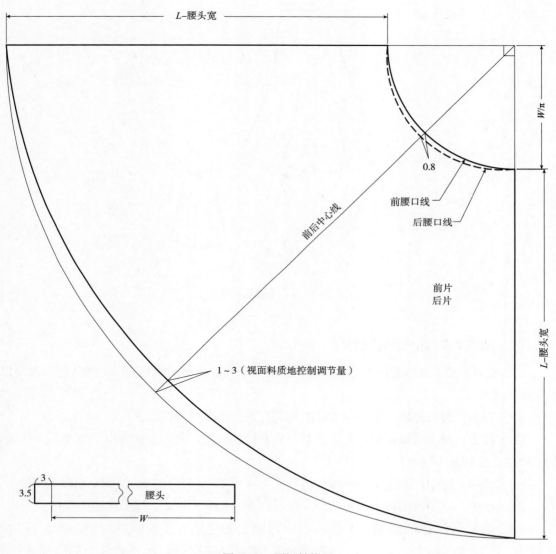

图2-20　圆裙结构图

第三节 裙装款式变化

一、应用实例一 高腰鱼尾裙

（一）款式图与款式特征（图2-21）

（1）裙腰：连腰型高腰。

（2）裙片：前片腰口左侧设弧形分割线，造型如图，右侧设1个腰省，后片腰口设两个腰省，左侧分割线下端至裙下摆饰荷叶边，荷叶边造型如图2-21所示。侧缝线自臀高线以下展宽，呈鱼尾型。腰口、腰省、分割线、荷叶边下口均缉明线。右侧缝上端装拉链。

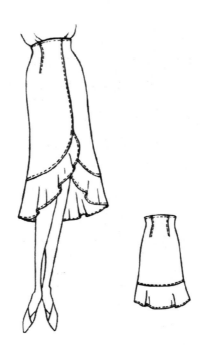

图2-21 高腰鱼尾裙款式图

（二）设定规格（表2-6）

表2-6 规格表 单位：cm

号 型	部 位	裙长（L）	腰围（W）	臀围（H）	腰头宽
160/72B	规格	76	74	94	6

（三）结构图（图2-22）

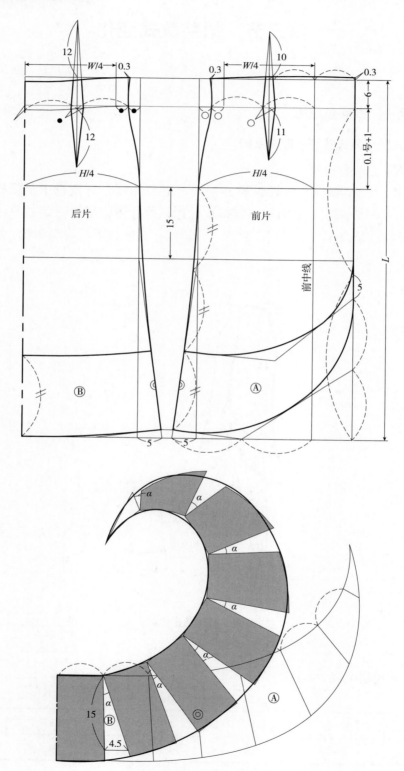

图2-22 高腰鱼尾裙结构图

二、应用实例二　低腰插角裙

（一）款式图与款式特征（图2-23）

（1）裙腰：低腰型弯腰。

（2）裙片：前片上部设尖角形分割线，左右两侧及前中各设1条纵向分割线，后片上部设横向分割线，左右两侧及后中各设1条纵向分割线，分割线在裙下摆处插角。侧缝线向外倾斜。腰口、分割线均缉明线。右侧缝上端装拉链。

图2-23　低腰插角裙款式图

（二）设定规格（表2-7）

表2-7　规格表　　　　　　　　　　　　　　　　　单位：cm

号　型	部　位	裙长（L）	腰围（W）	臀围（H）	低腰量
160/72B	规格	55	74	96	3

（三）结构图（图2-24）

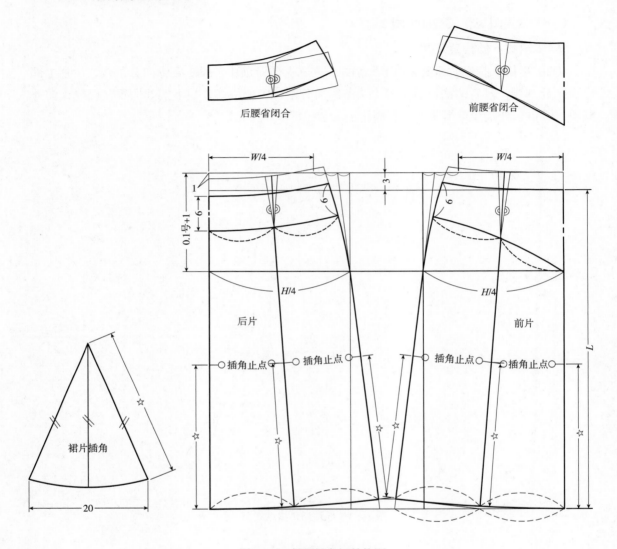

图 2-24　低腰插角裙结构图

三、应用实例三　低腰波浪裙

（一）款式图与款式特征（图2-25）

（1）裙腰：低腰型弯腰。

（2）裙片：前、后片上部各设1条斜向弧形分割线，右侧设1个腰省，分割线下展宽裙片，裙片下部呈自然波浪。侧缝线向外倾斜一定量。腰口、分割线均缉明线。右侧缝上端装拉链。

图 2-25　低腰波浪裙款式图

（二）设定规格（表 2-8）

表 2-8　规格表　　　　　　　　　　　　　　单位：cm

号 型	部 位	裙长（L）	腰围（W）	臀围（H）	低腰量
160/68A	规格	68	70	96	3

（三）结构图（图 2-26）

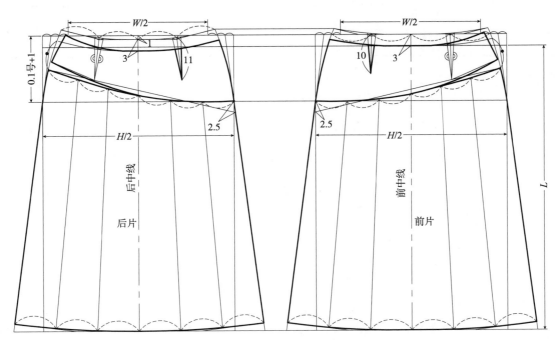

图 2-26

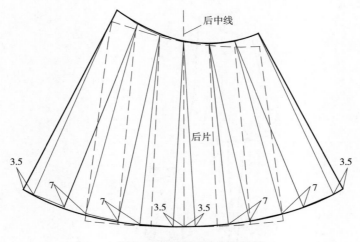

图2-26　低腰波浪裙结构图

四、应用实例四　斜分割型鱼尾裙

（一）款式图与款式特征（图2-27）

（1）裙腰：装腰型直腰。

（2）裙片：前、后裙片均设两条斜向弧形分割线，右侧设1个横向腰省。侧缝线偏下部展宽呈鱼尾状。腰口、腰省、分割线均缉明线。右侧缝上端装拉链。

（二）设定规格（表2-9）

表2-9　规格表　　　　　　　　　　　　　　　　　单位：cm

号　型	部　位	裙长（L）	腰围（W）	臀围（H）	腰头宽
160/72B	规格	72	74	94	4

图2-27　斜分割型鱼尾裙款式图

（三）结构图（图2-28）

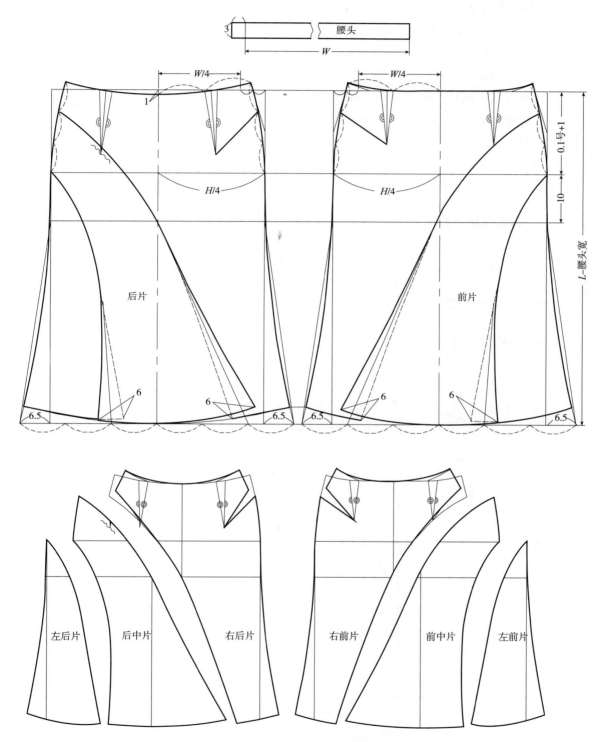

图2-28　斜分割型鱼尾裙结构图

五、应用实例五　低腰直裙

（一）款式图与款式特征（图 2-29）

（1）裙腰：低腰型弯腰。

（2）裙片：前、后裙片腰口均设育克，前裙片设两条斜向分割线，右侧腰口设两个省，造型如图。后裙片腰口设 4 个省，后中设分割线。侧缝线在臀高点以下偏直。后中缝上端装拉链。

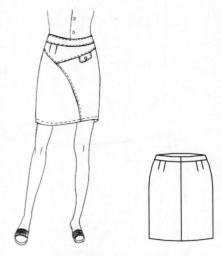

图 2-29　低腰直裙款式图

（二）设定规格（表 2-10）

表 2-10　规格表　　　　　　　　　　单位：cm

号　型	部　位	裙长（L）	腰围（W）	臀围（H）	低腰量
160/68A	规格	48	70	94	2

（三）结构图（图 2-30）

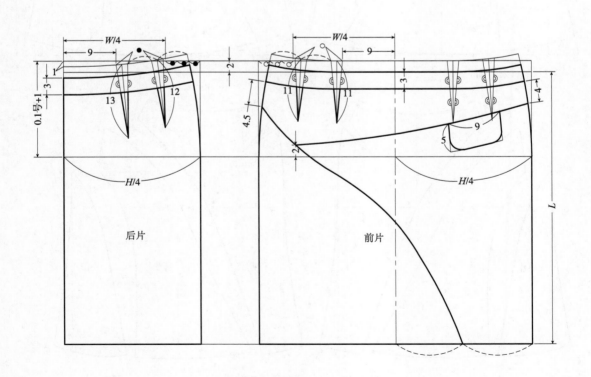

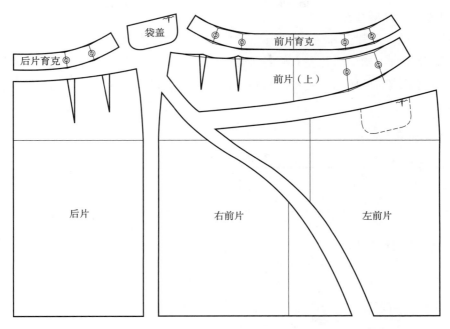

图 2-30　低腰直裙结构图

六、应用实例六　低腰下摆细褶裙

（一）款式图与款式特征（图 2-31）

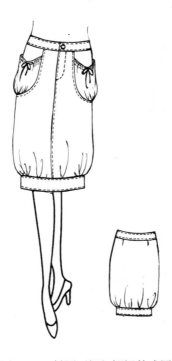

图 2-31　低腰下摆细褶裙款式图

（1）裙腰：低腰型弯腰。

（2）裙片：前、后片上部横向分割，前片上部左右侧设弧形分割线，分割线上设贴袋，贴袋袋口与下部均收细褶。后片左右侧各设1个腰省，下摆展宽裙片并收拢为细褶状，裙片下部设登边。侧缝线向外倾斜一定量。腰口、分割线、袋口、登边、门襟均缉明线。前中缝上端装门襟拉链。

（二）设定规格（表2-11）

表2-11　规格表　　　　　　　　　　　　　　　单位：cm

号　型	部　位	裙长（L）	腰围（W）	臀围（H）	低腰量
160/68A	规格	74	70	96	2

（三）结构图（图2-32）

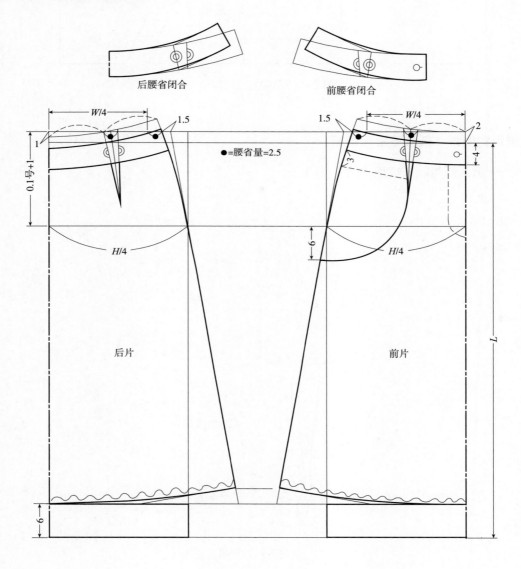

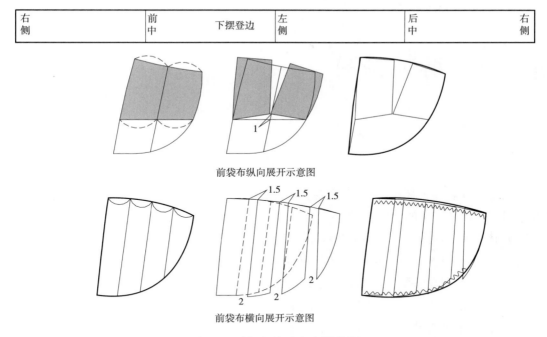

右侧	前中	下摆登边	左侧	后中	右侧

前袋布纵向展开示意图

前袋布横向展开示意图

图 2-32 低腰下摆细褶裙结构图

思考题

1. 简述裙装的分类。

2. 简述合体型裙与非合体型裙的区别、结构处理方法及典型款式。

3. 理解裙装结构线变化方法。

4. 按 1 ∶ 1 比例制作结构图，款式分别如图 2-13、图 2-15、图 2-17、图 2-19 所示。

5. 按 1 ∶ 5 比例制作结构图，款式分别如图 2-21、图 2-23、图 2-25、图 2-27 所示。

6. 按 1 ∶ 5 比例制作结构图两款，款式自行设计。

第三章 裤装制图

裤装是指穿着在人体腰围线以下的服装。它与裙装的最大区别在于裤装有裆缝。裤装的穿着范围广泛,是下装的主要形式之一。

裤装的款式变化从各个不同的角度有不同的分类:

(1)以裤长分类,有长裤、中裤、短裤等;

(2)以穿着对象分类,有男裤、女裤、童裤等;

(3)以裤的腰围线形态分类,有高腰裤、中腰裤、低腰裤、装腰型裤、连腰型裤等;

(4)以裤的造型分类,有灯笼裤、萝卜裤、喇叭裤等。

裤装的基本结构由裤长、臀长(高)、上裆长(高)、中裆长(高)、腰围、臀围、横裆围、中裆围、脚口围构成。裤装结构中,其结构变化的关键是臀围,因此,就结构特点而言,裤装可分为紧身型、适身型和松身型。它们之间的区别在臀围放松量的控制,其表现形式为腰部褶裥的多少。紧身型裤的典型款式为牛仔裤;适身型裤的典型款式为普通西裤(直筒裤);松身型裤的典型款式为多裥裤。

第一节 裤装基本型

一、裤装基本型各部位结构线名称

裤装基本线线条名称如图 3-1 所示。裤装结构线线条名称如图 3-2 所示。裤装各部位结构名称如图 3-3 所示。

二、裤装基本型构成

(一)设定规格(表 3-1)

表 3-1 规格表 单位:cm

号 型	部 位	裤长(L)	腰围(W)	臀围(H)
160/68A	规格	60	70	96

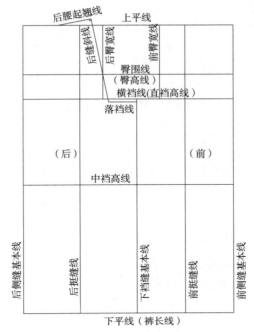

图 3-1　裤装基本线图

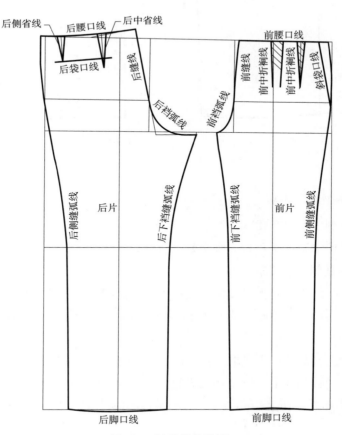

图 3-2　裤装结构线图

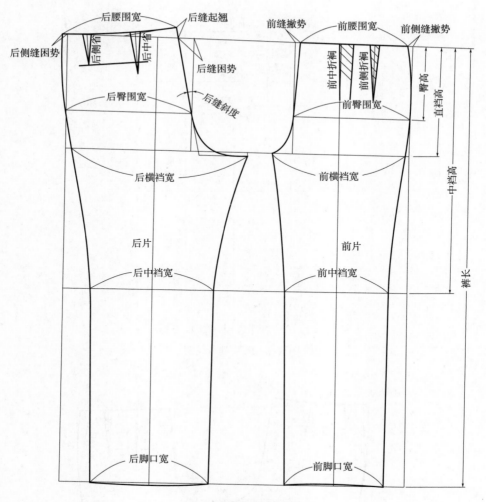

图 3-3　裤装各部位图

（二）裤装基本型制图步骤

1. 裤装基本线制图步骤（图 3-4）

①基本线（前侧缝直线）：首先画出基础直线。

②上平线：垂直相交于基本线。

③下平线（裤长线）：自上平线向下量取裤长，画线，平行于上平线。

④上裆高线：自上平线向下量取上裆高 0.1 号 +0.1H－（0 ~ 2）cm，画线，平行于上平线。

⑤臀高线：由上裆高线向上量取上裆高的 1/3，画线，平行于上平线。

⑥前臀宽线：在臀高线上，以基本线为起点，量取 H/4－1cm，画线，平行于基本线。

⑦前下裆缝基本线：在上裆高线上，以前臀宽线为起点，量取 0.04H~0.07H，画线，平行于基本线。

⑧后下裆缝基本线：做前下裆缝基本线的平行线。

⑨后臀宽线：在上裆高线上，以后下裆缝基本线为起点，量取 0.08H~0.11H，画线，平行于基本线。

⑩后侧缝基本线：在臀高线上，以后臀宽线为起点，量取 H/4 + 1cm，画线，平行于基本线。

2.裤装结构线制图步骤（图 3-5）

（1）前裤片

①前侧缝线：按基本线。

②前腰口线：按基本线。

③前裆缝弧线：如图做弧线。

④前下裆缝线：按基本线。

⑤前脚口线：按下平线。

（2）后裤片

①后侧缝线：按基本线。

②后缝斜线：如图取比值 15∶（0 ~ 4）做斜线。

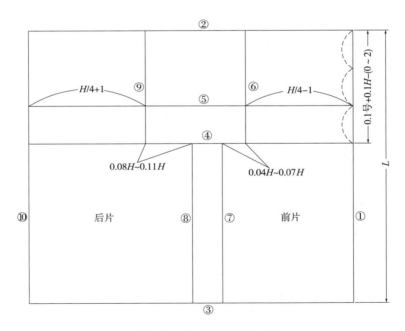

图 3-4 裤装基本线构成图

③后腰口线：在上平线上，自后侧缝线至后缝斜线，做二等分取中点，通过中点做后缝斜线的垂线，然后如图画弧线。

④后裆缝弧线：如图做弧线。

⑤后下裆缝线：按基本线。

⑥后脚口线：按下平线。

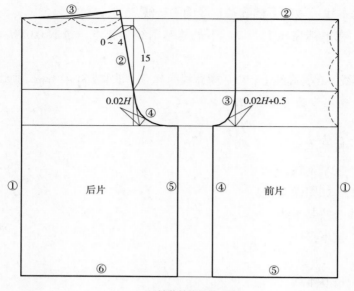

(1) 裤装结构线构成图一

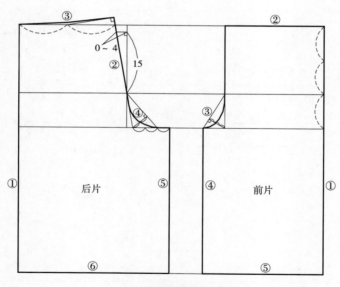

(2) 裤装结构线构成图二

图 3–5　裤装结构线构成图

（三）裤装基本型结构线变化类型

1. 结构线变化一

（1）变化要点：侧缝线向内倾斜（中裆线至腰口线段），臀围放松量较小。

（2）变化图示：如图 3–6 所示。

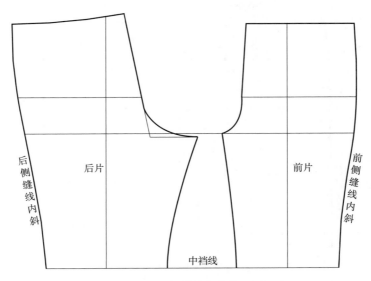

图 3-6　裤装结构线变化一图

2. 结构线变化二

（1）变化要点：侧缝线向外倾斜，臀围放松量较大。

（2）变化图示：如图 3-7 所示。

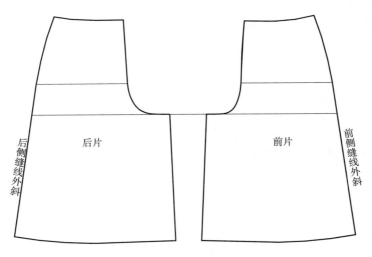

图 3-7　裤装结构线变化二图

3. 结构线变化三

（1）变化要点：侧缝线呈直线状态，臀围放松量较大。

（2）变化图示：如图 3-8 所示。

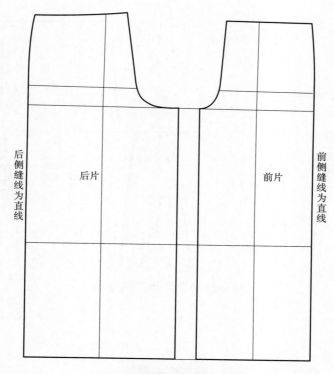

图 3-8　裤装结构线变化三图

4. 结构线变化四

（1）变化要点：中裆线至脚口线段变化，中裆宽小于脚口宽。

（2）变化图示：如图 3-9 所示。

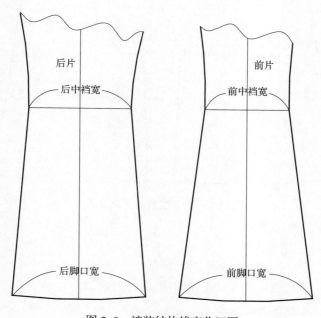

图 3-9　裤装结构线变化四图

5. 结构线变化五

（1）变化要点：中裆线至脚口线段变化，中裆宽等于脚口宽。

（2）变化图示：如图 3-10 所示。

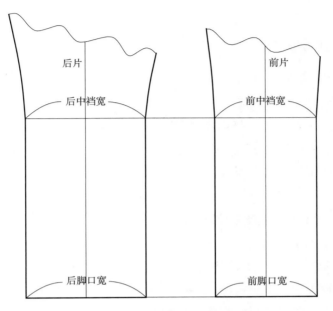

图 3-10 裤装结构线变化五图

6. 结构线变化六

（1）变化要点：中裆线至脚口线段变化，中裆宽大于脚口宽。

（2）变化图示：如图 3-11 所示。

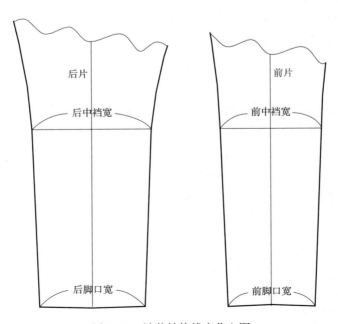

图 3-11 裤装结构线变化六图

第二节 裤装基本型应用

一、应用实例一 适身型西裤（男西裤）

（一）款式图与款式特征（图3-12）

（1）裤腰：装腰型，直腰，腰上设裤带襻七根。

（2）裤片：前裤片左右腰口折裥各两个，前袋袋型为侧缝直袋，前中门里襟装拉链，后裤片左右腰口各收省两个，后袋袋型为单嵌线袋，裤身呈直筒型，侧缝线向内倾斜。

（二）适身型西裤主要部位规格控制要点

（1）裤长：西裤的裤长在满足人体基本穿着要求的条件下，主要与脚口的大小有关。当脚口较小时，裤长稍短；当脚口较大时，裤长稍长。此款西裤脚口适中，裤长也介于前两者之间。此款裤长属微变部位。

（2）上裆高：上裆高的确定与人体的体型有关，上裆高与人体的身高成正比。上裆高的确定因男、女体型的特点不同而表现出各自的特点，男西裤的上裆高比女西裤低。上裆高的确定与裤型有关，紧身裤偏低；宽松裤偏高。此款适身型西裤上裆高介于两者之间。上裆高属微变部位。

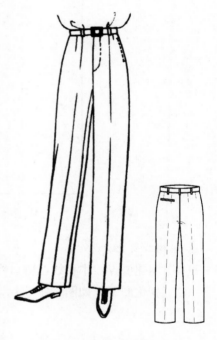

图3-12 适身型西裤款式图

（3）腰围：腰围是适身型西裤规格中与人体关系最为密切的部位。其处理方法为净腰围加上2cm的放松量（前中装门里襟再加上1cm的量）。腰围属相对不变部位。

（4）臀围：臀围的变化主要与裤型有关。臀围在适身型西裤中的处理方法是男裤为净臀围加上10~12 cm，女裤为净臀围加上8~10cm。臀围属变化部位。

（5）脚口宽：脚口宽与款式有关，此款脚口适中。脚口宽属变化较大部位。

（三）设定规格（表3-2）

表3-2 规格表　　　　　　　　　　　　　　　单位：cm

号 型	部 位	裤长（L）	腰围（W）	臀围（H）	中裆宽	脚口宽	腰头宽
170/74A	规格	100	77	103	24	23	4

（四）结构图（图3-13）

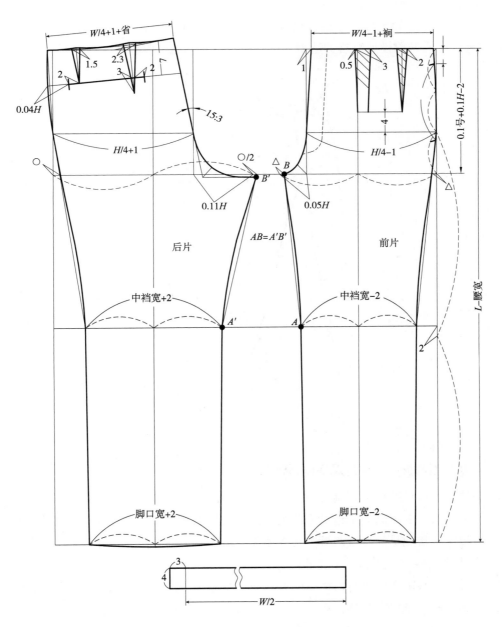

图3-13 适身型西裤结构图

二、应用实例二　紧身型西裤（牛仔裤）

（一）款式图与款式特征（3-14）

（1）裤腰：装腰型，直腰。

（2）裤片：前片无省无裥，前袋袋型为横向斜袋，右前袋内装一贴袋，前中门里襟装拉链。后片拼后翘，左右两侧设后贴袋，造型如图。裤身呈直筒型，侧缝线向内倾斜。

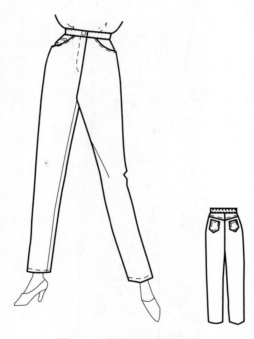

图 3-14　紧身型西裤款式图

（二）紧身型西裤主要部位规格控制要点

（1）裤长：裤长的规格控制与适身型西裤相同。

（2）上裆高：上裆高低于适身型西裤。制图时按适身型西裤上裆高降低至所需高度。

（3）腰围：腰围是紧身型西裤中与人体关系最为密切的部位。其处理方法为净腰围加上3cm（前中装门里襟），属相对不变部位。

（4）臀围：臀围在紧身型西裤中的处理方法是净臀围加上 2 ~ 6cm，属变化部位。

（5）脚口宽：脚口宽与款式有关，此款脚口适中。脚口宽属变化较大部位。

（三）设定规格（表 3-3）

表 3-3　规格表　　　　　　　　　　　　　　　　　单位：cm

号　型	部　位	裤长（L）	腰围（W）	臀围（H）	中裆宽	脚口宽	腰头宽
160/68A	规格	98	71	92	21	20	3.5

（四）结构图（图 3–15）

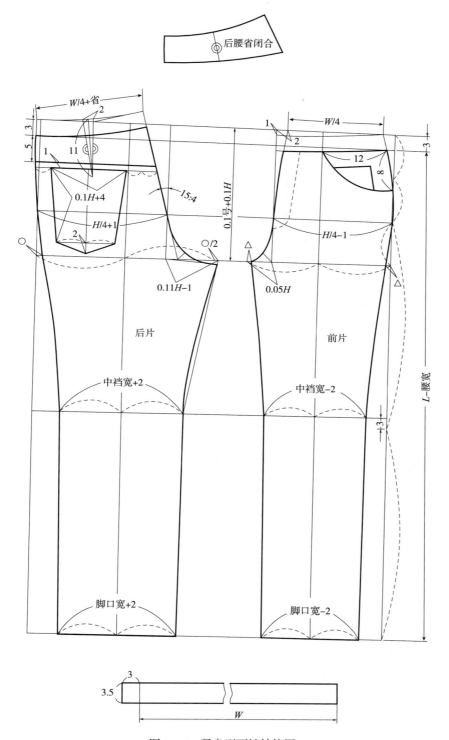

图 3-15　紧身型西裤结构图

三、应用实例三　松身型西裤（多裥裤）

（一）款式图与款式特征（图 3-16）

（1）裤腰：装腰型，直腰。

（2）裤片：前裤片腰部左右各设四个裥，前中装隐形拉链，后裤片腰部左右各设两个省。裤身呈直筒形，侧缝线呈直线。

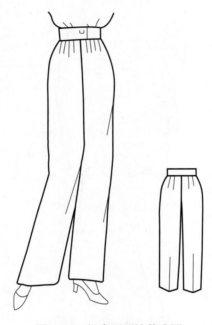

图 3-16　松身型西裤款式图

（二）松身型西裤主要部位规格控制要点

（1）裤长：裤长的规格控制与适身型西裤同。

（2）上裆高：上裆高高于适身型西裤。

（3）腰围：腰围是松身型西裤中与人体关系最为密切的部位。其处理方法为净腰围加上 2cm，属相对不变部位。

（4）臀围：臀围在松身型西裤中的处理方法，男裤为净臀围加上 13cm 以上，女裤为净臀围加上 11cm 以上。臀围属变化部位。

（5）脚口宽：脚口宽与款式有关。此款脚口偏大，脚口宽与横裆宽等量。脚口宽属变化较大部位。

（三）设定规格（表 3-4）

表 3-4　规格表

单位：cm

号　型	部　位	裤长（L）	腰围（W）	臀围（H）	腰头宽
160/68A	规格	102	70	96	4.5

（四）结构图（图3-17）

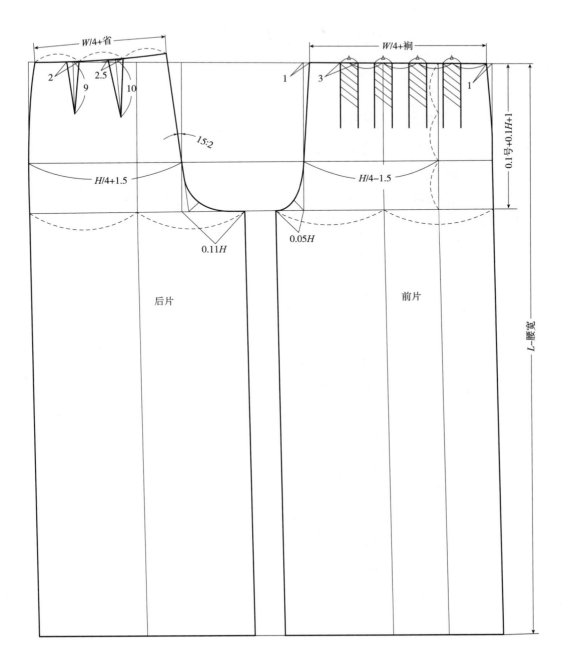

图中标注：

W/4+省　W/4+裆

2　2.5　9　10　1　3　1

15:2

H/4+1.5　H/4-1.5

0.11H　0.05H

0.1号+0.1H+1

后片　前片

L-腰宽

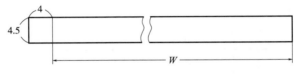

4　4.5　W

图3-17　松身型西裤结构图

第三节 裤装款式变化

一、应用实例一 低腰分割型紧身裤

（一）款式图与款式特征（图3-18）

（1）裤腰：低腰型，弯腰，造型如图。

（2）裤片：前裤片左右两侧设弧形分割线，前中门里襟装拉链。后裤片设下弧形横分割，分割线下左右各设一装袋盖的后袋。裤脚口偏大，裤身中裆以下呈喇叭型。侧缝线中裆以上向内倾斜。

图3-18 低腰分割型紧身裤款式图

（二）设定规格（表3-5）

表3-5 规格表 单位：cm

号 型	部 位	裤长（L）	腰围（W）	臀围（H）	中裆宽	脚口宽	低腰量
160/68A	规格	98	70	92	21	28	2

（三）结构图（图 3-19）

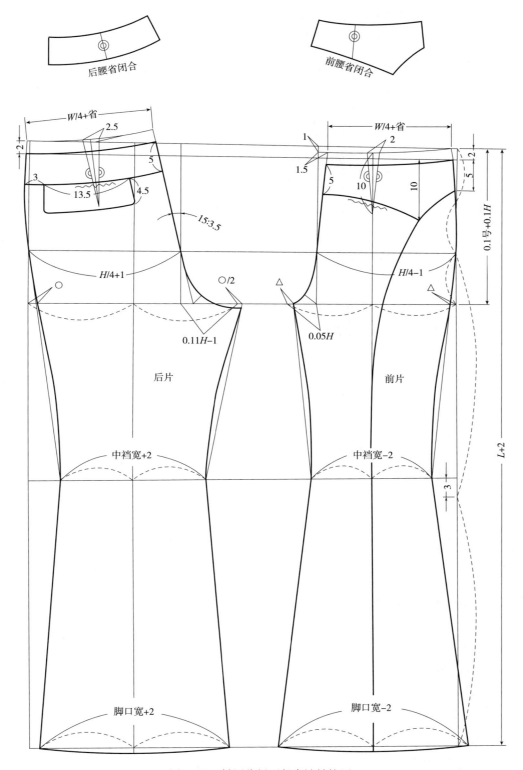

图 3-19　低腰分割型紧身裤结构图

二、应用实例二　低腰紧身型中裤

（一）款式图与款式特征（图3-20）

（1）裤腰：弯腰型，低腰。

（2）裤片：前裤片左右两侧设弧形斜袋，前中门里襟装拉链。后裤片腰部左右各设一省。裤脚口偏大，侧缝侧开衩，开衩位至脚口镶边处理，脚口下部布边拉毛处理。裤身中裆以下呈喇叭型，侧缝线中裆以上向内倾斜。

图3-20　低腰紧身型中裤款式图

（二）设定规格（表3-6）

表3-6　规格表　　　　　　　　　　　　　　　　单位：cm

号　型	部　位	裤长（L）	腰围（W）	臀围（H）	中裆宽	脚口宽	低腰量
160/68A	规格	77	71	92	22	25	4

（三）结构图（图3-21）

三、应用实例三　连腰适身型裤

（一）款式图与款式特征（图3-22）

（1）裤腰：连腰型，中腰。前腰部设装饰线（尖形），后腰部设装饰线（横形）。前腰左右两褶之间设交叉形装饰带。

（2）裤片：前裤片腰部左右各设两个褶，前袋袋型为侧缝直袋，右侧缝装拉链。后裤片腰口左右各设两个省，裤脚口偏小，裤身呈上大下小，侧缝线向内倾斜。

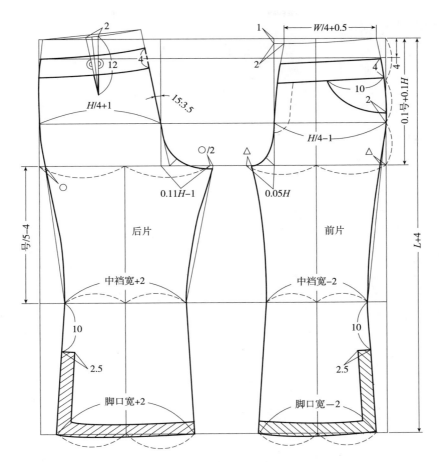

图 3-21　低腰紧身型中裤结构图

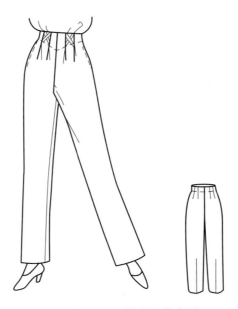

图 3-22　连腰适身型裤款式图

（二）设定规格（表3-7）

表3-7 规格表

单位：cm

号　型	部　位	裤长（L）	腰围（W）	臀围（H）	脚口宽	腰头宽
160/68A	规格	100	70	96	18	4

（三）结构图（图3-23）

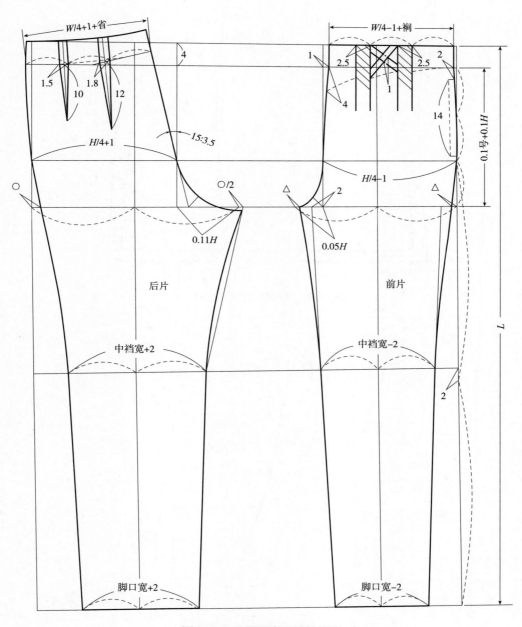

图3-23　连腰适身型裤结构图

四、应用实例四　高腰型多裥松身裤

（一）款式图与款式特征（图3-24）

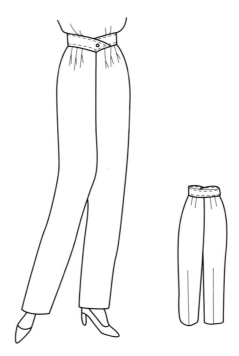

图3-24　高腰多裥松身裤款式图

（1）裤腰：装腰型，高腰。腰部造型如图。

（2）裤片：前裤片腰部左右各设三个裥，右侧缝装拉链。后裤片腰口左右各设两个省。脚口偏小，裤身呈上大下小，侧缝线向内倾斜。

（二）设定规格（表3-8）

表3-8　规格表　　　　　　　　　　　　　　　　　单位：cm

号　型	部　位	裤长（L）	腰围（W）	臀围（H）	脚口宽	腰头宽
160/68A	规格	102	70	96	18	5

（三）结构图（图3-25）

五、应用实例五　分割型紧身裤

（一）款式图与款式特征（图3-26）

（1）裤腰：装腰型，直腰。

（2）裤片：前片左右各设一个腰省，前袋为斜袋，前中门里襟装拉链，前片中裆处设横斜形分割线，分割线下设纵向分割线并装拉链，拉链内设折裥。后片拼后翘，左右两侧设后贴袋，造型如图。裤身呈直筒型，中裆以上侧缝线向内倾斜。

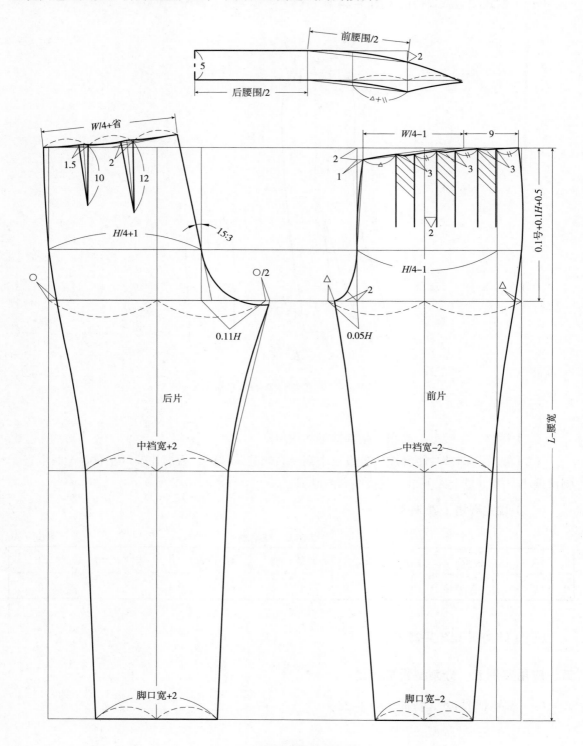

图 3-25　高腰多裥松身裤结构图

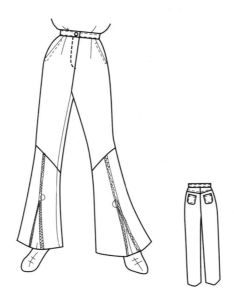

图 3-26　分割型紧身裤款式图

（二）设定规格（表 3-9）

表 3-9　规格表　　　　　　　　　　　　　　　　　单位：cm

号　型	部　位	裤长（L）	腰围（W）	臀围（H）	中裆宽	脚口宽	腰头宽	低腰量
160/68A	规格	98	71	92	21	20	3.5	2

（三）结构图（图 3-27）

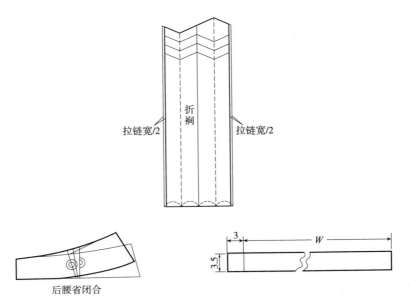

图 3-27

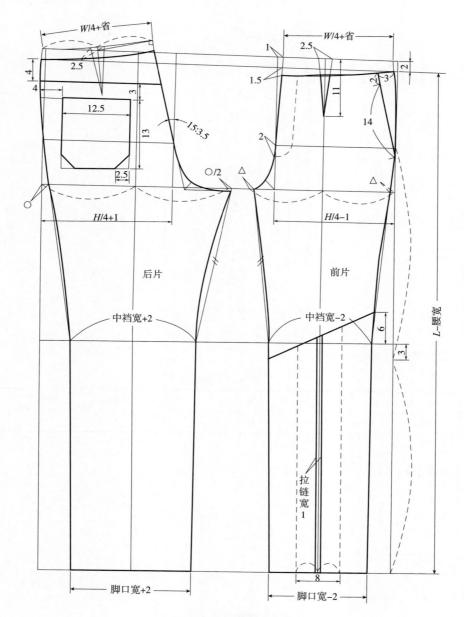

图 3-27　分割型紧身裤结构图

六、应用实例六　分割型灯笼裤

（一）款式图与款式特征（图 3-28）

（1）裤腰：低腰型，弯腰。

（2）裤片：前片上部设横向弧形分割线，前中门里襟装拉链，前后片左右两侧设纵向直形分割线，无侧缝分割线，前片分割线内侧中裆高部位设细褶，后片拼后翘，造型如图。脚口收拢，裤身呈灯笼型。

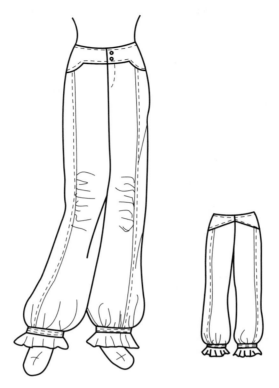

图 3-28 分割型灯笼裤款式图

（二）设定规格（表 3-10）

表 3-10 规格表

单位：cm

号　型	部　位	裤长（L）	腰围（W）	臀围（H）	脚口宽	低腰量
160/68A	规格	100	71	92	16	4

（三）结构图（图 3-29~ 图 3-31）

七、应用实例七　无腰型西短裤

（一）款式图与款式特征（图 3-32）

（1）裤腰：无腰型，中腰。

（2）裤片：前裤片腰口左右各设一个省，腰上部横向分割，前袋为斜袋，前中门里襟装拉链。后裤片腰口左右各设一个省，腰上部横向分割。侧缝线略向内倾斜。

（二）设定规格（表 3-11）

表 3-11 规格表

单位：cm

号　型	部　位	裤长（L）	腰围（W）	臀围（H）	脚口宽
160/68A	规格	40	71	96	4

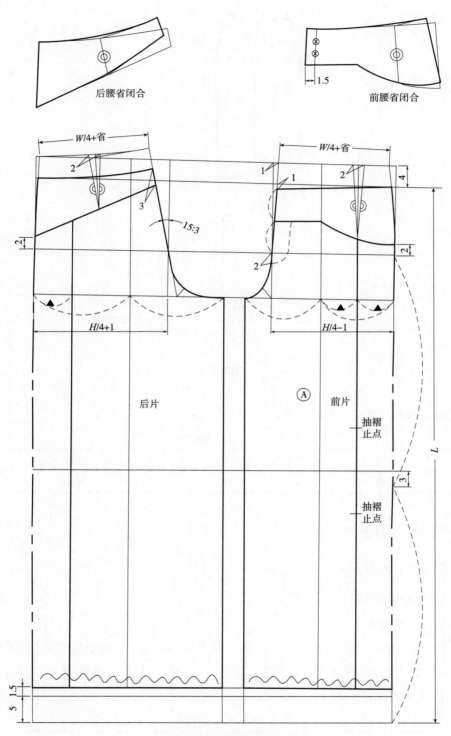

图 3-29　分割型灯笼裤结构图

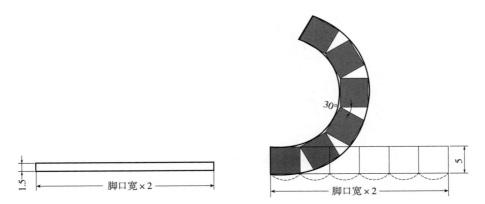

图 3-30　分割型灯笼裤脚口贴条及脚口花边图

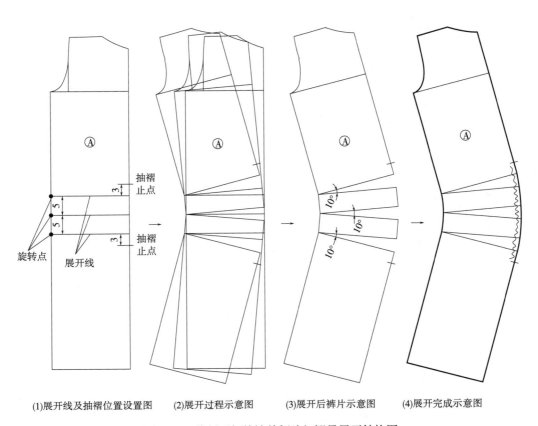

(1)展开线及抽褶位置设置图　　(2)展开过程示意图　　(3)展开后裤片示意图　　(4)展开完成示意图

图 3-31　分割型灯笼裤前侧片细褶量展开结构图

图3-32　无腰型西短裤款式图

（三）结构图（图3-33）

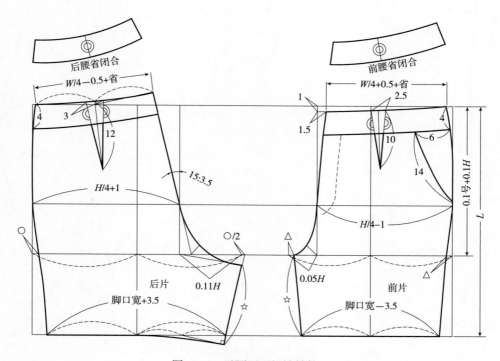

图3-33　无腰型西短裤结构图

八、应用实例八　中腰型裙裤

（一）款式图与款式特征（图3-34）

（1）裤腰：装腰型，直腰。

（2）裤片：前、后片左右两侧设纵向分割线，右侧缝装拉链。侧缝线向外倾斜。

图3-34　中腰型裙裤款式图

（二）设定规格（表3-12）

表3-12　规格表　　　　　　　　　　　　　　　　　单位：cm

号　型	部　位	裤长（L）	腰围（W）	臀围（H）	腰头宽
160/68A	规格	66	70	100	4

（三）结构图（图3-35）

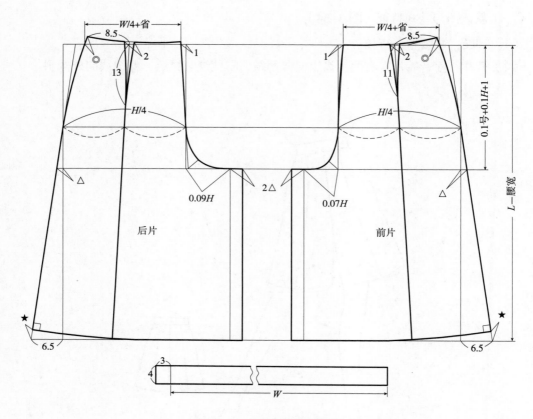

图3-35　中腰型裙裤结构图

思考题

1. 简述裤装的分类。

2. 从结构特点的角度分类，裤装可分为哪几类？

3. 理解裤装结构线变化方法。

4. 简述裙装与裤装的区别。

5. 按1∶1比例制作结构图，款式分别如图3-12、图3-14、图3-16所示。

6. 按1∶5比例制作结构图，款式分别如图3-18、图3-20、图3-22、图3-24、图3-26、图3-28、图3-32、图3-34所示。

7. 按1∶5比例制作结构图两款，款式自行设计。

第四章　女装制图

女装是服装的主要形式之一。女装的结构线以弧线为主，充分体现了女性的温婉、优雅、柔美。女装与其他上装的最大区别是女装具有多变性，而它的变化往往与流行趋势的变化密切相关，表现在衣身的长度、腰围的收放、摆围的松紧、衣袖的长度、袖口的大小、衣领的造型变化及附件的增减变化等方面。

女装的款式变化从各个不同的角度有不同的分类：

（1）按衣长分类，有长上衣、中上衣、短上衣等；

（2）按衣片造型分类，有平直型、收省型、分割型、展开型等；

（3）按袖长分类，有无袖、盖袖、短袖、中袖、长袖等；

（4）按衣袖造型分类，有圆装袖、连身袖、套肩袖、冒肩袖等；

（5）按衣领造型分类，有无领、坦领、立领、翻驳领等。

女装的基本结构由衣长、袖窿深、腰节长（高）、臀长（高）、肩宽、胸围、腰围、臀围、摆围、袖长等构成。女装结构中，其结构变化的关键是胸围。因此，就结构特点而言，女装可分为合体型、适体型、松体型。它们之间的区别在于胸围放松量的控制，其表现形式为胸、腰围差的大小变化以及由此而带来的衣袖的袖肥尺寸与袖山高度比例的变化。合体型服装的典型特征是胸、腰围差大，袖肥尺寸与袖山高度差小；松体型服装的典型特征是胸、腰围差为零或腰围大于胸围，袖肥尺寸与袖山高度差大；适体型服装的典型特征介于这两者之间。

第一节　女装基本型

一、女装各部位结构线名称

（一）女装衣片各部位结构线条名称

女装衣片基本线名称如图 4-1 所示。

女装衣片结构线名称如图 4-2 所示。

女装衣片各部位结构名称如图 4-3 所示。

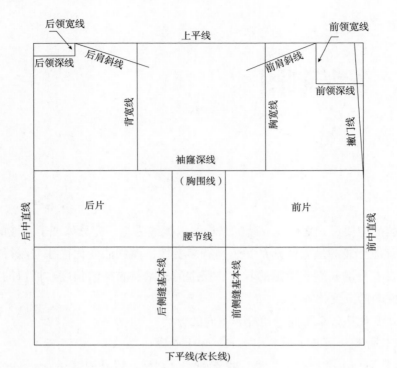

图 4-1　衣片基本线图

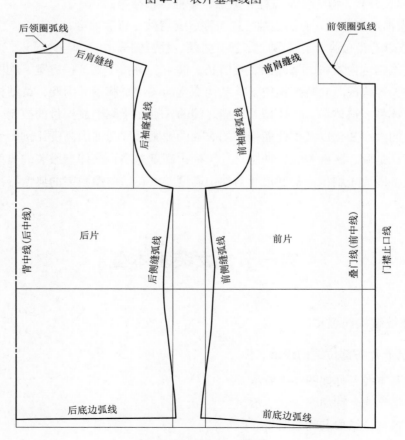

图 4-2　衣片结构线图

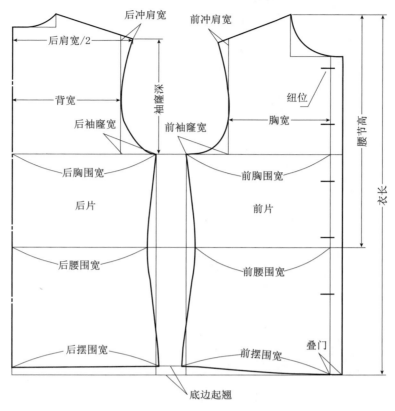

图 4-3　衣片各部位结构图

（二）女装衣袖各部位结构线名称

女装衣袖基本线名称如图 4-4 所示。

女衬衫衣袖结构线名称如图 4-5（1）所示。

女衬衫衣袖各部位结构名称如图 4-5（2）所示。

女装一片式衣袖结构线名称如图 4-6（1）所示。

女装一片式衣袖各部位结构名称如图 4-6（2）所示。

女装两片式衣袖结构线名称如图 4-7（1）所示。

女装两片式衣袖各部位结构名称如图 4-7（2）所示。

（三）女装衣领各部位结构线名称

女装坦领基本线、结构线及各部位结构名称，如图 4-8 所示。

女装立领基本线、结构线及各部位结构名称，如图 4-9 所示。

女装翻领和翻驳领基本线、结构线及各部位结构名称，如图 4-10 所示。

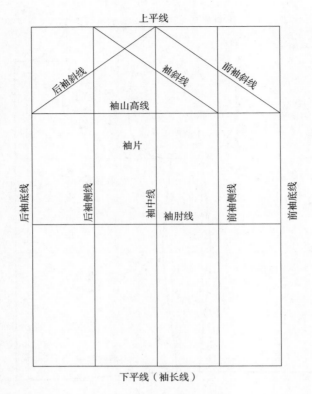

图 4-4 袖片基本线图

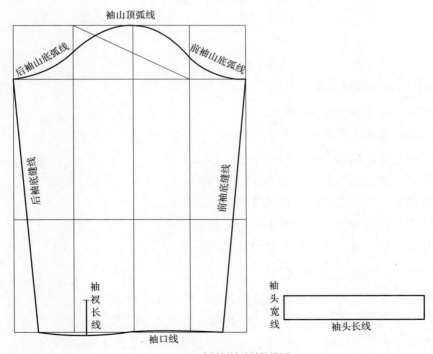

(1) 女衬衫袖片结构线图

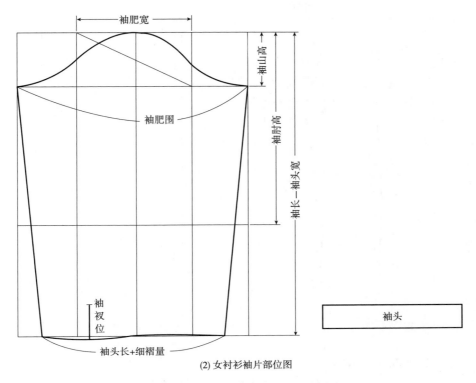

(2) 女衬衫袖片部位图

图 4-5　女衬衫袖片结构线和部位结构名称图

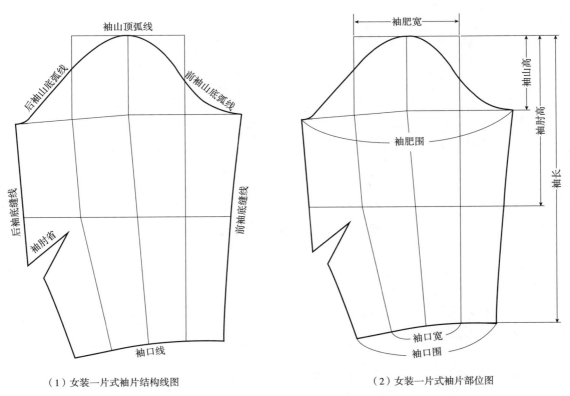

（1）女装一片式袖片结构线图　　　　　　　　（2）女装一片式袖片部位图

图 4-6　女装一片式袖片结构线和部位结构名称图

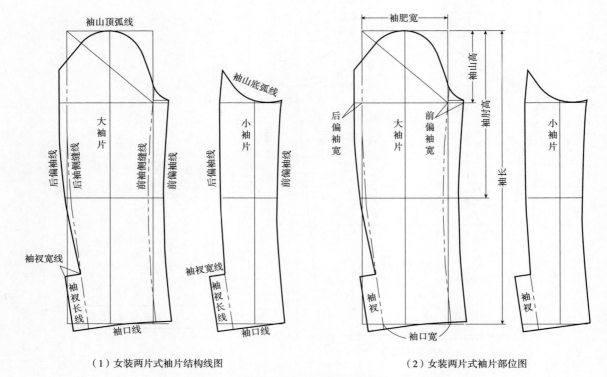

（1）女装两片式袖片结构线图　　　　　　　　（2）女装两片式袖片部位图

图 4-7　女装两片式袖片结构线和部位结构名称图

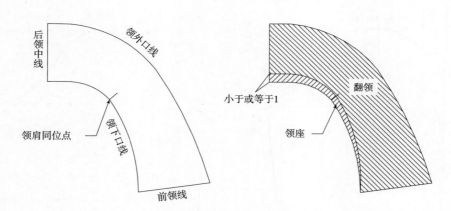

图 4-8　坦领基本线、结构线及部位图

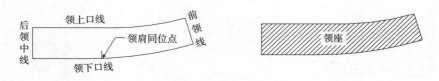

图 4-9　立领基本线、结构线及部位图

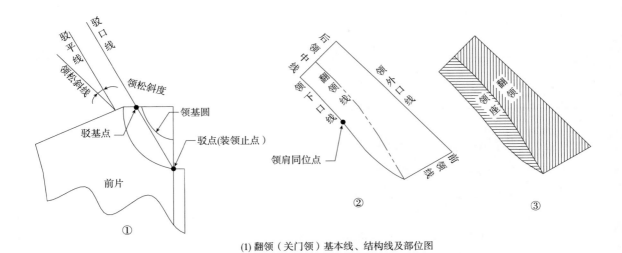

(1) 翻领（关门领）基本线、结构线及部位图

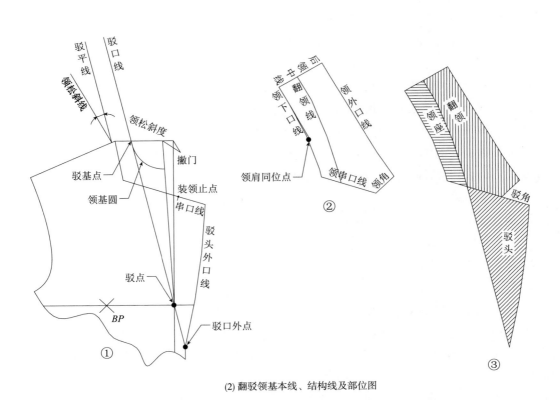

(2) 翻驳领基本线、结构线及部位图

图4-10 翻领和翻驳领基本线、结构线及部位结构名称图

二、女装衣片基本型构成

（一）设定规格（表4-1）

表4-1　规格表　　　　　　　　　　　　　　　　单位：cm

号　　型	部　　位	胸围（B）	肩宽（S）	领围（N）
160/84A	规格	96	40	36

（二）女装衣片基本型制图步骤

1. 女装衣片基本线制图步骤（图4-11）

① 基本线（后中直线）：首先画构成的基本线。

② 后上平线：垂直相交于基本线。

③ 下平线（腰节线）：自上平线向下量取号/4，平行于上平线。

④ 后领宽线：在上平线上，由后中线起量 0.2N，做后中线的平行线。

⑤ 后领深线：在后中线上，由上平线起量 2~2.5cm，做上平线的平行线。

⑥ 后肩斜线：取比值 15 ：5 确定后肩斜度。

⑦ 后肩宽：由后中线起取 S/2，平量交于后肩斜线。

⑧ 背宽线：自肩端点往后中线偏进 2cm。

⑨ 袖窿深线（胸围线）：自肩端点向下量取 0.15B + 5cm，画平行于上平线的直线。

⑩ 侧缝线：以后中线为起点取 B/4，画平行于后中线的直线。

⑪ 前上平线：以后中线提高 0.5cm 为基准，画后上平线的平行线。

⑫ 前中线：以侧缝线为起点取 B/4，画平行于后中线的直线。

⑬ 前领宽线：在前上平线上，由前中线起量 0.2N–0.5cm，画前中线的平行线。

⑭ 前领深：在前中线上，由上平线起量 0.2N，画上平线的平行线。

⑮ 前肩斜线：取比值 15 ：6.5 确定前肩斜度。

⑯ 前肩宽：取后肩斜线长 –（0.5~1）cm，在前肩斜线上定点。

⑰ 胸宽线：以前中线为起点取☆ –1cm，画平行于前中线的直线。

2. 女装衣片结构线制图步骤

按图4-14所示描出①后中线、②后小肩宽线、③腰节线、④侧缝线、⑤前中线、⑥前小肩宽线等线。

⑦后领弧线：如图4-12所示，从后领中点至领肩点取 a、b、c 三点画顺弧线。

⑧前领弧线：如图4-12所示，从前领中点至领肩点取 d、e、f 三点画顺弧线。

⑨后袖窿弧线：如图4-13所示，从后肩端点至后袖窿弧线与侧缝的交点取 g、h、i 三点画顺弧线。

⑩前袖窿弧线：如图4-13所示，从前肩端点至前袖窿弧线与侧缝的交点取 j、k、l 三点画顺弧线。

衣片结构线构成图如图4-14所示。

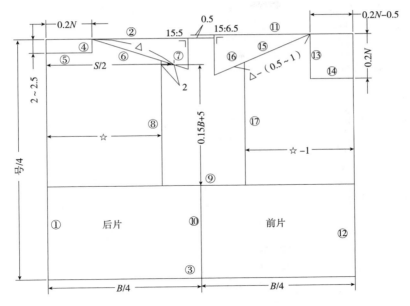

图 4-11　衣片基本线构成图

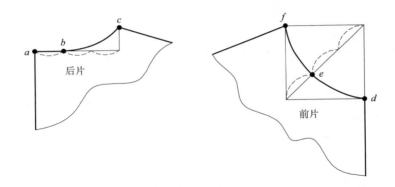

图 4-12　衣片前后领圈构成示意图

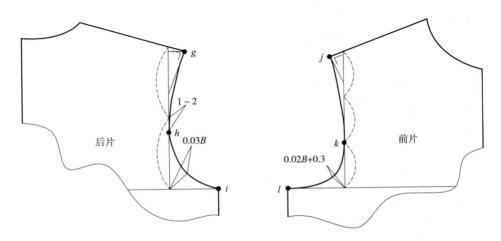

图 4-13　衣片前后袖窿构成示意图

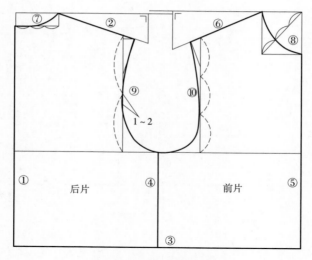

图 4-14　衣片结构线构成示意图

3. 女装衣片胸省制图步骤（图 4-15）

① 胸高点：在胸围线上取胸宽的中点，向胸宽线方向偏移 1cm。

② 胸省：通过胸高点向袖窿方向插入 15:2.5 的直角三角形，并使两省线等长。

③ 袖窿弧线：如图调整袖窿弧线。

4. 胸省的转换形式

（1）折叠法（基型含胸省）：

① 操作方法：

a. 将衣片基型复制在纸上，并确定将要转换的胸省位置，连接胸高点［图 4-16（1）］。

b. 如图 4-16（2）所示，将胸省位置的线条剪开。

c. 如图 4-16（3）所示，合并衣片基本型原有胸省。

d. 胸省转换至预定位置［4-16（4）］。

② 利弊分析：其优点为准确性高、直观易懂。其缺点为需两步到位。

③ 适用范围：家庭制作，较复杂或复杂款式。

（2）旋转法（基型含胸省）：

① 操作方法：

a. 将衣片基型复制在纸上，并确定将要转换的胸省位置，连接胸高点［图 4-17（1）］。

b. 如图 4-17（2）所示，确定旋转部分。

c. 如图 4-17（3）所示，将衣片基型板型与复制的板型重合，固定胸高点，旋转衣片基本型，合并衣片基本型原有胸省。

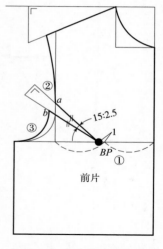

图 4-15　衣片胸省构成图

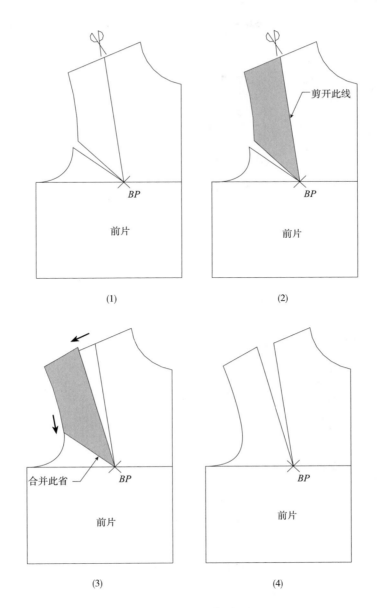

(1)　　　　　　　　　　　　(2)

(3)　　　　　　　　　　　　(4)

图4-16　折叠法构成图

d. 胸省转换至预定位置［图4-17（4）］。

② 利弊分析：其优点为准确性高。其缺点为需两步到位。

③ 适用范围：工厂制作，较复杂或复杂款式。

（3）角度移位法（基型不含胸省）：

① 操作方法：

a. 制作衣片基型，并确定将要转换的胸省位置，在肩线上设 a、b（原肩端点）两点，连接胸高点［图4-18（1）］。

b. 如图4-18（2）所示，通过胸高点取 15 : 2.5 的直角三角形，使三角形的两边相等，

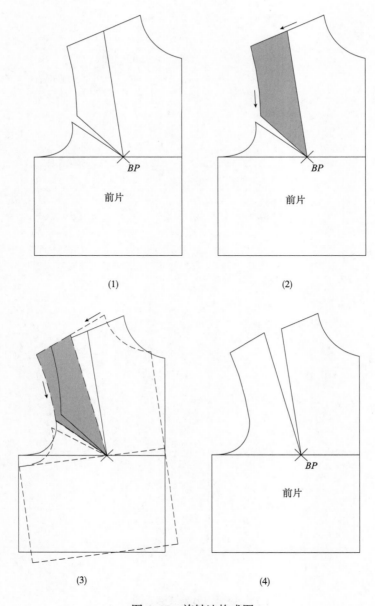

(1)   (2)

(3)   (4)

图 4-17   旋转法构成图

得到 a' 点。

　　c. 如图 4-18（3）所示，连接原肩端点与胸高点，在线上取比值 15∶2.5 的直角三角形，使三角形的两边相等，得到新的肩端点 b'。

　　d. 连接 a'、b' 两点，得到新的肩斜线，如图调整袖窿弧线 ［图 4-18（4）］。

　　e. 胸省转换至预定位置 ［图 4-18（5）］。

　　② 利弊分析：其优点为一步到位。其缺点为准确性欠高。

　　③ 适用范围：家庭或工厂制作均可，简单款式。

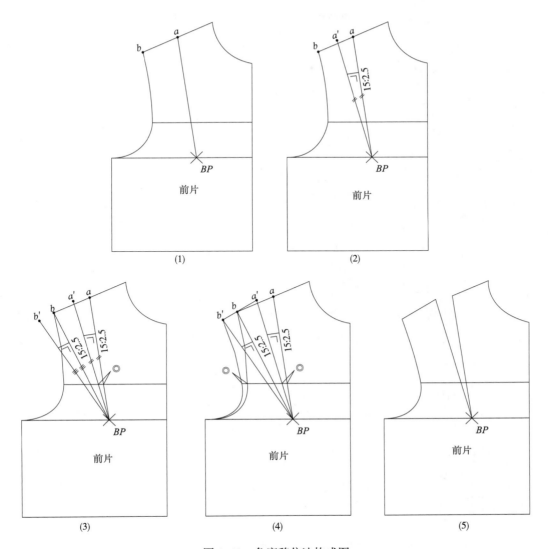

图 4-18　角度移位法构成图

（三）女装衣片基本型结构线变化类型

1. 结构线变化一

（1）变化要点：常用胸省位置分布及省尖点与胸高点距离示意，显示的胸省包括：袖胸省、侧胸省、肩胸省、领胸省、腰胸省。胸省构成方法为角度移位法。

（2）变化图示：如图 4-19 ~ 图 4-24 所示。

2. 结构线变化二

（1）变化要点：侧缝线内斜，腰围小于胸围。

（2）变化图示：如图 4-25 所示。

3. 结构线变化三

（1）变化要点：侧缝线外斜，腰围大于胸围。

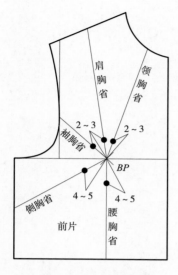

图 4-19　衣片胸省分布图

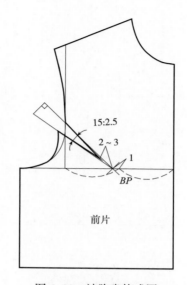

图 4-20　袖胸省构成图

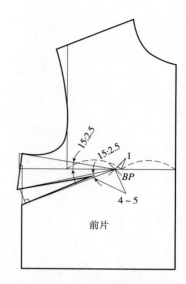

图 4-21　侧胸省构成图

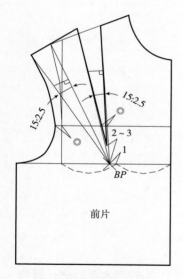

图 4-22　肩胸省构成图

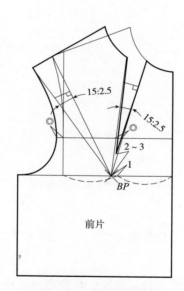

图 4-23　领胸省构成图

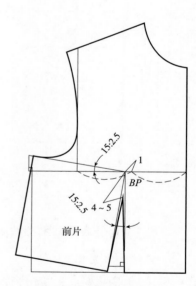

图 4-24　腰胸省构成图

（2）变化图示：如图 4-26 所示。

4.结构线变化四

（1）变化要点：插入腰省，加强收腰效果。

（2）变化图示：如图 4-27 所示。

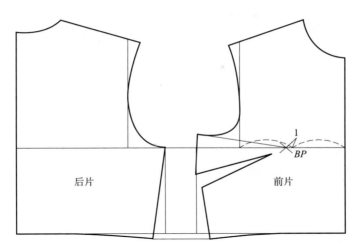

图 4-25 衣片结构线变化二图

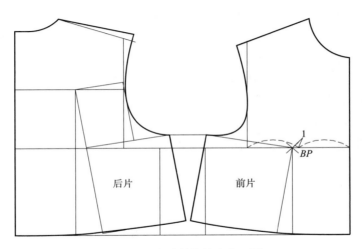

图 4-26 衣片结构线变化三图

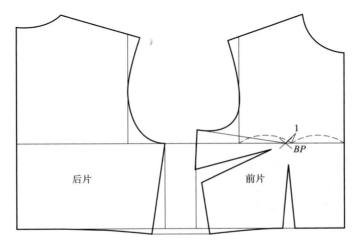

图 4-27 衣片结构线变化四图

三、女装袖片基本型构成

（一）设定规格（表4-2）

表4-2　规格表

单位：cm

号　型	部　位	袖长（SL）	袖窿弧长总长（AH）	袖斜线斜率
160/84A	规格	25	44	15∶10

（二）女装袖片基本型制图步骤

1. 女装袖片基本线制图步骤（图4-28）

① 基本线（前袖侧线）：首先画出的基础直线。

② 上平线：垂直于基本线。

③ 下平线（袖长线）：自上平线向下量取袖长，画上平线的平行线。

④ 袖斜线：取比值15∶10画袖斜线，在袖斜线上取AH/2（AH为袖窿弧线总长）并确定a点。

⑤ 后袖侧线：通过a点，画上平线的垂线。

⑥ 袖山高线：通过a点，取袖肥宽，画上平线的平行线。

⑦ 袖中线：取袖肥宽（袖山高线上）的中点，画基本线的平行线。

⑧ 前袖线：取袖肥宽的1/2，画基本线的平行线。

⑨ 后袖线：取袖肥宽的1/2，画基本线的平行线。

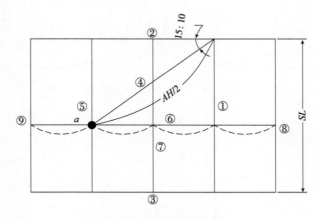

图4-28　袖片基本线构成图

2. 女装袖片结构线制图步骤（图4-29）

① 前袖山辅助斜线：如图定点画斜线。

② 后袖山辅助斜线：如图定点画斜线。

③ 袖山弧线：如图定点画弧线。

④ 前袖线：按基本线。

⑤后袖线：按基本线。

⑥袖口线：按基本线。

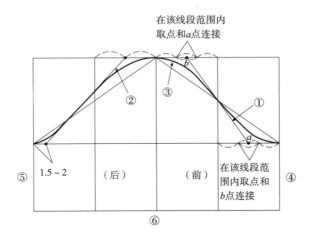

图 4-29　袖片结构线构成图

（三）女装袖片基本型结构线变化类型

1. 结构线变化一

（1）变化要点：袖侧缝线内斜，袖口线呈下弧形。

（2）变化图示：如图 4-30 所示。

2. 结构线变化二

（1）变化要点：袖侧缝线内斜，袖口线呈直形。

（2）变化图示：如图 4-31 所示。

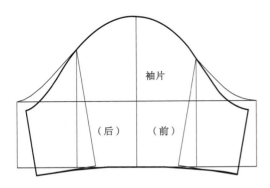

图 4-30　袖片结构线变化一图

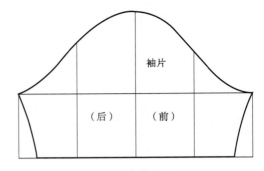

图 4-31　袖片结构线变化二图

3. 结构线变化三

（1）变化要点：袖侧缝线外斜，袖口线呈上弧形。

（2）变化图示：如图 4-32 所示。

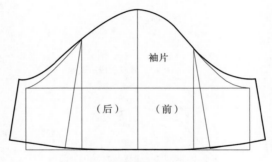

图 4-32　袖片结构线变化三图

4. 结构线变化四

（1）变化要点：后袖侧缝线内斜，相关部位进行同步变化。

（2）变化图示：如图 4-33 所示。

5. 结构线变化五

（1）变化要点：后袖侧缝线内折，相关部位进行同步变化。

（2）变化图示：如图 4-34 所示。

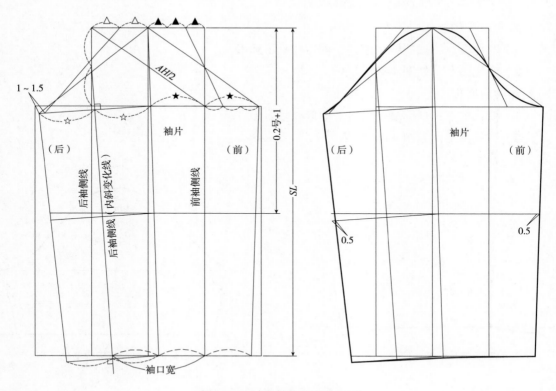

图 4-33　袖片结构线变化四图

6. 结构线变化六

（1）变化要点：一片袖转化为两片袖。

（2）变化图示：如图4-35所示。

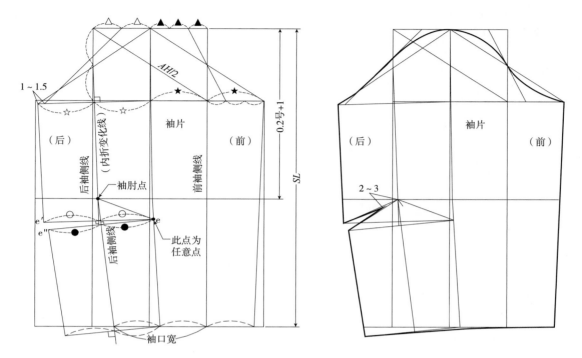

图4-34　袖片结构线变化五图

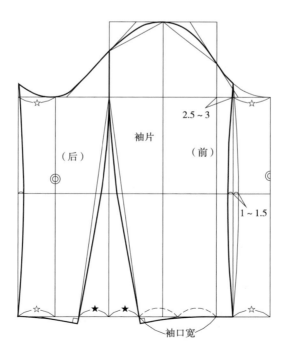

图4-35　袖片结构线变化六图

7. 结构线变化七

（1）变化要点：连身袖结构线构成。图中 x 值为袖中线斜度调节量，x 值趋大，袖型趋向于合体；x 值趋小，袖型趋向于宽松。x 值常规控制量为 3 ~ 13cm。

（2）变化图示：如图 4–36 所示。

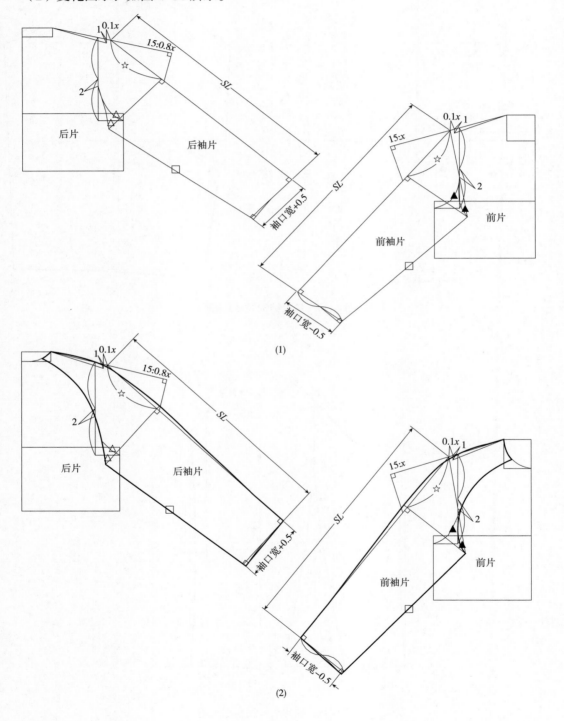

(1)

(2)

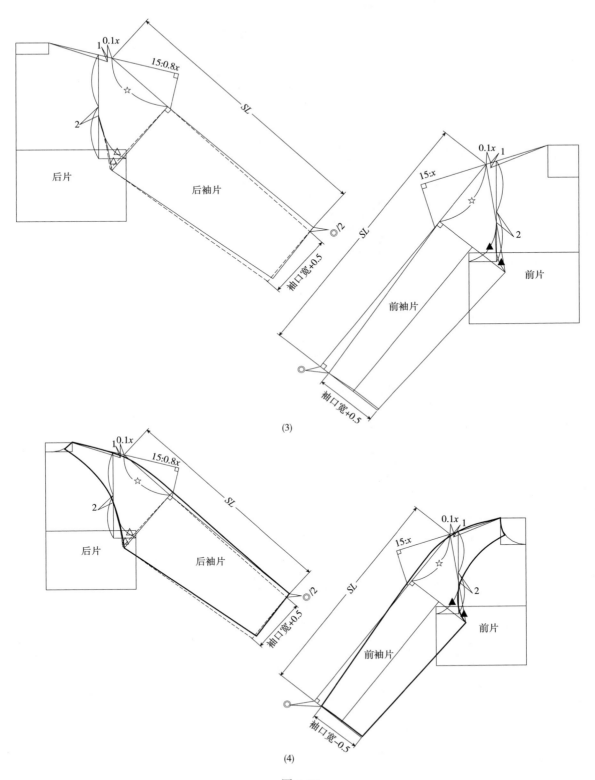

(3)

(4)

图 4-36

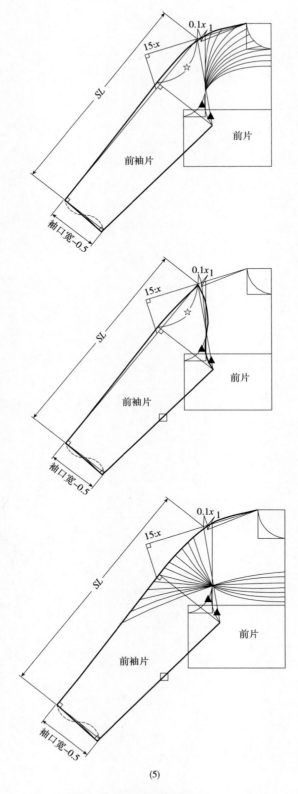

(5)

图 4-36　袖片结构线变化七图

四、女装领片基本型构成

（一）设定规格（表4-3）

表4-3 规格表

单位：cm

号 型	部 位	领围（N）	领座高	翻领高
160/84A	规格	36	3	4

（二）女装领片基本型制图步骤

1. 女装领片基本线制图步骤（图4-37）

①领口基圆：设领座高为a，在上平线上，取0.8a，由领肩点向右量取0.8a，取前领宽 -0.8a为半径画圆。

②驳口线：由前中线与前领深线的交点画领口基圆的切线。

③领驳平线：距离驳口线0.9a画驳口线的平行线。

④领松斜度定位：取比值（$a+b$）∶2（$b-a$），如图中所示，其中b为翻领高。

2. 女装领片结构线制图步骤（图4-38）

①后领圈弧长：在领底斜线上，以领肩同位点为起点，取后领圈弧长。

②领底弧线：与前领圈弧线相连，画顺领底弧线。

③后领中线：取领座高（a）+翻领高（b）的宽度，过领底弧线止点做领底斜线的垂线。

④前领角线：由前中线与领深线的交点做驳口线的垂线，领角长7.5cm。

⑤领外口弧线：做后领中线的垂线与前领角长连接，画顺领外口弧线。

⑥领座高线：按领座高在领宽线上取点，如图画顺领座高弧线。

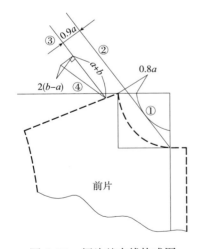

图4-37 领片基本线构成图

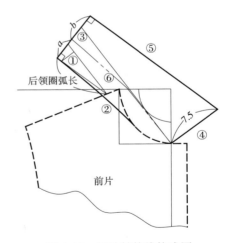

图4-38 领片结构线构成图

（三）女装衣领基本型结构线变化类型

1. 结构线变化一

（1）变化要点：无领领型变化（当领座高与翻领高均为0时）。

（2）变化图示：如图 4-39 所示。

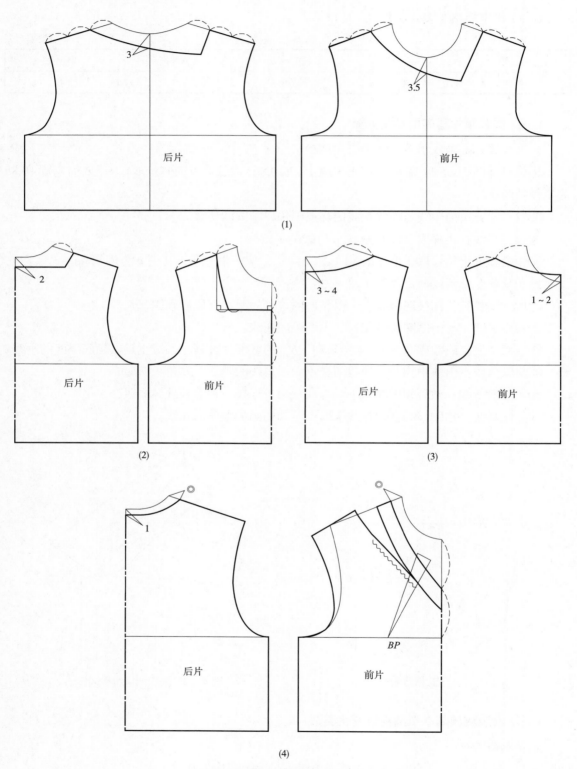

(1)

(2)

(3)

(4)

图 4-39　领结构线变化一图

2.结构线变化二

（1）变化要点：坦领领型变化（当 0 ＜领座高＜ 1cm 时）。

（2）变化图示：如图 4-40 所示。

3.结构线变化三

（1）变化要点：立领领型变化（当领座高＞ 0，翻领高 =0 时）。

（2）变化图示：如图 4-41 所示。

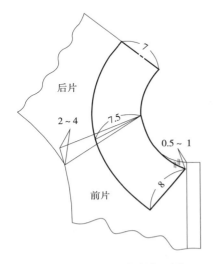

图 4-40　领结构线变化二图

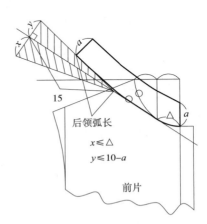

图 4-41　领结构线变化三图

第二节　女装基本型应用

一、应用实例一　无领长袖女衬衫

（一）款式图与款式特征（图 4-42）

（1）领型：无领式，圆领圈。

（2）袖型：一片式装袖型，长袖。

（3）衣片：前中开襟钉纽 4 粒，明门襟，左右侧设袖胸省。后片左右设腰省，侧缝腰节处略收腰。

（二）无领长袖女衬衫主要部位规格控制要点

（1）衣长：衣长在满足基本穿着要求的条件下，主要与款式变化有关。衣长属变化较大部位，此款适中。

（2）腰节高：腰节高与人体的身高有关，属微变部位。

图 4-42　无领长袖女衬衫款式图

（3）肩宽：肩宽与人体的肩宽有着密切的关系，一般以净肩宽加上 0 ~ 1cm，属基本不变部位。

（4）领围：领围在基本型领圈基础上，根据款式要求进行相应变化，属变化部位。此款在基本型领围基础上扩大。

（5）腰围：腰围的控制量与服装的合体程度有关。此款属较合体型服装，胸围与腰围的差数控制在 12cm 以内。腰围属变化部位。

（6）胸围：胸围的控制量与服装的合体程度有关。此款属较合体型服装，胸围的放松量为 12 ~ 16cm。胸围属变化较大部位。

（三）设定规格（表4-4）

表4-4　规格表　　　　　　　　　　单位：cm

号　型	部　位	衣长（L）	肩宽（S）	基型胸围（B）	成品胸围（B'）	领围（N）	腰围（W）	袖长（SL）
160/84A	规格	64	40	98	97	36	90	57

（四）结构图（图4-43）

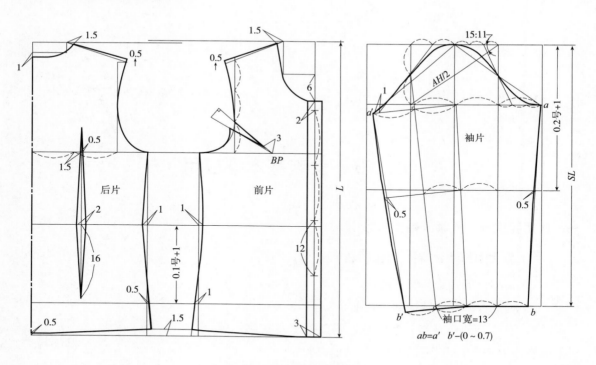

图4-43　无领长袖女衬衫结构图

二、应用实例二　坦领短袖女衬衫

（一）款式特征与款式图（图4-44）

（1）领型：坦领，领角呈圆形。

（2）袖型：一片式装袖型，短袖。

（3）衣片：前中开襟钉纽 5 粒，前片左右两侧各设胸腰省，后片左右两侧设腰省，侧缝腰节处略收腰。

图 4-44　坦领短袖女衬衫款式图

（二）坦领短袖女衬衫主要部位规格控制要点

（1）衣长：衣长在满足基本穿着要求的条件下，主要与款式变化有关。衣长属变化较大部位，此款偏短。

（2）腰节高：腰节高与人体的身高有关，属微变部位。

（3）肩宽：肩宽与人体的肩宽有密切的关系，一般以净肩宽加上 0～1cm，属基本不变部位。

（4）领围：领围在基本型领圈基础上，根据款式要求进行相应变化，属变化部位。此款在基本型领围基础上扩大。

（5）腰围：腰围的控制量与服装的合体程度有关。此款属较合体型服装，胸围与腰围的差数控制在 14cm 以内。腰围属变化部位。

（6）胸围：胸围的控制量与服装的合体程度有关。此款属较合体型服装，胸围的放松量为 12～16cm。胸围属变化较大部位。

（三）设定规格（表 4-5）

表 4-5　规格表　　　　　　　　　　　　　　　　单位：cm

号　型	部　位	衣长（L）	肩宽（S）	基型胸围（B）	成品胸围（B'）	领围（N）	腰围（W）	袖长（SL）
160/84A	规格	60	40	96	95	36	80	23

（四）结构图（图4-45）

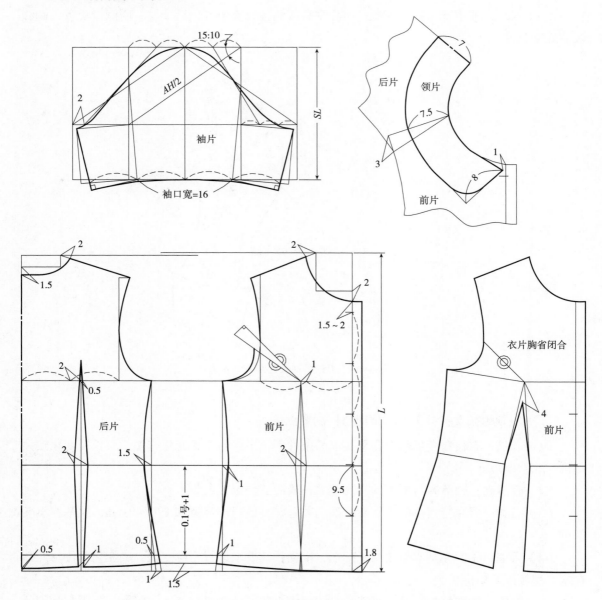

图4-45 坦领短袖女衬衫结构图

三、应用实例三 立领长袖女衬衫

（一）款式特征与款式图（图4-46）

（1）领型：立领。

（2）袖型：一片式装袖型，长袖，收袖肘省。

（3）衣片：前中开襟钉纽6粒，前片左右两侧各设侧胸省1个、腰省1个。后片左右两侧各设腰省1个，后中设背缝，侧缝腰节处略收腰。

图 4-46　立领长袖女衬衫款式图

（二）立领长袖女衬衫主要部位规格控制要点

（1）衣长：衣长在满足基本穿着要求的条件下，主要与款式变化有关。衣长属变化较大部位，此款偏长。

（2）腰节高：腰节高与人体的身高有关，属微变部位。

（3）肩宽：肩宽与人体的肩宽有密切的关系，一般以净肩宽加上 0 ~ 1cm，属基本不变部位。

（4）领围：领围在基本型领圈基础上，根据款式要求进行相应变化，属变化部位。此款在基本型领围基础上为满足颈部合体要求略有缩小。

（5）腰围：腰围的控制量与服装的合体程度有关。此款属合体型服装，胸围与腰围的差数控制在 12 ~ 16cm。腰围属变化部位。

（6）胸围：胸围的控制量与服装的合体程度有关。此款属合体型服装，胸围的放松量为 12cm 以内。胸围属变化较大部位。

（三）设定规格（表 4-6）

表 4-6　规格表　　　　　　　　　　　　　　　　　　　　　　单位：cm

号　型	部位	衣长（L）	肩宽（S）	基型胸围（B）	成品胸围（B'）	领围（N）	腰围（W）	袖长（SL）
160/84A	规格	80	39	94	92	36	78	57

（四）结构图（图 4-47）

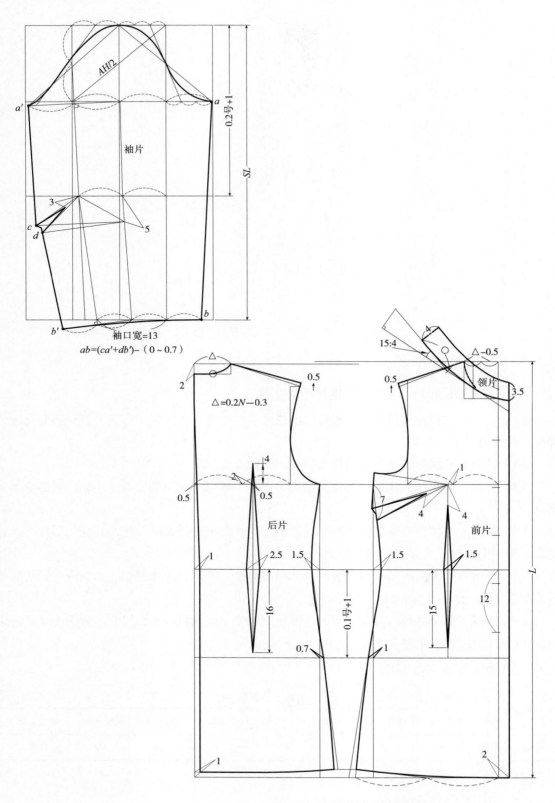

袖口宽=13

$ab=(ca'+db')-（0～0.7）$

图4-47　立领长袖女衬衫结构图

四、应用实例四　方领短袖女衬衫

（一）款式特征与款式图（图4-48）

（1）领型：关门式翻驳领，领角呈方形。

（2）袖型：一片式装袖型，短袖，袖口翻边。

（3）衣片：前中开襟至胸宽高，前领中点钉纽1粒，前片左右两侧设肩胸省，后片为平直型衣片，侧缝腰节处略收腰。

图4-48　方领短袖女衬衫款式图

（二）方领短袖女衬衫主要部位规格控制要点

（1）衣长：衣长在满足基本穿着要求的条件下，主要与款式变化有关。衣长属变化较大部位，此款适中。

（2）腰节高：腰节高与人体的身高有关，属微变部位。

（3）肩宽：肩宽与人体的肩宽有密切的关系，一般以净肩宽加上0～1cm，属基本不变部位。

（4）领围：领围在基本型领圈基础上，根据款式要求进行相应变化，属变化部位，此款与基本型领围接近。

（5）腰围：腰围的控制量与服装的合体程度有关。此款属较宽松型服装，胸围与腰围的差数控制在4～6cm。腰围属变化部位。

（6）胸围：胸围的控制量与服装的合体程度有关。此款属较宽松型服装，胸围的放松量为16～20cm。胸围属变化较大部位。

（三）设定规格（表4-7）

表4-7　规格表　　　　　　　　　　　　　　　　　　　　单位：cm

号　型	部位	衣长（L）	肩宽（S）	基型胸围（B）	成品胸围（B'）	领围（N）	腰围（W）	袖长（SL）
160/84A	规格	68	40	98	98	36	92	25

（四）结构图（图4-49）

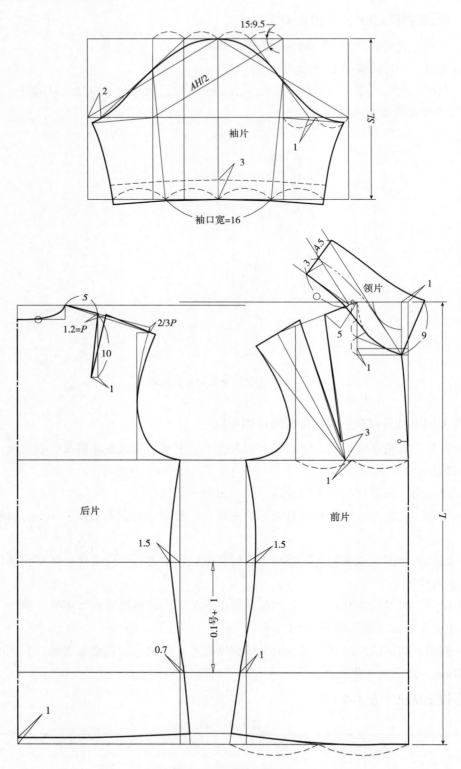

图4-49　方领短袖女衬衫结构图

五、应用实例五　西装领长袖女衬衫

（一）款式特征与款式图（图4-50）

（1）领型：开门式翻驳领，西装领。翻驳领外口线饰花边。

（2）袖型：一片式装袖型，长袖，袖口装克夫，克夫钉纽两粒。

（3）衣片：前中开襟钉纽3粒，双叠门，前片左右两侧设领胸省、设胸腰省，后片左右两侧设腰省。侧缝腰节处收腰。

（二）西装领长袖女衬衫主要部位规格控制要点

（1）衣长：衣长在满足基本穿着要求的条件下，主要与款式变化有关。衣长属变化较大部位，此款适中。

（2）腰节高：腰节高与人体的身高有关，属微变部位。

（3）肩宽：肩宽与人体的肩宽有密切的关系，一般以净肩宽加上0～1cm，属基本不变部位。

（4）领围：领围在基本型领圈基础上，根据款式要求进行相应变化，属变化部位。此款与基本型领围接近。

图4-50　西装领长袖女衬衫款式图

（5）腰围：腰围的控制量与服装的合体程度有关。此款属合体型服装，胸围与腰围的差数控制在12～16cm。腰围属变化部位。

（6）胸围：胸围的控制量与服装的合体程度有关。此款属合体型服装，胸围的放松量为12cm以内。胸围属变化较大部位。

（三）设定规格（表4-8）

表4-8　规格表　　　　　　　　　　　　　　　　　　　单位：cm

号　型	部位	衣长（L）	肩宽（S）	基型胸围（B）	成品胸围（B'）	领围（N）	腰围（W）	袖长（SL）
160/84A	规格	64	40	94	93	36	80	58

（四）结构图（图4-51）

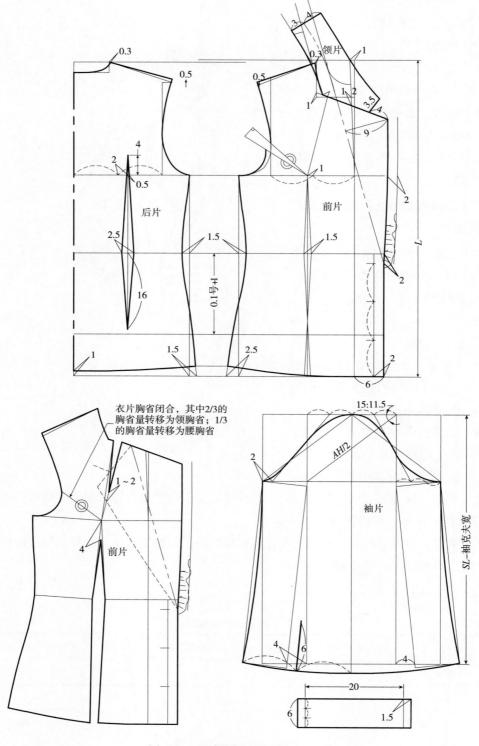

图4-51 西装领长袖女衬衫结构图

第三节　女装款式变化

一、应用实例一　平方领泡袖女衬衫

（一）款式特征与款式图（图 4-52）

（1）领型：关门式翻领，领角呈平直形，领外口线饰花边。

（2）袖型：一片式装袖型，长袖，袖山收细褶，袖山呈泡袖型。

（3）衣片：前中开襟至胸围线稍下，钉纽 5 粒，前片设 U 形分割线，分割线上饰花边，后片为平直衣片。侧缝腰节处略收腰。

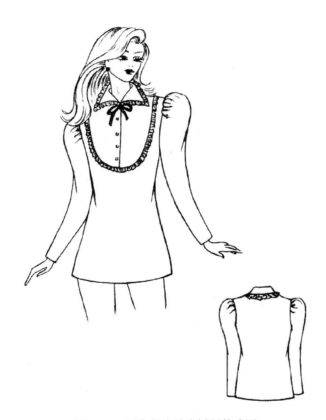

图 4-52　平方领泡袖女衬衫款式图

（二）设定规格（表 4-9）

单位：cm

表 4-9　规格表

号　型	部位	衣长（L）	肩宽（S）	基型胸围（B）	成品胸围（B'）	领围（N）	腰围（W）	袖长（SL）
160/84A	规格	70	40	98	98	36	92	58

（三）结构图（图4-53）

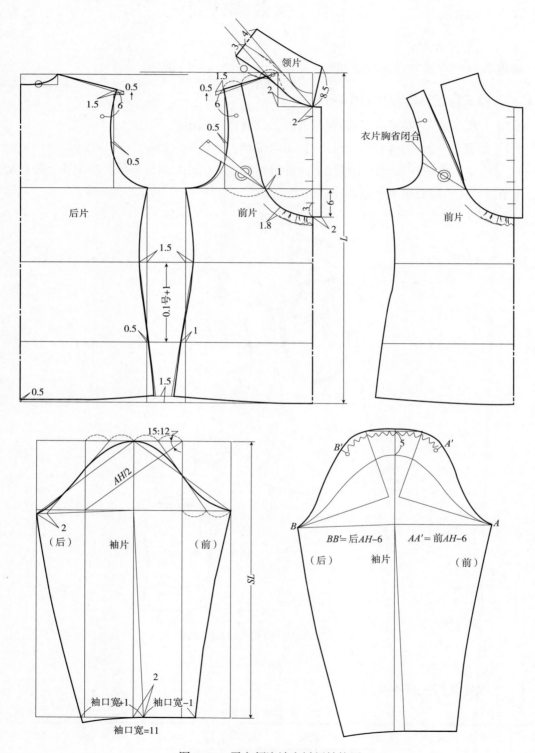

图4-53　平方领泡袖女衬衫结构图

二、应用实例二 方领分割式长袖女衬衫

（一）款式特征与款式图（图4-54）

（1）领型：关门式翻领，领角呈方形。

（2）袖型：一片式合体装袖型，长袖，后袖缝线内斜，袖上部设横向分割线。

（3）衣片：左前片设1个腰胸省，右前片上部设一条横向分割线，横向分割线下设一条纵向分割线，后片上部设一条横向分割线，左右两侧各设纵向分割线，造型如图。门襟、分割线、下摆、袖口均缉明线。

图4-54 方领分割式长袖女衬衫款式图

（二）设定规格（表4-10）

表4-10 规格表 单位：cm

号　型	部位	衣长（L）	肩宽（S）	基型胸围（B）	成品胸围（B'）	领围（N）	腰围（W）	袖长（SL）
160/84A	规格	53.5	40	96	94.5	36	79	58

（三）结构图（图 4-55）

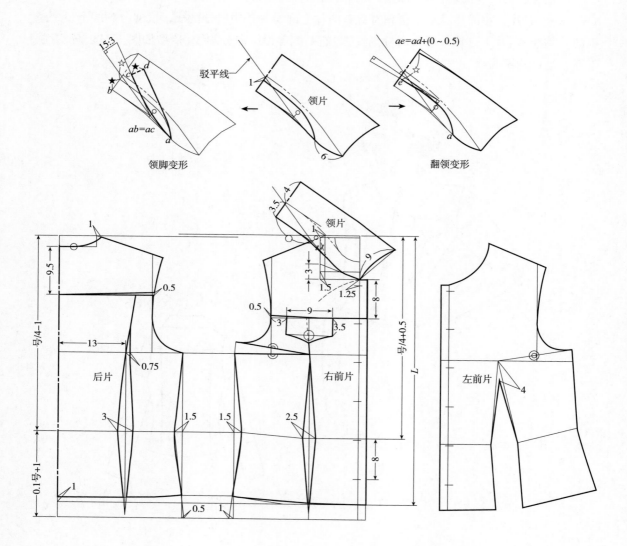

领脚变形

领片

翻领变形

$ab=ac$

$ae=ad+(0 \sim 0.5)$

驳平线

领片

后片

右前片

左前片

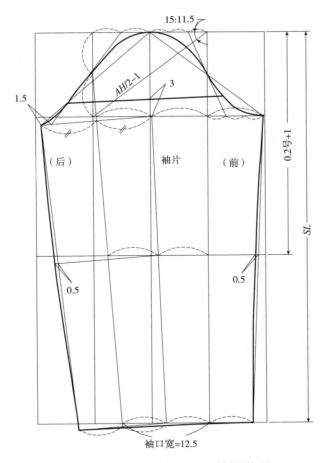

图 4-55 方领分割式长袖女衬衫结构图

三、应用实例三 方领长袖女上衣

（一）款式特征与款式图（图 4-56）

（1）领型：关门式翻领，领角呈方形，前后领均有领座。

（2）袖型：两片式装袖型，长袖。

（3）衣片：前中开襟钉纽 4 粒，前片左右两侧设直形分割线，腰节线下左右两侧设装袋盖嵌线袋，后片左右两侧设直形分割线，后中设背缝。

图 4-56 方领长袖女上衣款式图

（二）设定规格（表4-11）

表4-11　规格表　　　　　　　　　　　　　　　　　　　单位：cm

号　型	部位	衣长（L）	肩宽（S）	基型胸围（B）	成品胸围（B'）	领围（N）	腰围（W）	袖长（SL）
160/84A	规格	64	40	96	94	36	79	57

（三）结构图（图4-57）

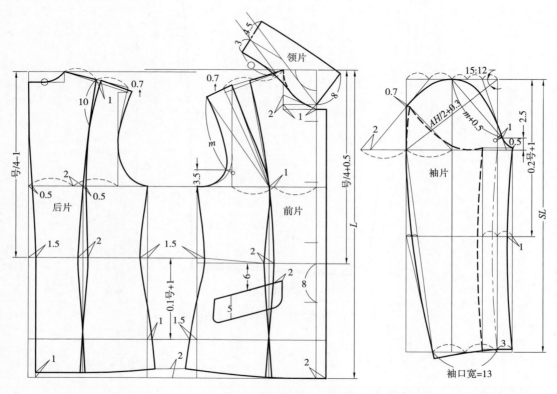

图4-57　方领长袖女上衣结构图

四、应用实例四　连身驳领长袖女上衣

（一）款式特征与款式图（图4-58）

（1）领型：连身翻驳领，领角呈圆形。

（2）袖型：三片式连身型长袖，袖口开袖衩，钉纽2粒。

（3）衣片：前中双排扣，开襟钉纽2粒，前门襟为圆摆，前片左右两侧设弧形分割线，腰节线下左右两侧设双嵌线袋，后片左右两侧设弧形分割线，后中设背缝。

图4-58　连身驳领长袖女上衣款式图

（二）设定规格（表4-12）

表 4-12　规格表

单位：cm

号　　型	部位	衣长（L）	肩宽（S）	基型胸围（B）	成品胸围（B'）	领围（N）	腰围（W）	袖长（SL）
160/84A	规格	68	40	96	94	36	79	57

（三）结构图（图4-59）

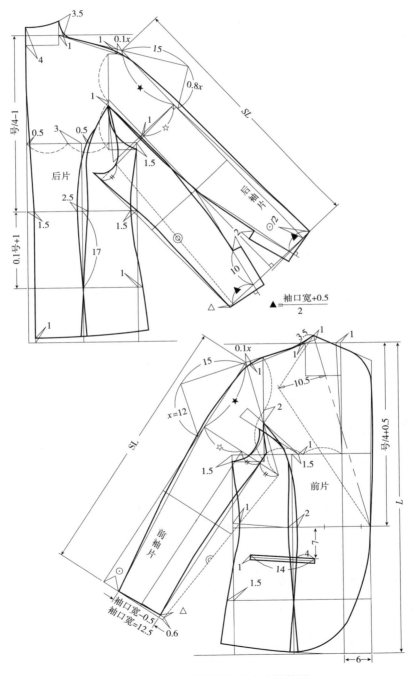

图 4-59　连身驳领长袖女上衣结构图

五、应用实例五　立领长袖女上衣

（一）款式特征与款式图（图4-60）

（1）领型：立领。

（2）袖型：两片式装袖型，长袖，袖口装克夫，克夫开衩。

（3）衣片：前中开襟装拉链，前门襟下部为斜线形，前中线收细褶，前片左右两侧设弧形分割线，后片左右两侧设弧形分割线，后中设背缝。门襟、袖窿、分割线、下摆、袖克夫均缉明线。

图4-60　立领长袖女上衣款式图

（二）设定规格（表4-13）

表4-13　规格表

单位：cm

号　型	部位	衣长（L）	肩宽（S）	基型胸围（B）	成品胸围（B'）	领围（N）	腰围（W）	袖长（SL）
160/84A	规格	62	40	94	92	36	78	57

（三）结构图（图4-61）

六、应用实例六　V字方领长袖女上衣

（一）款式特征与款式图（图4-62）

（1）领型：关门式翻驳领，领角呈方形，前领下部V字领圈。

（2）袖型：两片式装袖型，长袖，袖口设袖衩，钉纽扣2粒。

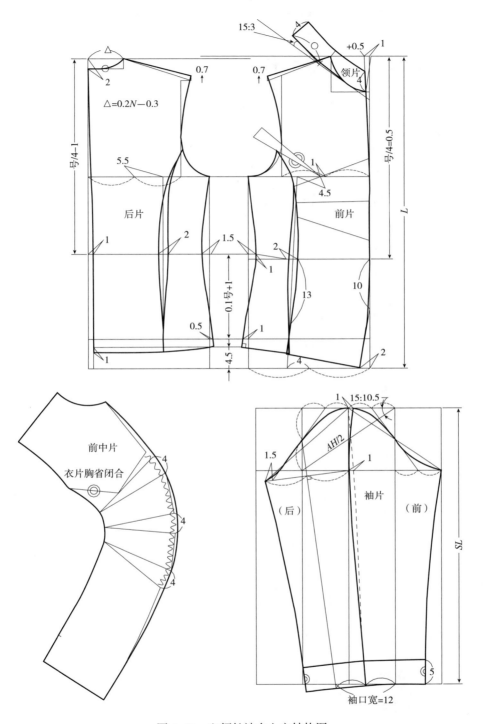

图 4-61　立领长袖女上衣结构图

（3）衣片：前中开襟钉 2 粒扣，前片左右两侧设弧形分割线，左右侧袋融入分割线下部，后片左右两侧设弧形分割线，后中设背缝。

图4-62　V字型方领长袖女上衣款式图

（二）设定规格（表4-14）

表4-14　规格表　　　　　　　　　　单位：cm

号　型	部位	衣长（L）	肩宽（S）	基型胸围（B）	成品胸围（B'）	领围（N）	腰围（W）	袖长（SL）
160/84A	规格	64	40	96	94	36	78	57

（三）结构图（图4-63）

七、应用实例七　青果领长袖女上衣

（一）款式特征与款式图（图4-64）

（1）领型：开门式翻驳领，青果领。

（2）袖型：两片式装袖型，长袖。

（3）衣片：前中开襟钉纽，暗门襟，单排扣，前、后片左右两侧设弧形分割线至腰线，前侧片腰线设分割线，后中设背缝。

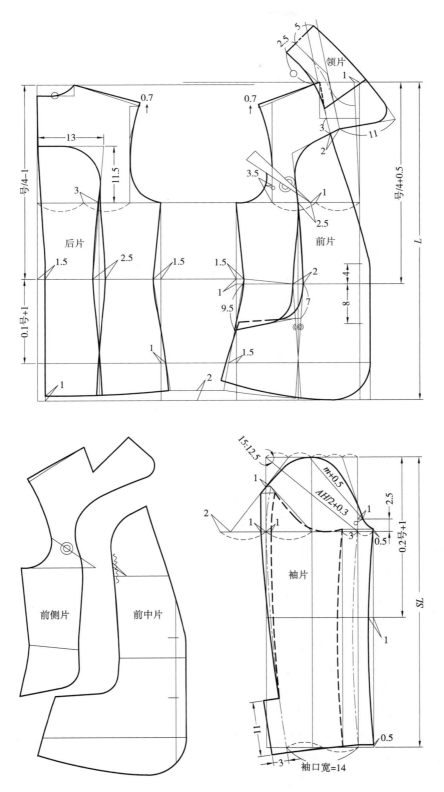

图 4-63 V 字方领长袖女衬衫结构图

图 4-64　青果领长袖女上衣款式图

（二）设定规格（表 4-15）

表 4-15　规格表　　　　　　　　　　　　　　　　　　　　　　　单位：cm

号　型	部位	衣长（L）	肩宽（S）	基型胸围（B）	成品胸围（B'）	领围（N）	腰围（W）	袖长（SL）
160/84A	规格	68	40	94	92	36	77	57

（三）结构图（图 4-65）

八、应用实例八　叠领长袖女上衣

（一）款式特征与款式图（图 4-66）

（1）领型：开门式翻驳领，叠领。

（2）袖型：两片式装袖型，长袖。

（3）衣片：前中开襟钉纽 5 粒，斜门襟，上部为双排扣，下部为单排扣，前片肩部设横向分割线，左右两侧设直形分割线，左右侧袋为装袋盖贴袋，后片上部设尖形横向分割线，左右两侧设直形分割线，后中设背缝。门襟、分割线、下摆、袋盖、袋布均缉明线。

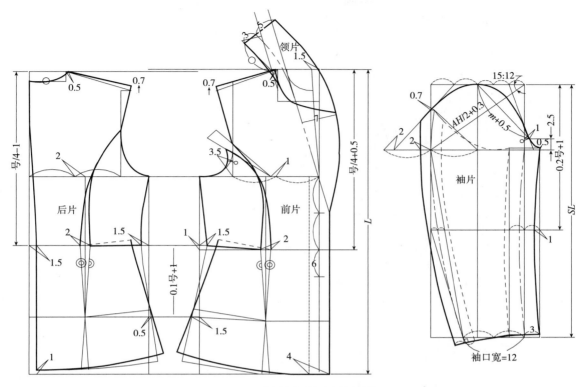

图 4-65　青果领长袖女衬衫结构

图 4-66　叠领长袖女上衣款式图

（二）设定规格（表4-16）

表 4-16　规格表

单位：cm

号　型	部位	衣长（L）	肩宽（S）	基型胸围（B）	成品胸围（B'）	领围（N）	腰围（W）	袖长（SL）
160/84A	规格	64	40	96	94	36	78	57

（三）结构图（图4-67）

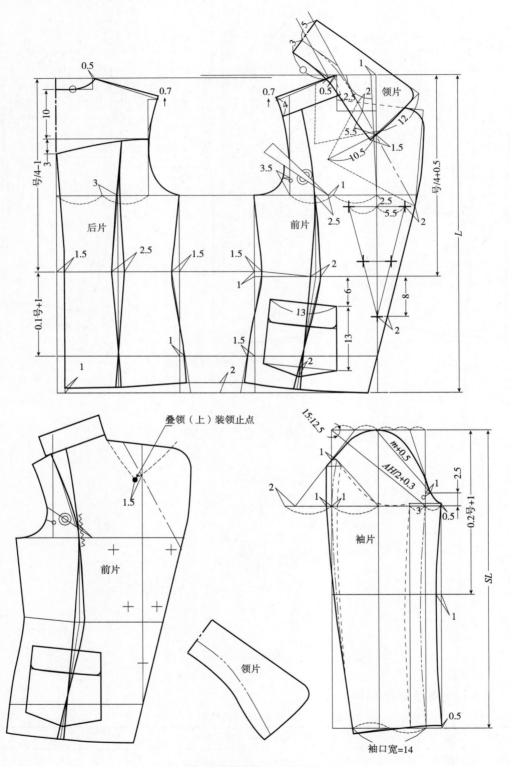

图4-67 叠领长袖女上衣结构图

九、应用实例九　宽驳领长袖女上衣

（一）款式特征与款式图（图4-68）

（1）领型：开门式翻驳领，宽驳领。

（2）袖型：两片式装袖型，长袖。

（3）衣片：前中开襟钉纽3粒，前片左右两侧设腰胸省以及弧形分割线，腰节线下左右侧袋为双嵌线装袋盖嵌袋，后片左右两侧设弧形分割线，侧缝无拼接线，后中设背缝。

图4-68　宽驳领长袖女上衣款式图

（二）设定规格（表4-17）

表4-17　规格表　　　　　　　　　　　　　　　　　　单位：cm

号　　型	部位	衣长（L）	肩宽（S）	基型胸围（B）	成品胸围（B'）	领围（N）	腰围（W）	袖长（SL）
160/84A	规格	66	40	96	94	36	80	57

（三）结构图（图4-69）

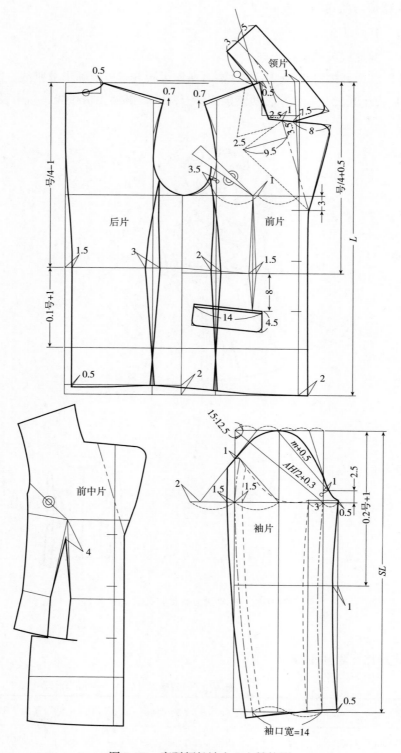

图4-69　宽驳领长袖女上衣结构图

十、应用实例十　翻驳领长袖女上衣

（一）款式特征与款式图（图4-70）

（1）领型：开门式翻驳领，领角呈圆形。

（2）袖型：两片式合体装袖型，长袖，袖口翻边。

（3）衣片：前中双排扣，开襟钉纽4粒，前片左右两侧各设1个侧胸省及腰省，腰线下设纵横向分割线，造型如图。后中设背缝，左右两侧各设1个腰省，腰线下设横向分割线。门襟、分割线、前下摆部分、驳头、领口均缉明线。

图4-70　翻驳领长袖女上衣款式图

（二）设定规格（表4-18）

表4-18　规格表　　　　　　　　　　　单位：cm

号　型	部位	衣长（L）	肩宽（S）	基型胸围（B）	成品胸围（B'）	领围（N）	腰围（W）	袖长（SL）
160/84A	规格	58	40	96	94	36	78	58

（三）结构图（图4-71）

十一、应用实例十一　无领无袖连衣裙

（一）款式特征与款式图（图4-72）

（1）领型：无领式不对称领圈。

（2）袖型：无袖。

（3）衣片：前后片领口呈不对称状，如图所示设两条斜向分割线，左右侧设弧形分割线，裙片为腰口细褶波浪裙。

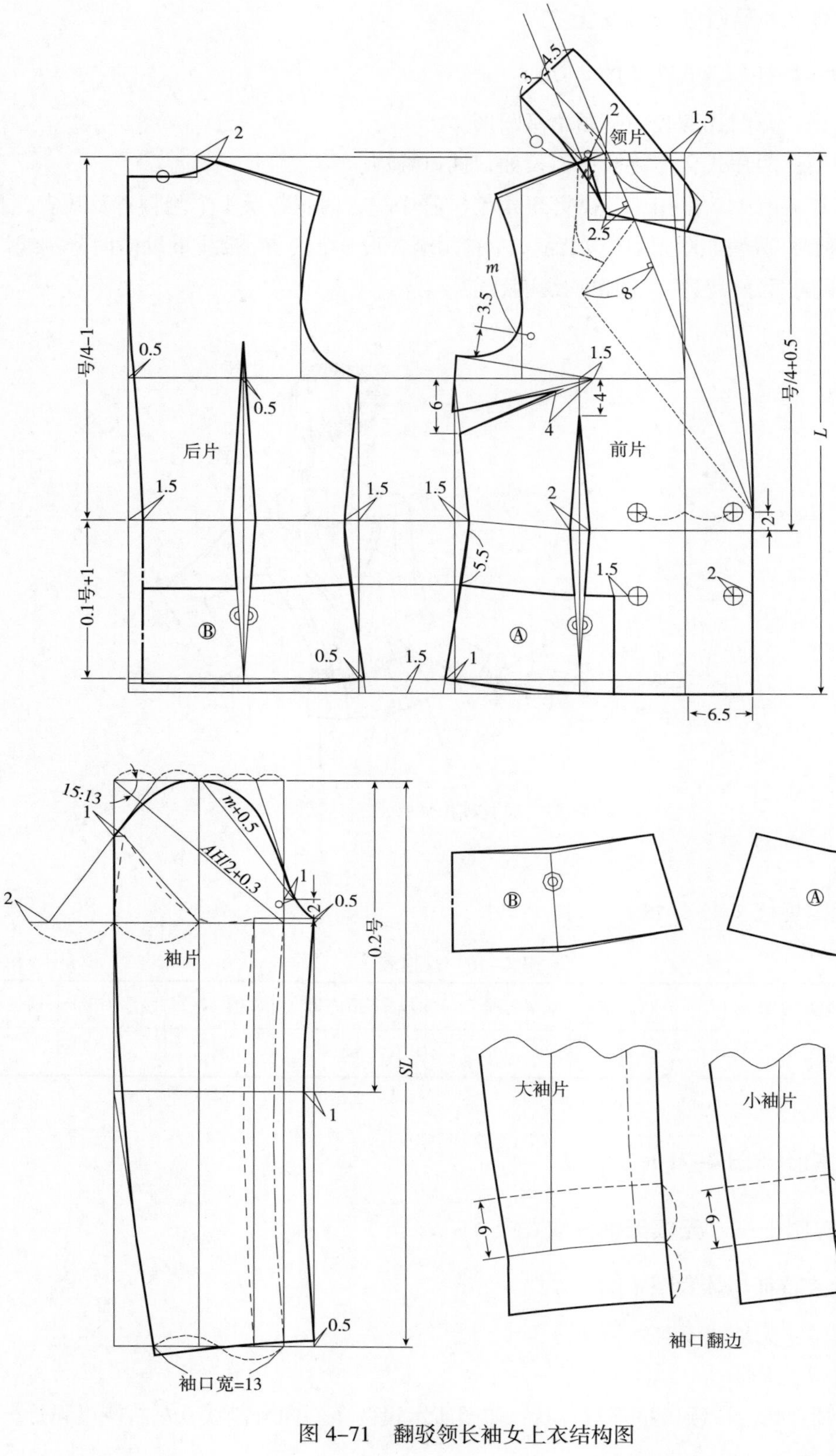

图 4-71　翻驳领长袖女上衣结构图

图 4-72 无领无袖连衣裙款式图

（二）设定规格（表 4-19）

表 4-19 规格表

单位: cm

号 型	部位	衣长（L）	肩宽（S）	基型胸围（B）	成品胸围（B'）	领围（N）	腰围（W）
160/84A	规格	120	39	92	91	36	74

（三）结构图（图4-73）

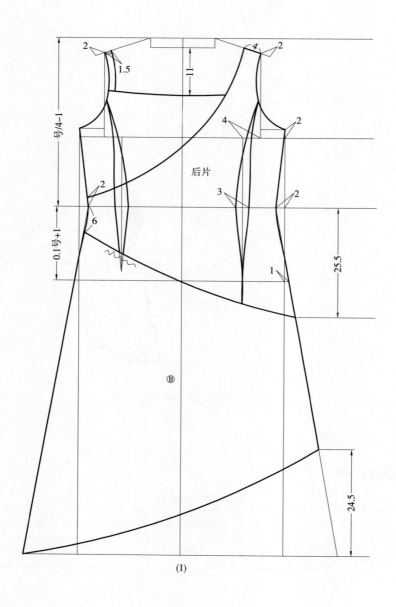

(1)

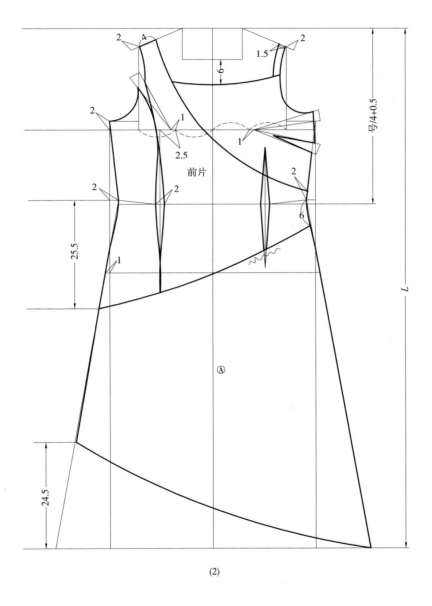

前片

(2)

图 4-73

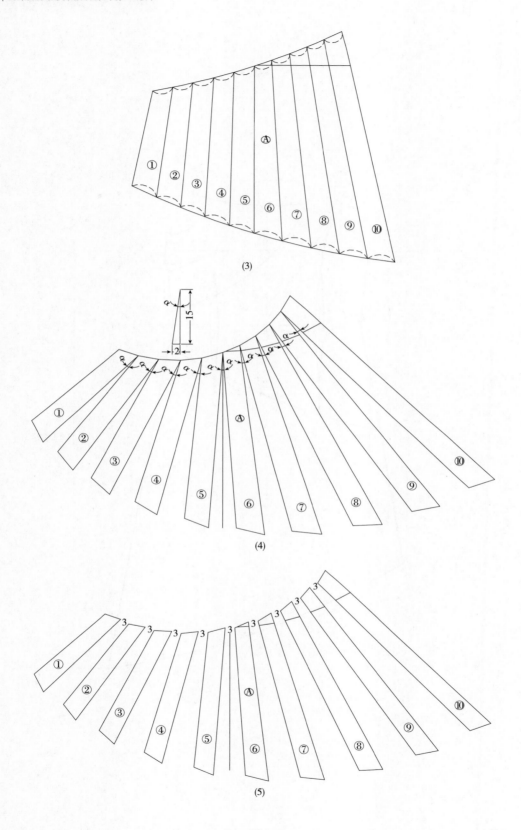

(3)

(4)

(5)

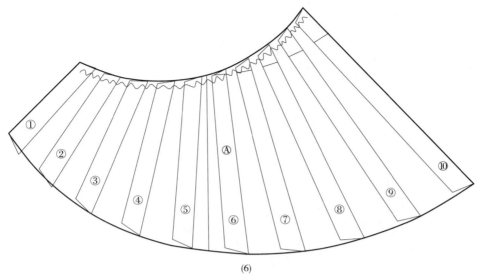

(6)

注 ⑧制作方法同④。

图 4-73 无领无袖连衣裙结构图

十二、应用实例十二 立驳领插肩袖大衣

（一）款式特征与款式图（图 4-74）

（1）领型：开门式立驳领。

（2）袖型：两片式插肩袖。

（3）衣片：前中开襟钉纽 2 粒，前片左右两侧设直形分割线，左右侧片腰节线下设斜插袋，后中设背缝，后片左右两侧设直形分割线。

图 4-74 立驳领插肩袖大衣款式图

（二）设定规格（表4-20）

表4-20　规格表　　　　　　　　　　　　　　　　　　　单位：cm

号　型	部位	衣长（L）	肩宽（S）	基型胸围（B）	成品胸围（B'）	领围（N）	腰围（W）	袖长（SL）
160/84A	规格	96	40	104	102	38	84	58

（三）结构图（4-75）

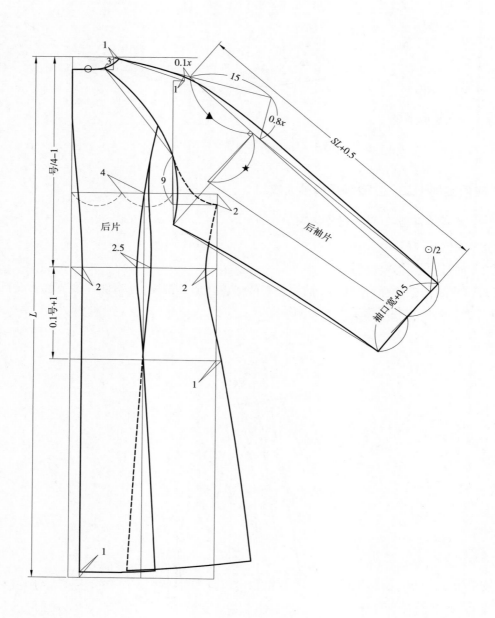

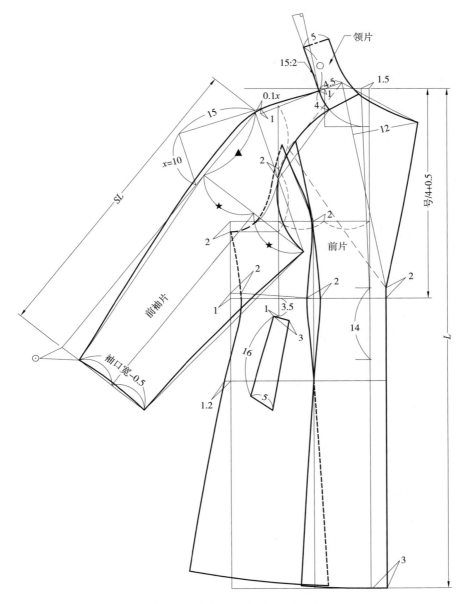

图 4-75　立驳领插肩袖大衣结构图

思考题

1. 简述女装分类。

2. 从结构特点的角度观察女装应如何分类?

3. 理解女装结构线变化方法。

4. 按 1 : 1 比例制作结构图,款式分别如图 4-42、图 4-44、图 4-46、图 4-48 所示。

5. 按 1 : 5 比例制作结构图,款式分别如图 4-52、图 4-56、图 4-58、图 4-62 所示。

6. 按 1 : 5 比例制作结构图三款,款式自行设计。

第五章　男装制图

男装是服装的主要形式之一。男装的结构线以平直线为主，充分体现了男性的挺拔、矫健、阳刚。男装与其他服装的最大区别是男装具有规范性，男装的结构相对女装更为严谨。而它的变化往往表现在衣身的长度、摆围的松紧、衣袖的长度、袖口的大小、衣领的造型变化及附件的增减变化等方面。

男装的款式变化从不同的角度有不同的分类：

（1）按衣长分类，有长上衣、中长上衣、短上衣等；

（2）按衣片造型分类，有平直型、收省型、分割型、展开型等；

（3）按袖长分类，有短袖、长袖等；

（4）按衣袖造型分类，有圆装袖、连身袖、套肩袖、冒肩袖等；

（5）按领片造型分类，有立领、翻驳领等。

男装的基本结构由衣长、袖窿深、腰节长（高）、肩宽、胸围、腰围、臀围、摆围、袖长等构成。男装结构中，其结构变化的关键是胸围。就结构特点而言，男装可分为合体型、适体型、宽松型（松体型）。它们之间的区别在于胸围放松量的控制，其表现形式为胸腰围差的大小变化以及由此而带来的衣袖的袖肥宽度与袖山高度比例的变化。合体型服装的典型特征是胸腰围差大，袖肥宽度与袖山高度差小；松体型服装的典型特征是胸腰围差无或腰围大于胸围，袖肥宽度与袖山高度差大；适体型服装的典型特征介于前两者之间。

第一节　男装基本型

一、男装各部位结构线条名称

男装衣片、衣领、衣袖各部位结构线名称参见女装。

二、男装衣片基本型构成

（一）设定规格（表5-1）

表 5-1　规格表

单位：cm

号　型	部　位	胸围（B）	肩宽（S）	领围（N）
170/88A	规格	108	46	40

（二）男装衣片基本型制图步骤

1. 男装衣片基本线制图步骤（图 5-1）

① 基本线（后中直线）：首先画出基础线。

② 后上平线：垂直相交于基本线。

③ 下平线（腰节线）：自上平线向下量取号 /4，画上平行线的平行线。

④ 后领宽线：在上平线上，由后中线起量 0.2N，画后中线的平行线。

⑤ 后领深线：在后中线上，由上平线起向上量 2.5cm，画上平线的平行线。

⑥ 后肩斜线：取比值 15:5 确定后肩斜度。

⑦ 后肩宽：由后中线起取 S/2 画线，交于后肩斜线。

⑧ 背宽线：自肩端点往后中线偏进 2cm。

⑨ 袖窿深线（胸围线）：自肩端点向下量取 0.15B + 6cm，画平行于上平线的直线。

⑩ 侧缝线：以后中线为起点取 B/4，画平行于后中线的直线。

⑪ 前中线：以侧线为起点取 B/4，画平行于后中线的直线。

⑫ 前领宽线：在上平线上，由前中线起量 0.2N-0.5cm，画前中线的平行线。

⑬ 前领深：在前中线上，由上平线起量 0.2N，画上平线的平行线。

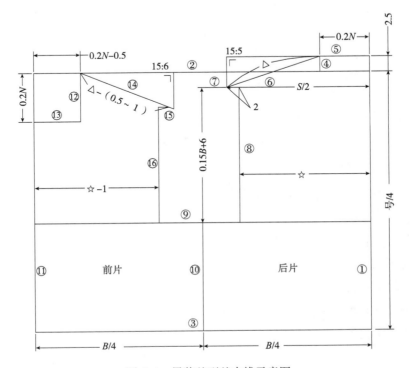

图 5-1　男装基型基本线示意图

⑭ 前肩斜线：取比值 15:6 确定前肩斜度。

⑮ 前肩宽：取后肩斜线长 –（0.5 ~ 1）cm，在前肩斜线上定点。

⑯ 胸宽线：以前中线为起点取 ☆ –1cm，画平行于前中线的直线。

2. 男装衣片结构线制图步骤（图 5-2）

描出①后中线、②后小肩宽线、③腰节线、④侧缝线、⑤前中线、⑥前小肩宽线线。

⑦ 后领弧线：如图，从后领中点至领肩点取 a、b、c 三点，画顺弧线。

⑧ 前领弧线：如图，从前领中点至领肩点取 d、e、f 三点，画顺弧线。

⑨ 后袖窿线：如图，从后肩端点至后袖窿弧线与侧缝线的交点，取 g、h、i 三点，画顺弧线。

⑩ 前袖窿线：如图，从前肩端点至前袖窿弧线与侧缝线的交点，取 i、j、k 三点，画顺弧线。

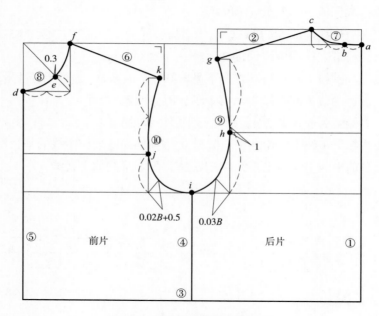

图 5-2　男装基型结构线示意图

（三）男装衣片基本型结构线变化类型

1. 结构线变化一

（1）变化要点：侧缝线移至背宽线，衣片由四分法转化为三分法。

（2）变化图示：如图 5-3 所示。

2. 结构线变化二

（1）结构要点：袖窿弧线变化——肩宽、胸宽、背宽加宽；袖窿深加深。

（2）变化图示：如图 5-4 所示。

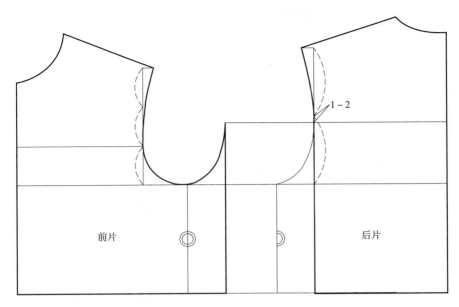

图 5-3 结构线变化类型一

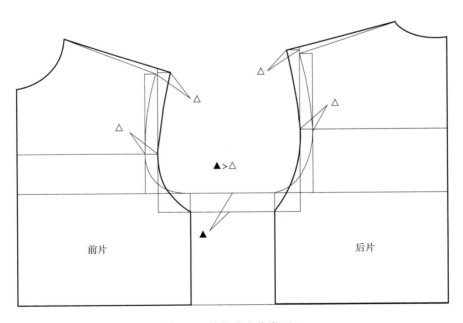

图 5-4 结构线变化类型二

注 其他结构线变化类型参见女装。衣领、衣袖基本型参见女装。

第二节　男装基本型应用

一、应用实例一　立翻领长袖男衬衫

（一）款式图与款式特征（图5-5）

（1）领型：立翻领。

（2）袖型：一片式装袖型，长袖，袖口装袖头，收褶两个，袖头钉纽1粒。

（3）衣片：前中开襟钉纽6粒，前、后片均为平直型衣片，侧缝腰节处呈直线状，衣片上部设过肩，左前片设一胸袋，后片横向分割线下左右两侧各设1个折裥。领、过肩、底边、袖窿、袖克夫、袖衩均缉明线。

（二）立翻领长袖男衬衫主要部位规格控制要点

（1）衣长：衣长在满足基本穿着要求的条件下，主要与款式变化有关。衣长属变化较大部位，此款适中。

（2）腰节高：腰节高与人体的身高有关，属微变部位。

（3）肩宽：肩宽与人体的肩宽有密切的关系，一般以净肩宽加上0～1cm，属基本不变部位。

图5-5　立翻领长袖男衬衫款式图

（4）领围：领围在基本型领圈基础上，根据款式要求进行相应变化，属变化部位。此款领围控制量为净领围加上2～3cm。

（5）腰围：腰围的控制量与服装的合体程度有关。此款属较宽松型服装，胸围与腰围的差数为零。腰围属变化部位。

（6）胸围：胸围的控制量与服装的合体程度有关。此款属较宽松型服装，胸围的放松量为20～25cm。胸围属变化较大部位。

（三）设定规格（表5-2）

表5-2　规格表　　　　　　　　单位：cm

号　型	部　位	衣长（L）	胸围（B）	肩宽（S）	领围（N）	袖长（SL）
170/88A	规格	72	110	46	39	60

（四）结构图（图5-6）

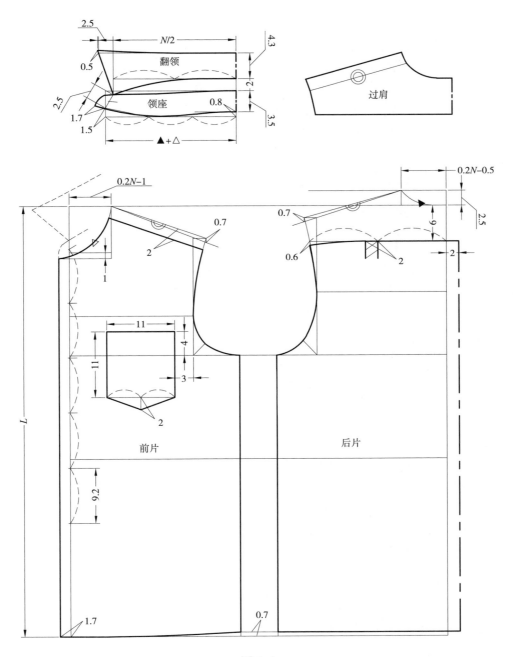

图5-6

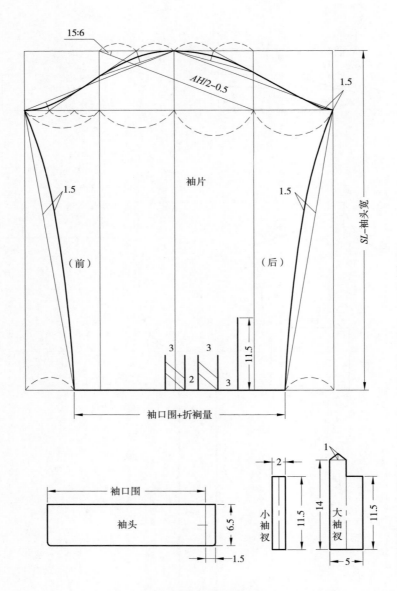

图 5-6　立翻领长袖男衬衫结构图

二、应用实例二　方领夹克衫

（一）款式图与款式特征（图5-7）

（1）领型：关门式翻领。

（2）袖型：两片式连袖型，长袖，冒肩袖。袖口装克夫（罗纹）。

（3）衣片：前中开襟钉纽5粒，装门襟，前后片上部左右两侧设斜形分割线。前片分割线下左右两侧设胸袋，袋盖上钉纽1粒。前片腰节线下左右两侧设横斜袋。无侧缝线。后中设背缝，下摆装罗纹边。领外围线、门襟、分割线、袋盖、袋口、袖克夫、后袖底缝线均缉明线。

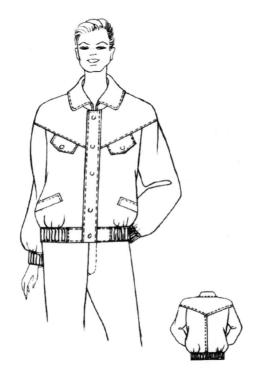

图5-7　方领夹克衫款式图

（二）方领夹克衫主要部位规格控制要点

（1）衣长：衣长在满足基本穿着要求的条件下，主要与款式变化有关。衣长属变化较大部位。此款偏短，衣长到臀高线左右。

（2）腰节高：腰节高与人体的身高有关，属微变部位。

（3）肩宽：肩宽与人体的肩宽有密切的关系，一般以净肩宽加上0~1cm，属基本不变部位。

（4）领围：领围在基本型领圈基础上，根据款式要求进行相应变化，属变化部位。此款在基本型领围基础上略有扩大。

（5）腰围：腰围的控制量与服装的合体程度有关。此款属宽松型服装，胸围与腰围的差数为零。腰围属变化部位。

（6）胸围：胸围的控制量与服装的合体程度有关。此款属宽松型服装，胸围的放松量为25~35cm。胸围属变化较大部位。

（三）设定规格（表5-3）

表5-3　规格表　　　　　　　　　　　　　单位：cm

号　型	部　位	衣长（L）	胸围（B）	肩宽（S）	领围（N）	袖长（SL）
170/88A	规格	66	120	46	40	62

（四）结构图（图5-8）

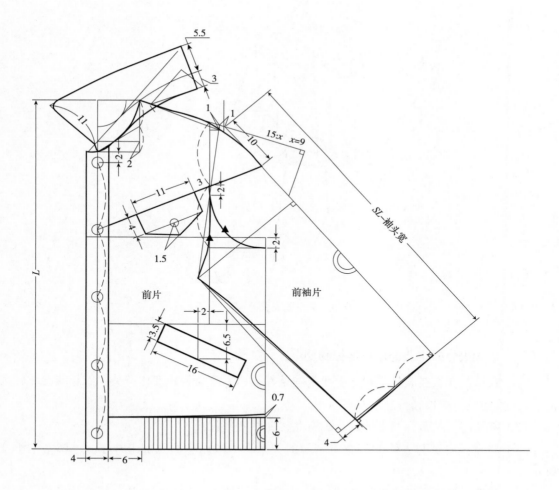

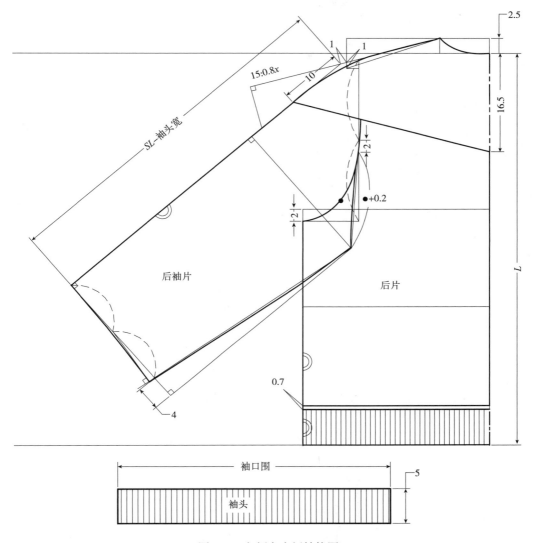

图 5-8　方领夹克衫结构图

三、应用实例三　平驳领男西装

（一）款式特征与款式图（图5-9）

（1）领型：开门式翻驳领（平驳头）。

（2）袖型：两片式装袖型，长袖，袖口开袖衩，钉3粒装饰扣。

（3）衣片：前片单排扣，前中开襟钉纽2粒，前片左右两侧设胸腰省、腋下省，腰节线下左右两侧设双嵌线袋，装袋盖，左前片设胸袋（手巾袋），前下摆为圆角，后中设背缝。

（二）西装主要部位规格控制要点

（1）衣长：衣长在满足基本穿着要求的条件下，主要与款式变化有关。衣长属变化较大部位，此款适中。

（2）腰节高：腰节高与人体的身高有关，属微变部位。

（3）肩宽：肩宽与人体的肩宽有密切的关系，一般以净肩宽加上 0~1cm，属基本不变部位。

（4）领围：领围在基本型领圈基础上，根据款式要求进行相应变化，属变化部位。此款在基本型领围基础上略有扩大。

（5）腰围：腰围的控制量与服装的合体程度有关。此款属较合体型服装，胸围与腰围的差数控制在 12cm 左右。腰围属变化部位。

（6）胸围：胸围的控制量与服装的合体程度有关。此款属较合体型服装，胸围的放松量为 18~22cm。胸围属变化较大部位。

（7）袖长：西装的袖长应比常规服装稍短，穿着时，西装袖口应比衬衫袖口短（约短衬衫袖克夫宽的 1/2 左右）。

图 5-9　平驳领男西装款式图

（三）设定规格（表 5-4）

表 5-4　规格表　　　　　　　　　　　　　单位：cm

号　型	部　位	衣长（L）	胸围（B）	肩宽（S）	领围（N）	袖长（SL）
170/88A	规格	75	108	46	40	58

（四）结构图（图5-10）

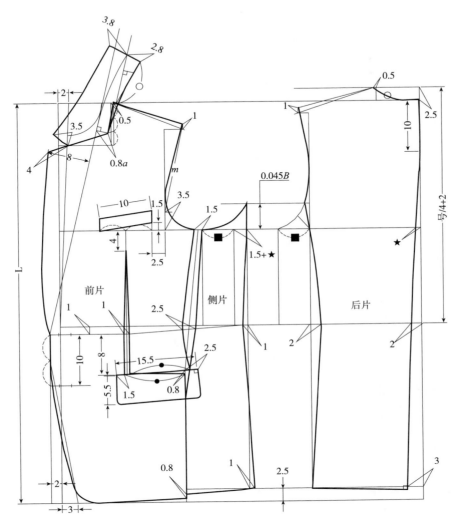

图5-10

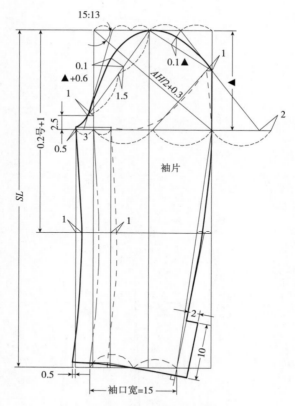

图 5-10　平驳领男西装结构图

四、应用实例四　翻领男大衣

（一）款式特征与款式图（图 5-11）

（1）领型：开门式翻驳领。

（2）袖型：一片式装袖型，长袖。

（3）衣片：前中开襟钉纽 3 粒，前片左右两侧设侧分割线，后片左右两侧设分割线，后中设背缝，侧缝腰节处略收腰。

（二）翻领男大衣主要部位规格控制要点

（1）衣长：衣长在满足基本穿着要求的条件下，主要与款式变化有关。衣长属变化较大部位。此款较长，长至膝盖以下。

（2）腰节高：腰节高与人体的身高有关，属微变部位。

（3）肩宽：肩宽与人体的肩宽有密切的关系，一般以净肩宽加上 0~1cm，属基本不变部位。

图 5-11　翻领男大衣款式图

（4）领围：领围在基本型领圈基础上，根据款式要求进行相应变化，属变化部位。此款在基本型领围基础上略有扩大。

（5）腰围：腰围的控制量与服装的合体程度有关。此款属较合体型服装，胸围与腰围的差数控制在 12cm 以内。腰围属变化部位。

（6）胸围：胸围的控制量与服装的合体程度有关。此款属合体型服装，胸围的放松量为 20~30cm（包括穿着层次因素）。胸围属变化较大部位。

（7）袖长：考虑到穿着层次因素，大衣袖长应比常规服装稍长。

（三）设定规格（表 5-5）

表 5-5 规格表 单位：cm

号 型	部 位	衣长（L）	胸围（B）	肩宽（S）	领围（N）	袖长（SL）
170/88A	规格	95	116	48	40	62

（四）结构图（图 5-12）

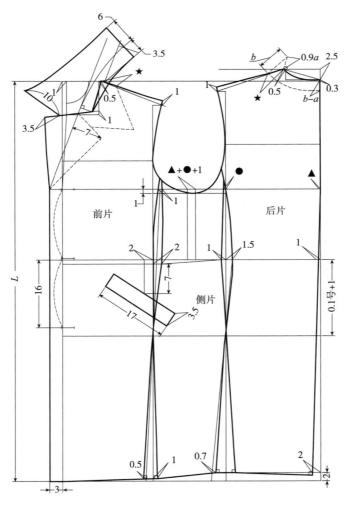

图 5-12

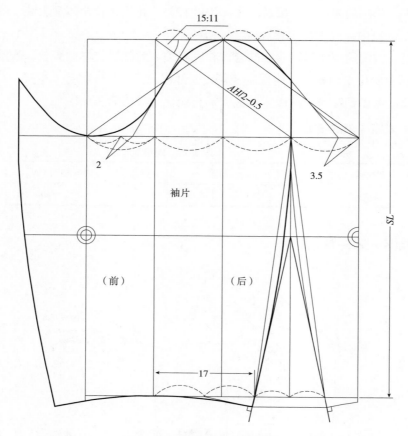

图 5-12　翻领男大衣结构图

五、应用实例五　立领男风衣

（一）款式特征与款式图（图 5-13）

（1）领型：立领（衣领材料为罗纹织物）。

（2）袖型：一片式装袖型，长袖，袖口设分割线，分割线缉明线。

（3）衣片：前中开襟钉纽 5 粒，装门襟，前片上部左右两侧设覆肩，覆肩上钉纽 1 粒，位置如图，腰节线上设横向分割线，分割线上设折裥，分割线下左右两侧设斜插袋，后片上部设覆肩，腰节线上设横向分割线，分割线上设折裥。分割线下设背缝。覆肩、分割线、袋口均缉明线。

（二）立领男风衣主要部位规格控制要点

（1）衣长：衣长在满足基本穿着要求的条件下，主要与款式变化有关。衣长属变化较大部位。此款偏长，衣长至膝盖以上。

（2）腰节高：腰节高与人体的身高有关，属微变部位。

（3）肩宽：肩宽与人体的肩宽有密切的关系，一般以净肩宽加上 0~1cm，属基本不变部位。此款肩宽在结构上进行加宽的调整。

（4）领围：领围在基本型领圈基础上，根据款式要求进行相应变化，属变化部位。此款在基本型领围基础上略有扩大。

（5）腰围：腰围的控制量与服装的合体程度有关。此款属宽松型服装，胸围与腰围的差数为零。腰围属变化部位。

（6）胸围：胸围的控制量与服装的合体程度有关。此款属宽松型服装，胸围的放松量为 25~35cm（包括穿着层次因素）。胸围属变化较大部位。

（7）袖长：考虑到穿着层次因素，风衣袖长应比常规服装稍长。

图 5-13　立领男风衣款式图

（三）设定规格（表 5-6）

表 5-6　规格表　　　　　　　　　　　单位：cm

号　型	部　位	衣长（L）	胸围（B）	肩宽（S）	领围（N）	袖长（SL）
170/88A	规格	86	120	48	42	62

（四）结构图（图 5-14）

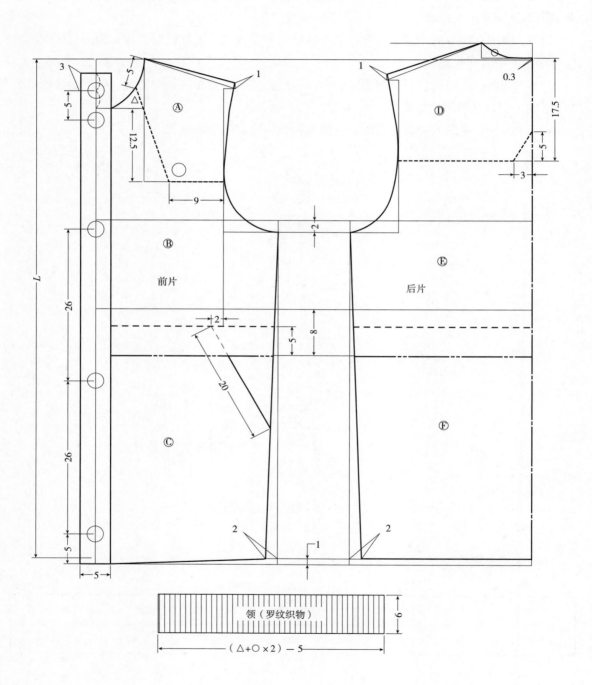

前片

后片

领（罗纹织物）

$（△+○×2）－5$

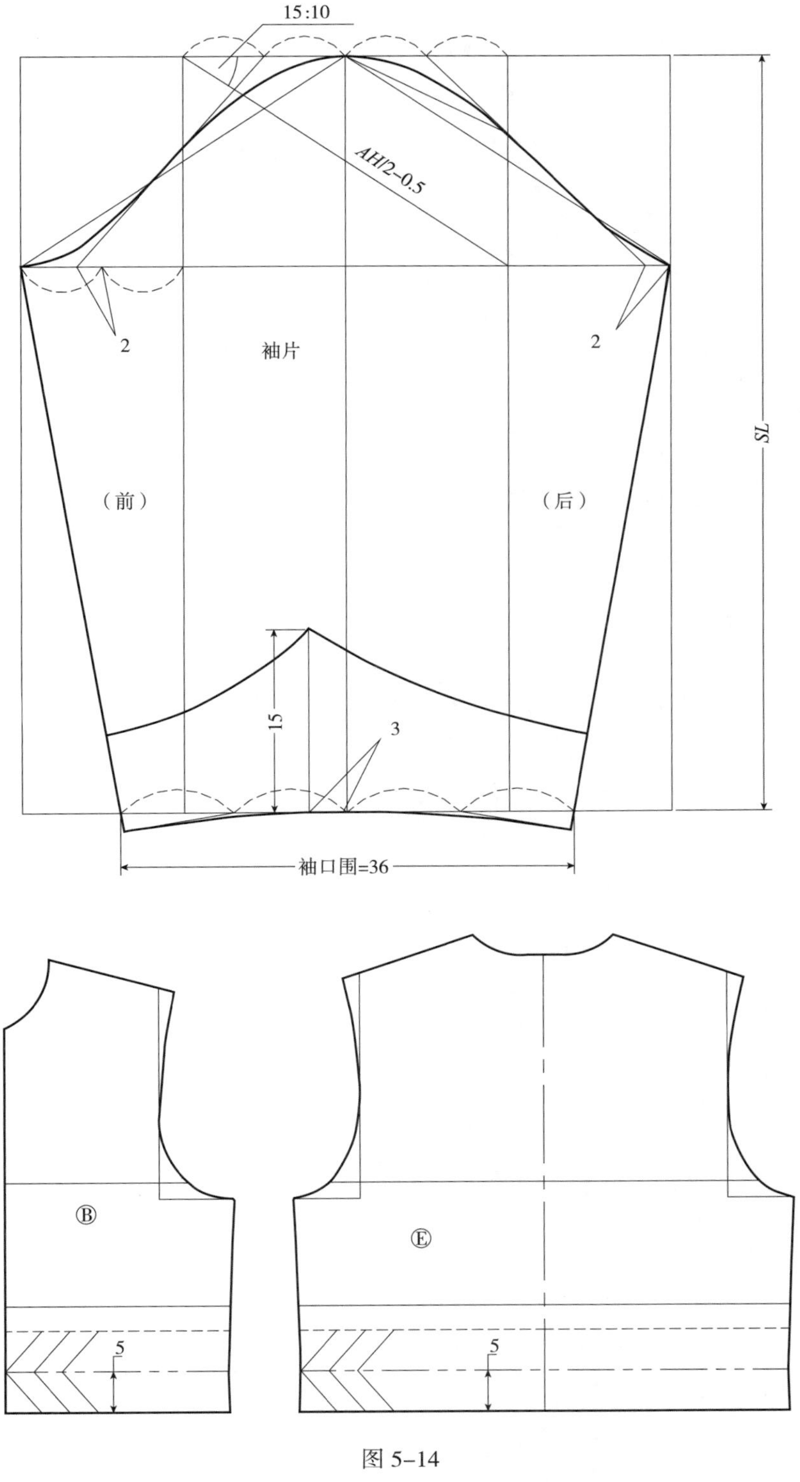

15:10

$AH/2-0.5$

袖片

2

2

（前）

（后）

SL

15

3

袖口围=36

Ⓑ

Ⓔ

5

5

图 5-14

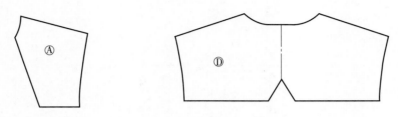

图 5-14　立领男风衣结构图

第三节　男装款式变化

一、应用实例一　立翻领明门襟男衬衫

（一）款式特征与款式图（图 5-15）

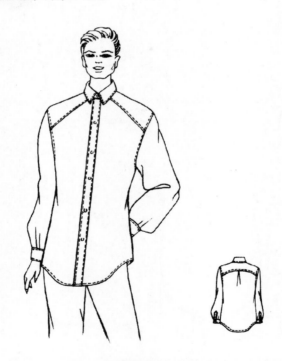

图 5-15　立翻领明门襟男衬衫款式图

（1）领型：立翻领。

（2）袖型：一片式装袖型，长袖，袖口装克夫，克夫钉纽 1 粒。

（3）衣片：前中开襟钉纽 6 粒，明门襟，前片上部左右两侧设斜形分割线，侧缝腰节处略收腰，后片设横向下弧形分割线并设折裥，圆下摆。领外口线、分割线、底边、袖窿、袖克夫、袖衩均缉明线。

（二）设定规格（表 5-7）

表 5-7 规格表 单位：cm

号 型	部 位	衣长（L）	胸围（B）	肩宽（S）	领围（N）	袖长（SL）
170/88A	规格	76	108	46	39	60

（三）结构图（图 5-16）

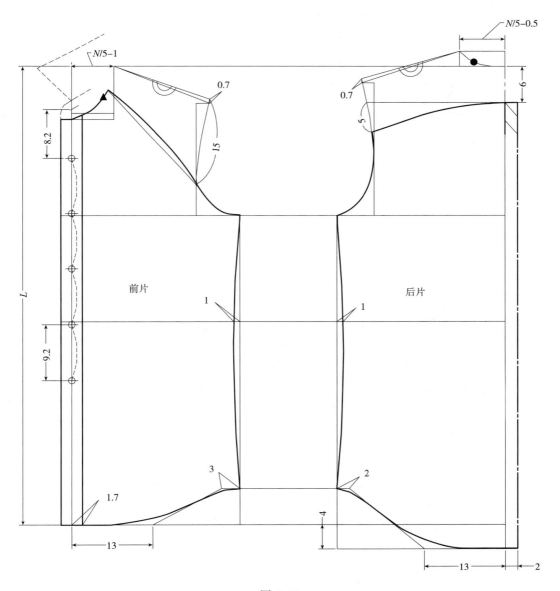

图 5-16

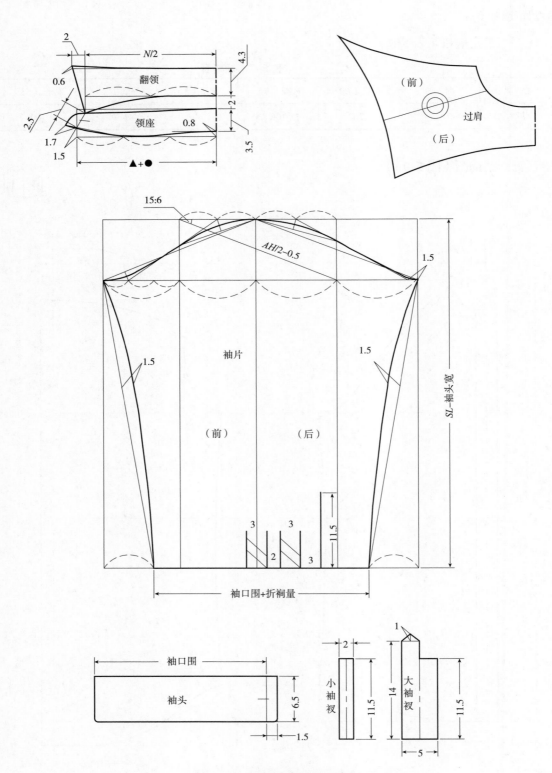

图 5-16　立翻领明门襟男衬衫结构图

二、应用实例二　戗驳领男西装

（一）款式特征与款式图（图5-17）

（1）领型：开门式翻驳领（戗驳头）。

（2）袖型：两片式装袖型，长袖，袖口开袖衩，钉3粒装饰扣。

（3）衣片：前片双排扣，前中开襟钉纽6粒，前片左右两侧设胸腰省、腋下省，腰节线下左右两侧设双嵌线袋，装袋盖，左前片设胸袋（手巾袋），前下摆为方角，后中设背缝。

图 5-17　戗驳领男西装款式图

（二）设定规格（表5-8）

表 5-8　规格表　　　　　　　　　　　　　　　单位：cm

号　型	部　位	衣长（L）	胸围（B）	肩宽（S）	领围（N）	袖长（SL）
170/88A	规格	76	108	46	40	58

（三）结构图（图5-18）

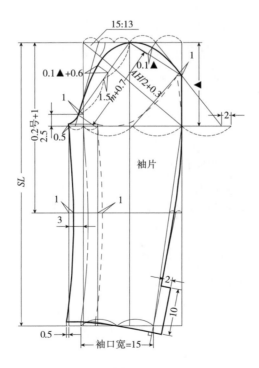

图 5-18

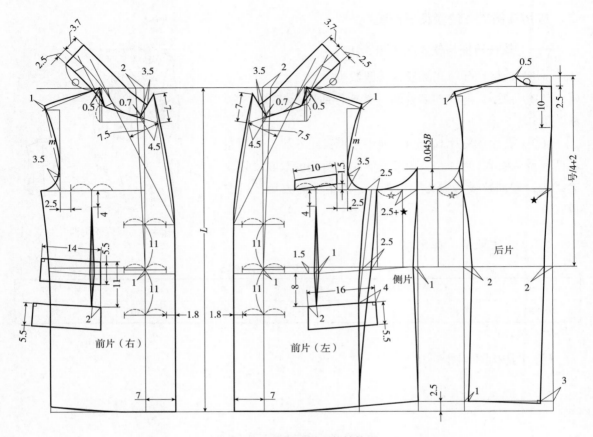

图 5-18　戗驳领男西装结构图

三、应用实例三　立领夹克衫

（一）款式特征与款式图（图 5-19）

（1）领型：立领，领外口线缉明线。

（2）袖型：一片式装袖型落肩式长袖，袖口缉明线。

（3）衣片：前中开襟装拉链，左侧贴门襟，前片左右侧设弧形分割线，下摆收小。

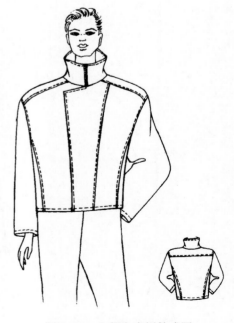

图 5-19　立领夹克衫款式图

（二）设定规格（表5-9）

表5-9　规格表　　　　　　　　　　　　　单位：cm

号　型	部　位	衣长（L）	胸围（B）	肩宽（S）	领围（N）	袖长（SL）
170/88A	规格	58	120	48	42	62

（三）结构图（图5-20）

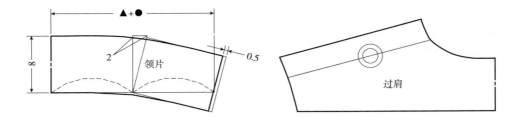

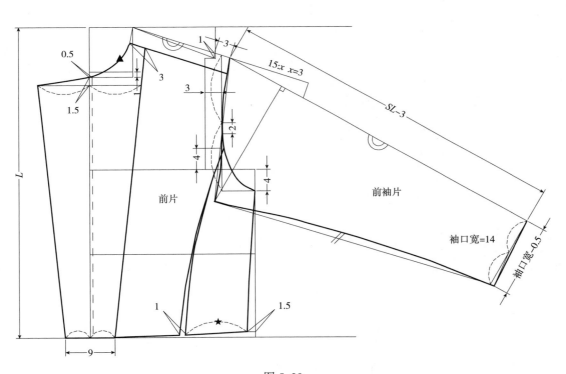

图 5-20

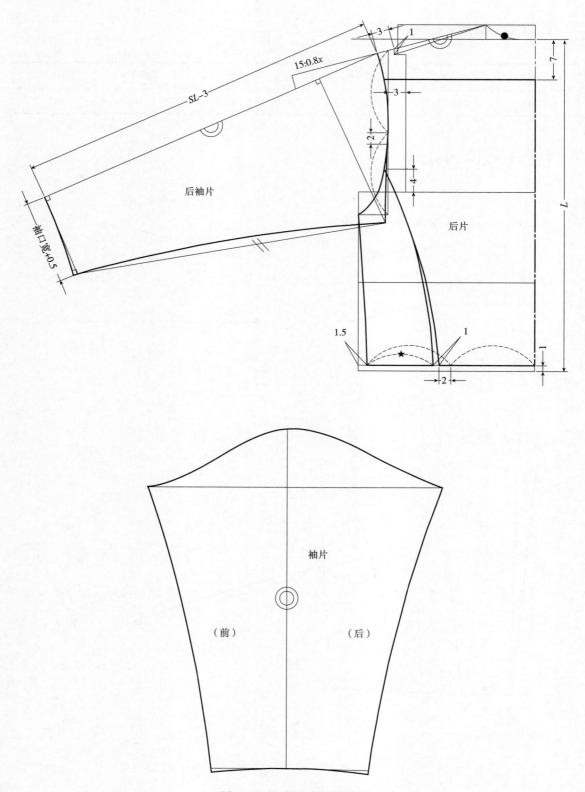

图 5-20　立领夹克衫结构图

四、应用实例四　方领男大衣

（一）款式特征与款式图（图 5-21）

（1）领型：关门式翻领，领角呈方形，领外口线缉明线。

（2）袖型：一片式装袖型，长袖，袖口缉明线。

（3）衣片：前中开襟钉纽5粒，装门襟，前片左右两侧设覆肩，覆肩上左右两侧各钉纽1粒，腰节线下左右两侧设方形贴袋，后片上部设覆肩，覆肩上左右两侧各钉纽1粒，后中设背缝。

覆肩、袖窿、贴袋、底边、背缝均缉明线。

图 5-21　方领男大衣款式图

（二）设定规格（表 5-10）

表 5-10　规格表　　　　　　　　　　　　　　　　　　单位：cm

号　型	部　位	衣长（L）	胸围（B）	肩宽（S）	领围（N）	袖长（SL）
170/88A	规格	100	118	48	42	62

（三）结构图（图5-22）

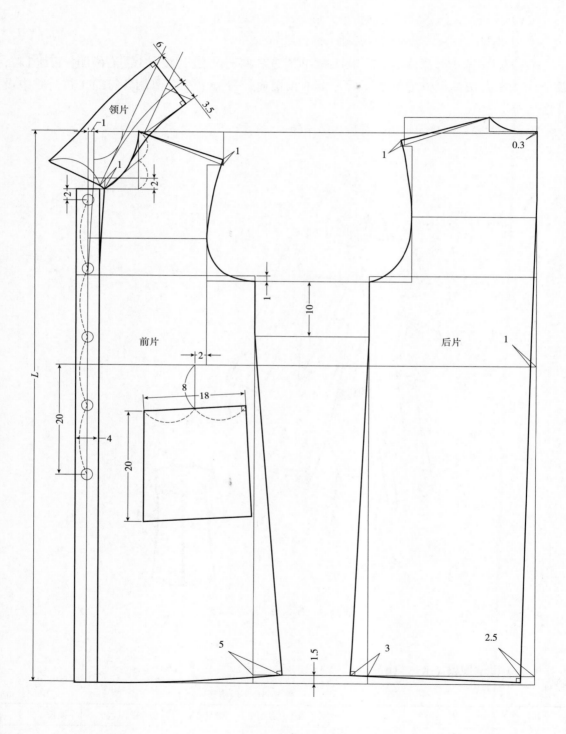

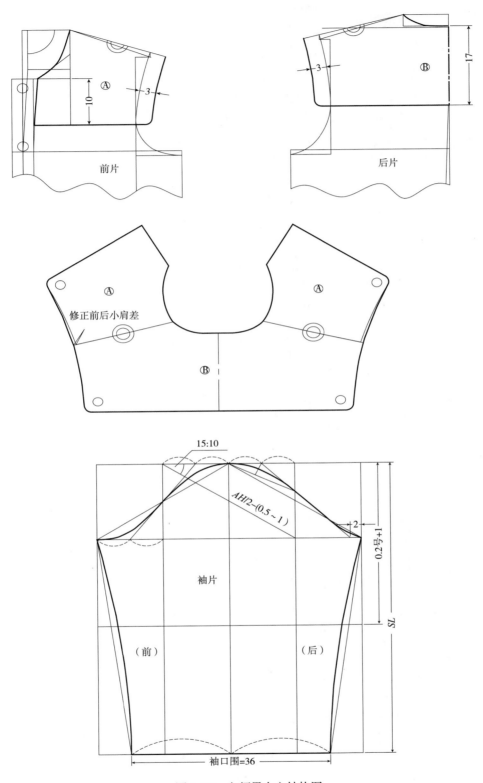

图 5-22 方领男大衣结构图

五、应用实例五　连帽领男风衣

（一）款式特征与款式图（图5-23）

（1）领型：连帽领，帽外口缉明线。

（2）袖型：两片式插肩袖，袖中线、袖口线缉明线。

（3）衣片：前中开襟钉纽4粒，装门襟，前片左右侧设贴袋，后中设背缝。门襟、袖窿、下摆、贴袋、背缝均缉明线。

图5-23　连帽领男风衣款式图

（二）设定规格（表5-11）

表5-11　规格表　　　　　　　　　单位：cm

号　型	部　位	衣长（L）	胸围（B）	肩宽（S）	领围（N）	袖长（SL）
170/88A	规格	88	120	48	42	62

（三）结构图（图5-24）

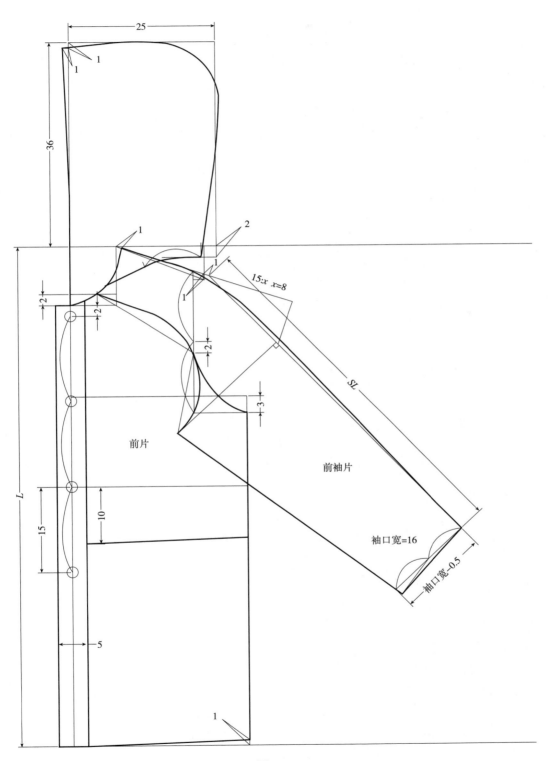

图 5-24

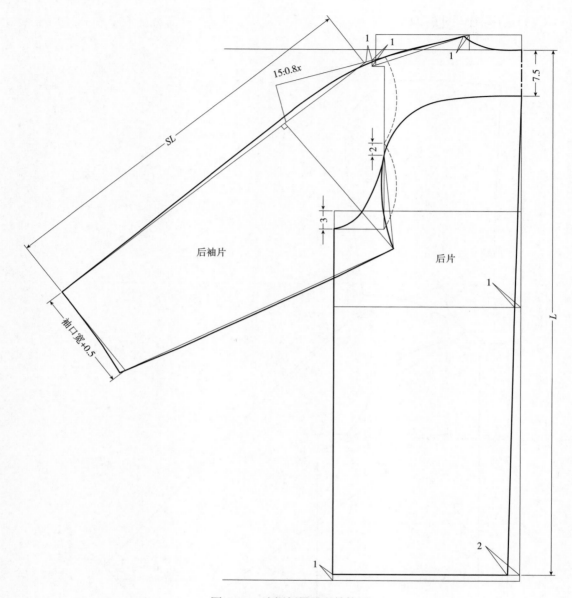

图 5-24　连帽领男风衣结构图

思考题

1. 简述男装分类。

2. 从结构特点的角度，男装应如何分类?

3. 理解男装结构线变化方法。

4. 按 1∶1 比例制作结构图，款式分别如图 5-7、图 5-9、图 5-11、图 5-13 所示。

5. 按 1∶5 比例制作结构图，款式分别如图 5-15、图 5-17、图 5-19、图 5-21 所示。

6. 按 1∶5 比例制作结构图三款，款式自行设计。

第六章　服装样板制作概述

服装样板是服装工业生产的重要依据。服装样板是在服装制图即服装结构图的基础上，作出周边放量、定位、文字标记等，形成一定形状的样板，制作服装样板的过程称为服装样板制作。服装样板与服装平面结构图既有区别又有联系，它们之间的区别在于服装结构图的衣片轮廓线是按服装成品规格绘制的，其衣片轮廓线是不包括周边放量的净缝线，称作"净样"。服装样板则是按照净样的轮廓线、四周加放一定的缝份等而形成的"毛样"。它们之间的联系在于服装样板的形成需依赖于服装结构图。

第一节　服装样板制作的工具与材料

一、服装样板制作的工具

服装制图所需要的工具对于服装样板制作同样适用，下面介绍的是服装样板制作中所需要的工具。

1. 剪刀

25cm（10英寸）或30cm（12英寸）服装裁剪剪刀，用于裁剪样板。

2. 美工刀

大号或中号美工刀，用于切割样板。

3. 锥子

锥子用于钻眼定位，复制样板。

4. 点纸器

点纸器又称为描线器或擂盘，通过齿轮滚动留下的线迹复制样板。

5. 打孔器

打孔器是在样板上打孔，以利于样板的聚集。

6. 冲头

1.5mm皮带冲头，用于样板中间部位钻眼定位。

7. 胶带

胶带可选用透明胶带和双面胶等，用于样板的修改。

8. 夹子

塑料或铁皮夹子若干个，用于固定多层样板。

9. 记号笔

各种颜色记号笔若干支，用于样板文字标记的书写。

以上为常用工具，此外还可根据实际需要添加工具。

二、服装样板制作的材料

服装样板制作使用的纸材料要求伸缩性小、纸面光洁、有韧性。服装样板制作的纸材料一般有以下几种：

1. 大白纸

大白纸是服装样板用纸的过渡性纸材料，用于制作软纸样，不作为正式样板用纸。

2. 牛皮纸

宜选用 100~130g/m² 的牛皮纸。牛皮纸薄、韧性好、成本低、裁剪容易，但硬度、耐磨性较差，适宜制作小批量服装产品的样板用纸。

3. 卡纸

宜选用 250g/m² 左右的卡纸。卡纸纸面细洁、厚度适中、韧性较好。适宜制作中等批量服装产品的样板用纸。

4. 黄版纸

黄版纸是服装样板的专用纸，宜选用 400~500g/m² 的黄版纸。黄版纸较厚实、硬挺、不易磨损，但成本较高。适宜制作大批量服装产品的样板用纸。

5. 砂布

用于制作不易滑动的工艺样板材料。

6. 金属片、胶木板、塑料片

用于制作可长期使用的工艺样板材料。

第二节　服装样板的类型

服装样板可分为裁剪样板和工艺样板两大类。

一、裁剪样板

裁剪样板主要用于大批量服装生产的排料、划样等工序的样板。裁剪样板又可分为面料样板、里料样板、衬料样板。有些特殊款式如脱卸式带内胆的服装还会有内胆样板，有些特殊部位如服装的某部位需绣花处理就会有未绣花前的辅助样板等。

二、工艺样板

工艺样板是用于缝制过程中对裁片或半成品进行修正、定型、定位、定量等的样板。按不同用途可分为修正样板、定型样板、定位样板。

（一）修正样板

修正样板是保证裁片在缝制前与裁剪样板保持一致，以避免裁剪过程中裁片的变形而采用的一种用于补正措施的样板。主要用于需要对条、对格的中高档产品、大面积黏衬部位，有时也用于某些局部修正部位，如领圈、袖窿等。具体操作为：在划样裁剪时将裁片四周相应放大，在缝制前将修正样板覆合在裁片上修正。局部修正样板则放大相应部位，再用局部修正样板修正。修正样板也称为净裁板，与之相对应的裁剪样板则称为毛裁板。此时毛裁板应为正常缝份加上一定的放量。

（二）定型样板

定型样板是为保证某些关键部件的外形、规格符合标准而采用的用于定型的样板。主要用于衣领、衣袋等零部件。定型板以净样居多，按不同的需要又可分为划线定型板、缉线定型板和扣边定型板。

（1）划线定型板：按定型板勾划净线，可作为缝缉的线路，保证零部件的形状。如衣领在缝缉领外围线前，先用定型板勾划净线，就能使衣领的造型与样板基本保持一致。划线定型板一般采用黄版纸或卡纸制作（图6-1）。

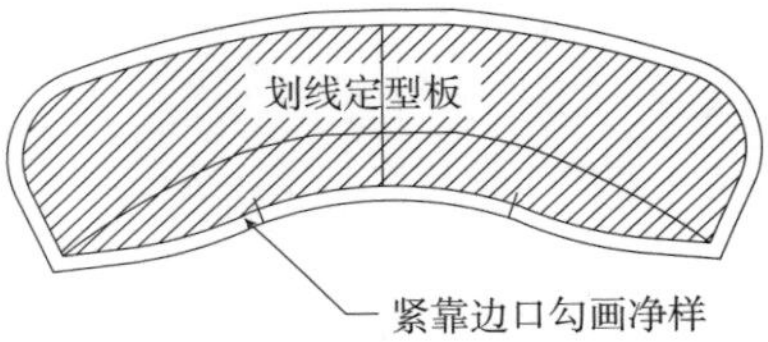

（2）缉线定型板：按定型板外围缉线，既省略了划线，又使缉线的部位符合率大大提高，如下摆的圆角部位、袋盖部件等。缉线定型板可采用砂布等材料制作（图6-2）。

（3）扣边定型板：按定型板扣边，多见于缉明线的零部件，如贴袋、弧形育克等。将扣边样板放在贴袋袋布的反面，留出缝份，然后用熨斗将边缘缝份向里扣烫并烫平，保证产品的规格一致。扣边定型板应采用坚韧耐用且不易变形的薄铝片或薄铜片制作（图6-3）。

（三）定位样板

定位样板是为了保证服装某些重要位置的对称性、一致性及准

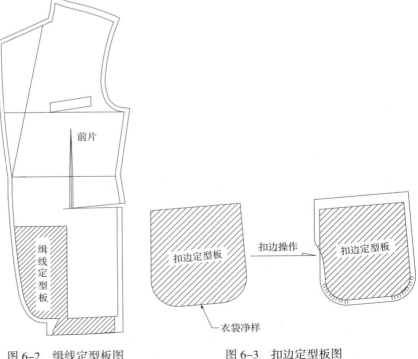

图6-1　划线定型板图

图6-2　缉线定型板图

图6-3　扣边定型板图

确性而采用的定位的样板。主要用于不宜钻眼定位的衣料或某些高档产品。定位样板一般取自于裁剪样板上的某一局部。对于半成品的定位往往采用毛样样板，如袋位的定位等。对于成品中的定位则往往采用净样样板，如扣眼的定位等。定位样板一般采用卡纸或黄版纸制作（图6-4）。

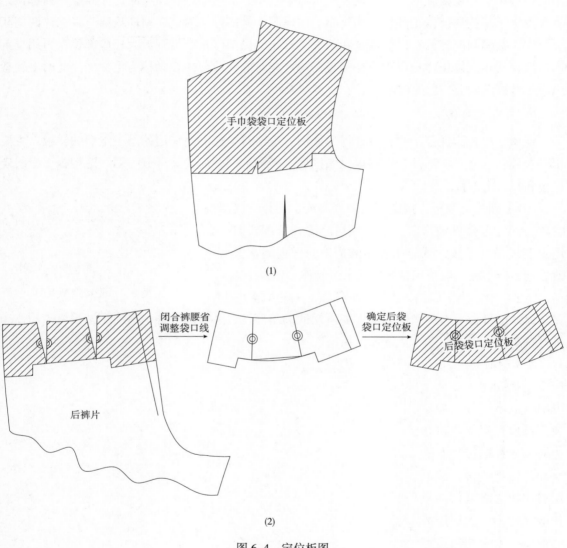

图6-4　定位板图

第三节　服装样板制作的构成要素

一、服装结构图的周边放量处理

服装结构图的周边放量处理是指在服装结构图的净样状态基础上转化为服装样板的毛样

状态的操作过程。服装结构图的周边放量就是通常所说的缝份加放、贴边加放。服装结构图的周边放量处理是保证服装成品规格的必要条件，是服装样板制作的必要步骤。

（一）服装结构图缝份控制量的相关因素

1. 缝份的控制量与缝型及操作方法有关

在服装缝纫制作中，缝型各不相同，这使得服装缝纫的操作方法也不尽相同。下面以一些常见的缝型为例，说明缝份的具体控制量。

（1）分开缝：分开缝即缝合后的两缝边分开烫平的形式。缝份的宽度为 1 ~ 1.5cm，多见于上装的侧缝、肩缝；裤装的侧缝、下裆缝等，如图 6-5 所示。

（2）来去缝：来去缝时两裁片先反面相对，在裁片正面缉线约 0.6cm 宽，再翻到裁片反面缉线 0.7 ~ 0.8cm，将缝份包光。由于是缉两条线，缝份的放量为 1.4 ~ 1.5cm 宽。多见于较薄面料的缝份操作，如丝绸类裙装裙里的缝份处理，如图 6-6 所示。厚的面料不适宜使用来去缝。

图 6-5　分开缝　　　　　　　　　　　　图 6-6　来去缝

（3）坐缉缝（拉驳缝）：坐缉缝是在坐倒缝的基础上操作，在坐倒缝的缝份上缉明线。由于款式设计的明线宽度不等，故缝份也有大小之别。坐倒缝的上层缝份稍窄于明线宽度，一般为明线宽度减去 0.1cm，以减少缝份的厚度。坐倒缝的下层缝份则应宽于明线 0.5cm 左右。坐缉缝多用于各类服装的止口，如图 6-7 所示。

（4）包缝：包缝的缝型有两种。即暗包缝和明包缝。包缝的缝份应为大小缝，若包缝明线宽为 0.6cm，则被包缝一侧应放 0.6 ~ 0.7cm 缝份，包缝一侧应放 1.5cm 缝份。包缝多用于茄克衫及平脚裤的缝制。如图 6-8 所示。

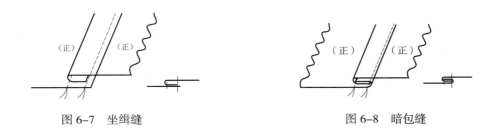

图 6-7　坐缉缝　　　　　　　　　　　　图 6-8　暗包缝

2. 缝份的控制量与裁片的部位有关

缝份的控制量应根据裁片不同部位的不同需求量来确定。如上装的背缝、裙装的后中缝均为受力部位，应宽于一般缝份，一般为 1.5 ~ 2cm，主要是为了缝份部位的平服。再如有些部位需装拉链，装拉链部位应比一般缝份稍宽，以利于缝制。

3. 缝份的控制量与裁片的形状有关

缝份的控制量应根据裁片不同形状的不同需求量来确定。一般来说，裁片的直线部位与弧线部位相比，弧线部位的缝份相对要窄一些，因为当缝份缝缉完成后，需要分开时，直线部位缝份分缝后比较平服（图6-9），而弧线部位则不然，外弧形部位的外侧边折转后有余量易起皱（图6-10）；内弧形部位则相反，外侧边折转后侧边长不足（图6-11），因此适量减少缝份控制量是使弧线部位分缝后达到平服的有效方法。这类情况常见于前后领圈、前后裤裆门、前后弧形分割线等。同时必须注意，不需要分缝时，弧线部位缝份的控制量可按常规处理，如上装的袖窿弧线在缝份倒向衣袖的前提下，缝份的控制量仍按常规处理，因为此处缝份不需要分开。

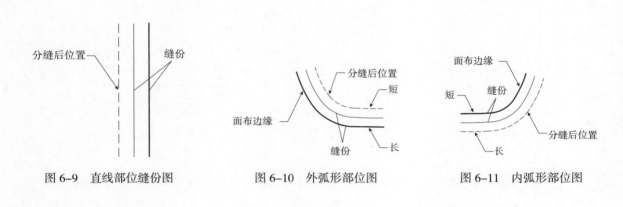

图6-9　直线部位缝份图　　　　图6-10　外弧形部位图　　　　图6-11　内弧形部位图

4. 缝份的控制量与衣料的质地性能有关

衣料的质地有厚、有薄，有松、有紧，应根据衣料的质地性能确定缝份的控制量。如质地疏松的衣料在裁剪及缝纫时容易脱散，因此缝份的控制量应大些；质地紧密的衣料则按常规处理。

（二）服装结构图贴边控制量的相关因素

服装的边口部位如袖口、脚口、领口、下摆等向反面翻折的边称为贴边。根据贴边加放的工艺方法的不同，有连贴边与装贴边之分。贴边具有增强边口牢度、耐磨性、挺括性及防止经纬纱线松散脱落和反面外露等作用。贴边控制量的相关因素如下：

1. 贴边的控制量与边口线的形状有关

当边口线为直线或近于直线状态时，按实际需要无特殊要求的情况下确定，上装与裙装的下摆贴边常控制在 2~3cm；裤装的脚口贴边常控制在 4~5cm。当边口线为弧线状态时，贴边的控制量可在直线状态的基础上酌情减少，其原因与缝份的控制方法类似。如男衬衫的圆下摆，贴边的控制量在1cm左右；斜裙的下摆一般不超过2cm。如上所述均适用于连贴边状态，而装贴边状态则不受此限制。

2. 贴边的控制量与衣料的质地性能有关

厚型面料应酌情增加贴边的控制量；薄型面料应酌情减少贴边的控制量。

3. 贴边的控制量与有无里布有关

有无里布对贴边的控制量是有一定的影响的，有里布状态应比无里布状态的贴边控制量略大。因为有里布服装的下摆，原贴边加放量为3cm，装里布后，里布必须有余量，其余量向下延伸，使面料底边线与里布底边线的距离小于贴边原有的放量，为了保证里布延伸量与面料底边线保持适当的距离，必须增加贴边的放量，其增加量一般在原有基础上增加1cm左右（图6-12）。

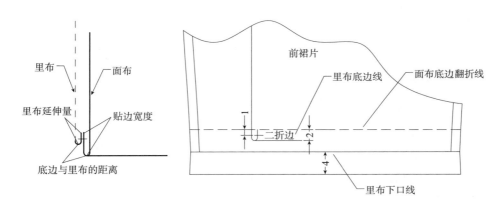

图6-12　面布与里布的关系

4. 贴边的控制量与贴边的缝型有关

缝型也会对贴边的处理产生一定的影响，如卷贴边、贴边包边等，如图6-13所示。

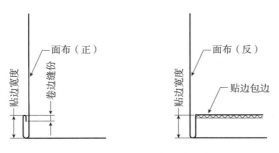

图6-13　贴边与缝型关系图

（三）缝份与贴边折角和折边处理（图 6-14 ~ 图 6-18）

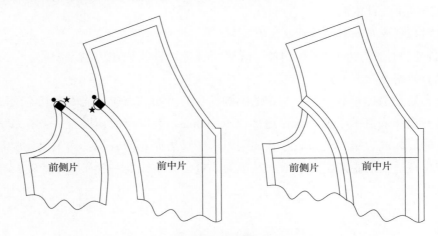

图 6-14 折角处缝份处理图（有里布）

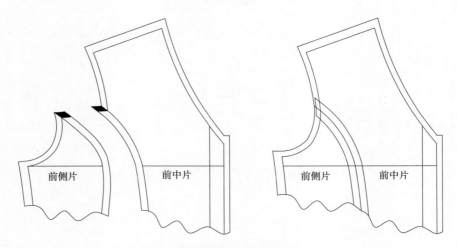

图 6-15 折角处缝份处理图（无里布）

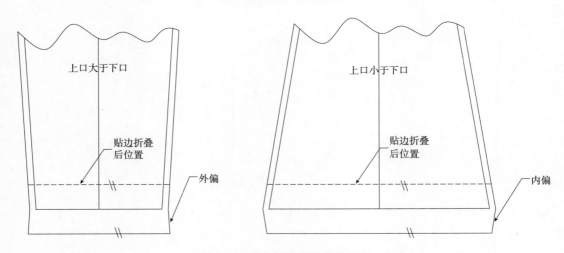

图 6-16 脚口折边处缝份处理图

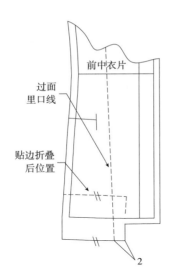

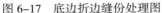

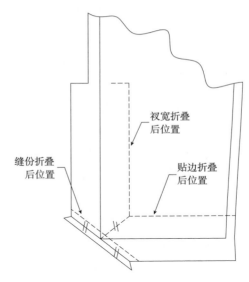

图 6-17　底边折边缝份处理图　　　图 6-18　衩角处折边缝份处理图

二、服装样板与服装材料的缩率

面料在缝纫、熨烫的过程中会产生收缩现象，尤其是高温熨烫时，直丝方向容易缩；缝纫时，横丝方向因折转而产生坐势等，通常其收缩的程度称为缩率。在服装样板制作的过程中，为了保证成品规格的正确性，需预放一定的缩率。具体操作时，应在正式投产前，先测试一下原料的缩率，然后根据测试的结果，按比例相应地加放样板。例如：在上装的缝制中，前衣片、过面等附有黏合衬的部位，经过热压黏烫，会产生不同程度的收缩。应取一块 50cm 见方的衣料和黏合衬，按照工艺单上的要求黏烫，然后测量黏烫后衣料的面积并计算出缩率，并在服装样板的相应部位上补正。同时，当衣料有一定厚度时，应考虑围度的缝份折转产生的坐势，加放一定的量，以保证围度规格的正确性。

三、服装样板的标记

必要的标记是规范化服装样板的重要组成部分。在服装工业化批量生产中，服装样板的标记是无声的语言，使样板制作者和使用者达到某种程度的默契。标记作为一种记号，其表现形式是多样化的，主要有定位标记和文字标记。

（一）定位标记

1. 作用

定位标记可标明服装各部位的宽窄、大小和位置，在缝制过程中起指导作用。

2. 形式

定位标记的形式主要有眼刀、钻眼（点眼）等。

3. 要求

（1）眼刀的形状分为三角形（手工制作）和 U 形（工具制作），三角形的宽度为 0.2cm，深度为0.5cm；U形的宽度为工具已确定，深度为0.5cm。省尖及袋位等样板的中间部位定位时，可采用"○"作为定位标记。某些重要的部位定位时，可采用"＞—○"作为定位标记。这里需要说明的是服装样板的定位标记与服装裁片的定位标记有所不同，服装样板的定位标记是排料划样的依据，要求剪口张开一定量，利于划样，因此剪口呈三角形或U形。服装裁片的定位标记是缝制工艺的依据，眼刀应为直口，深度应为0.5cm（不能大于缝份宽的1/2）。使之既能达到定位的目的，又不影响衣料的牢度。

（2）钻眼应细小，位置应比实际所需距离短，如收省定位，比省的实际距离短1cm；贴袋定位，比袋的实际大小偏进0.3cm。

（3）定位标记要求标位准确，操作无误。

4. 部位

定位标记使用的主要部位如下：

（1）缝份和贴边的宽窄。在服装样板缝份和贴边的两端或一端做上标记，在一些特殊缝份上尤为重要，如上装背缝、裙装和裤装后中缝等。标位方法如图6-19所示。

图6-19　定位标记图1

（2）收省、折裥、细褶、开衩的位置。凡收省、折裥、开衩的位置都应做标记，以其长度、宽度及形状定位。一般锥形省定两端，钉形省、橄榄省还需定省中宽。一般活裥标记上端宽度，如前裤片挺缝线处的裥。贯通裁片的长裥应两端标位，局部收细褶应在收细褶范围的起止点定位。开衩位置应以衩长、衩宽标位（图6-20）。

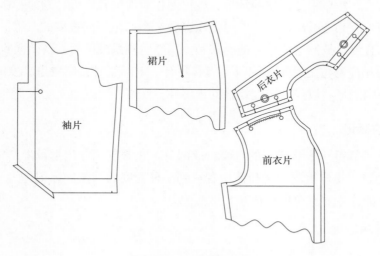

图6-20　定位标记图2

（3）裁片组合部位。服装样板上的一些较长的组合缝，应在需要拼合的裁片上每隔一段距离作上相应的标记，以使缝制时能达到松紧一致，如服装的侧缝、上衣腰节高的定位、分割线的组合定位等（图6-21）。

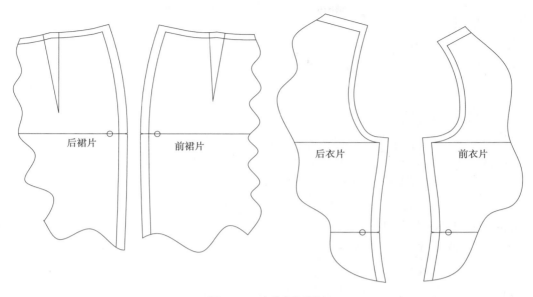

图 6-21　定位标记图 3

（4）零部件与衣片、裤片、裙片装配的对刀位置。零部件与衣片、裤片、裙片装配的位置，应在相应部位做上标记。如衣领与领圈的装配、衣袖与袖窿的装配、衣袋与衣身的装配、腰带襻与肩襻、袖襻的装配等（图 6-22）。

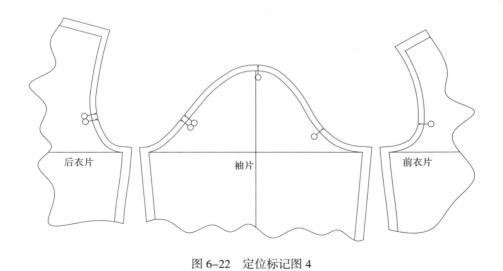

图 6-22　定位标记图 4

（5）裁片对条、对格的位置。应根据对条、对格位置做相应的标记，以利于裁片的准确对接。

（6）其他需要标明位置、大小的部位。还有一些需要标明的位置如纽位等，应根据款式的需要，做相应的标记。

（二）文字标记

1. 作用

文字标记可标明样板类别、数量和位置等，在裁剪和缝制中起提示作用。

2. 形式

文字标记的形式主要有文字、数字、符号等。

3. 要求

字体规范、文字清晰。为了便于区别，不同类别的样板可以用不同颜色的笔加以区分，如面板用黑色、里板用绿色、衬板用红色等。文字标记应切实做到准确无误。

4. 内容

文字标记的具体内容如下：

（1）产品的型号。如 *JK*2003—08。

（2）产品的规格。如 170/88A；*S*、*M*、*L*、*XL*；7、9、11、13 号等。

（3）样板的类别。如面板、里板、衬板、袋布及过面等均需一一标明。

（4）样板所对应的裁片位置及数量。如前片 ×2、后片 ×1、大袖 ×2、小袖 ×2 等。如果款式出现不对称部位，需详细标明方位，即左右片及正反面。

（5）样板的丝缕。如经向、纬向、斜向等。丝缕标记应贯通样板且正反面均应标注，以利于排料划样。

5. 文字标记的方向

（1）标注方向与丝缕线同向。一般在手工服装样板制作中使用［图 6-23（1）］。

（2）标注方向与丝缕线垂直。一般在 CAD 服装样板制作中使用［图 6-23（2）］。

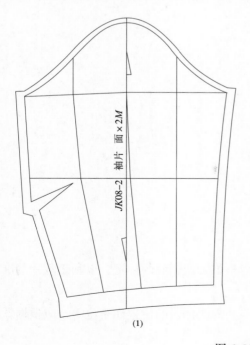
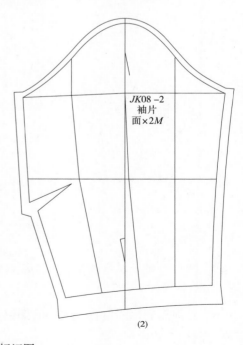

(1) (2)

图 6-23　文字标记图

图 6-24 所示为女上装分割线定位标记与文字标记标注部位示意图

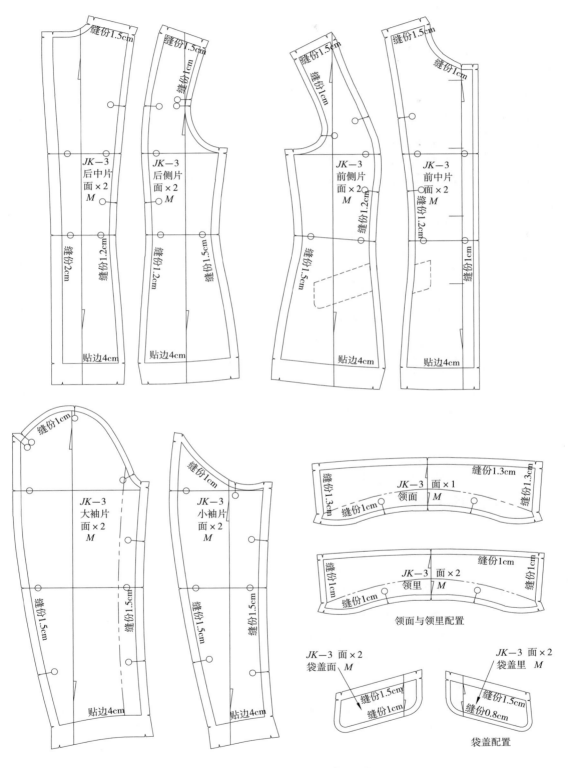

图 6-24 定位标记与文字标记图

（3）关于本书中应用文字标记的产品型号的含义说明：

① 产品型号的编写可按客户订单照写，也可按服装的类别、生产的年份及样板的制作先后顺序等编写，本书的样板实例即采用这种方法编写。产品型号还可根据企业的要求自行设计。

② 本书样板实例的产品型号含义说明：

SK 为英语"Skirt"的缩写，表示服装类别为裙装；PT 为英语"Pants/Trousers"的缩写，表示服装类别为裤装；JK 为英语"Jacket"的缩写，表示服装类别为上衣；CT 为英语"Coat"的缩写，表示服装类别为大衣；ST 为英语"Shirt"的缩写，表示服装类别为衬衫。

"10"表示年份即 2010 年制作的样板，1、2、3 及 A 表示样板的制作先后顺序。

例：SK-1，表示裙装类的第一个款式的样板； SK10-A，表示裙装类、2010 年生产的第一个款式的样板。

其他型号含义以此类推。

四、服装样板的复核

服装样板制作完成后，需要专人检查与复核，以防样板出现差错，造成经济损失。

（一）服装样板复核的内容和要求

（1）检查核对样板的款式、型号、规格、数量与来样图稿、实物、工艺单是否相符。

（2）样板的缝份、贴边、缩率加放是否符合工艺要求。

（3）各部位的结构组合（衣领与领圈、袖山弧线与袖窿弧线、侧缝、肩缝等组合）是否恰当。

（4）定位、文字标记是否准确，有无遗漏。

（5）样板的弧形部位是否圆顺、刀口是否顺直。

（6）样板的整体结构、各部位的比例关系是否符合款式要求。

（二）服装样板复核的方法

1. 目测

目测样板的边缘轮廓是否光滑、顺直；弧线是否圆顺；领圈、袖窿、裤窿门等部位的形状是否准确。

2. 测量

用软尺及直尺测量样板的规格，校验各部位的数据是否准确，尤其要注意衣领与领圈、袖窿弧线与袖山弧线等主要部位的装配线。

3. 用样板相互核对

将样板的相关部位相互核对，将前后裤片合在一起观察窿门弧线、下裆弧线；将前后侧缝合在一起观察其长度；将前后肩缝合在一起观察前后领圈弧线、前后袖窿弧线及肩缝的长度配合等（图 6-25 ~ 图 6-31）。

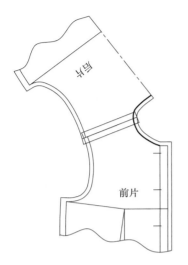

图 6-25　领圈样板复核图

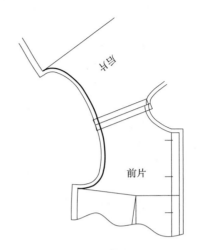

图 6-26　袖窿样板复核图

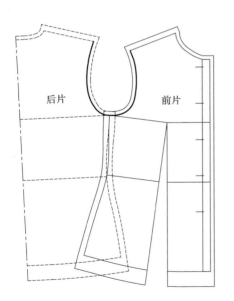

图 6-27　袖窿样板复核图

图 6-28　底边样板复核图

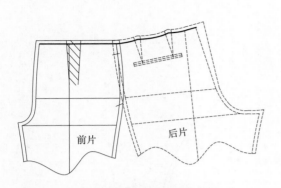

图 6-29　侧腰口线样板复核图

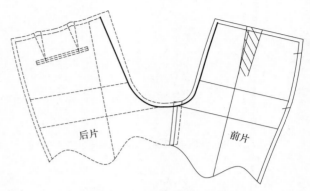

图 6-30　裆缝线样板复核图

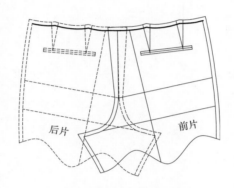

图 6-31　后腰口样板复核图

思考题

1. 简述服装样板的分类。

2. 服装样板缝份的控制量与哪些因素有关？

3. 服装样板贴边的控制量与哪些因素有关？

4. 简述服装样板的定位标记的作用、形式、要求及标记的部位。

5. 简述服装样板的文字标记的作用、形式、要求及标记的内容。

6. 服装样板复核的方法有哪些？各种复核方法的复核部位有哪些？

第七章 服装样板推档概述

服装样板推档是服装工业生产发展的产物。服装样板推档是制作成套样板最科学、最实用的方法。根据成衣生产批量化的要求，同一款式的服装要适应不同体型的人体穿着，就必须进行规格的缩放处理（俗称样板推档、推板、扩号、放码等）以使服装的款式适应不同规格、不同体型的群体穿着。服装样板推档既提高工效又是服装生产进入数字化平台的基础。服装样板推档的操作过程并不是单纯的图形位移，而应根据各相关因素予以系统处理，才能得到合体舒适的服装缩放图。

第一节 服装样板推档的基本原理与方法

一、服装样板推档的基本原理

服装样板推档是以某一档规格的样板为基础（标准样板），按设定的规格系列进行有规律地扩大或缩小的样板制作方法。所谓标准样板是指成套样板中最先制定的样板，也称中心样板、基准样板或母板。

从数学角度看，服装样板推档的原理来自于数学中任意图形的相似变换。因此样板推档完成的样板与标准样板应是相似图形，即经过扩大或缩小的样板，并与标准样板应结构相符。

二、服装样板推档的基本方法

1.逐档样板推档法（图7-1）

逐档样板推档法，是以中档规格的样板为标准样板，按设定的规格系列采用推一档，画一档，剪一档的方法形成各档规格的样板。逐档样板推档法的优点是灵活，适合有规律或无规律的跳档，速度较快；缺点是当样板档数较多时，会产生一定的误差。

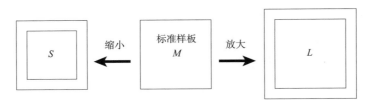

图7-1　逐档样板推档法图

2. 总图样板推档法（图 7-2）

总图样板推档法，是以最小档（或最大档）规格的样板为标准样板，按设定的规格系列采用先作出最大档（或最小档）规格的样板，然后通过逐次等分的方法形成各档规格的样板。总图样板推档法的优点是效率高，适合多档规格的样板推档，而且精确度较高，便于技术存档；缺点是步骤繁复，即两步到位法，速度较慢。

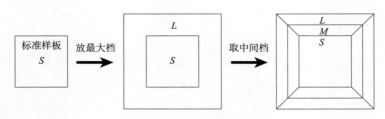

图 7-2　总图样板推档法图

3. 射线样板推档法（图 7-3）

射线样板推档法，是以中档规格的样板为标准样板，按设定的规格系列采用先确定标准样板的各个关节点的坐标点，将标准样板上的关节点（A）与推出的相应的坐标点（B）连线并向两边延伸，然后将 A、B 两点的距离向两边作等量距离，以这样扩展的方法形成各档规格的样板。射线样板推档法的优点是效率高，适合多档规格的样板推档，便于技术存档；缺点是精确度不如总图样板推档法，步骤繁复，即两步到位法，速度不如逐档样板推档法。

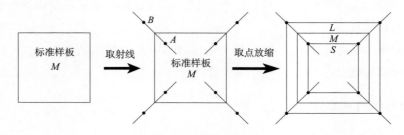

图 7-3　射线样板推档法图

4. 切割展开法（图 7-4）

切割展开法，是以中档规格的样板为标准样板，按设定的规格系列采用先确定标准样板的各条切割线及各条切割线上的变化量，然后将切割线按确定的变化量展开的方法形成各档规格的样板。切割展开法的优点是各部位的展开量清晰地反映在样板推档图中，对样板推档原理的理解相当有利，适合计算机（服装 CAD）样板推档；缺点是不适合手工样板推档。

服装样板推档的方法很多，以上介绍的是目前采用较多的方法。在手工样板推档中，采用最多的是逐档样板推档法与总图样板推档法。切割展开法多在服装 CAD 中应用。

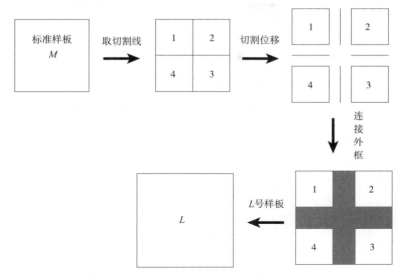

图 7-4　切割展开法推档图

第二节　服装样板推档依据

一、服装标准样板

服装标准样板是以服装平面分解图的净样，通过周边放量、定位标记、文字标记等处理而形成的服装样板。服装标准样板是服装样板推档的基础依据。

服装样板推档的标准样板是根据设定的规格系列的各档规格，从中选择具有典型性的某档规格作为服装标准样板。服装标准样板的规格可以是中间规格，也可以是最大规格或最小规格。服装标准样板规格的选择与服装样板推档的制作方法有很大的关系，如总图样板推档法要求以最小号或最大号规格样板作为标准样板，因为总图样板推档法是在最小号和最大号规格框定之后，求取中间各档规格。逐档样板推档法要求以中间规格样板作为标准样板，因为逐档样板推档法是推一档，画一档，剪一档，在样板推档的过程中，由于档数较多，会产生以推出来的样板作为标准样板继续样板推档的现象，从而使样板推档的误差率有增加的可能，因此使用中间规格样板，可使标准样板的利用率增加，以减少误差。

二、服装规格系列

（一）服装号型系列

服装规格系列是服装样板推档的必要依据。服装规格系列的设定应以人体体型规律为基础，就我国而言，就是中国《服装号型》标准。服装规格系列是将人体的身高与围度进行有规则的排列，即为服装号型系列。

号的分档数为 5cm（指人体身高的分档，不是服装规格中的衣长或裤长）。

型的分档数为 4 cm、3 cm、2 cm。

号与型的分档结合起来，分别为 5·4 系列、5·3 系列、5·2 系列。

各类体型的号型系列的规格起讫点如表 7-1 所示。

表 7-1　各类体型、号型系列规格表　　　　单位：cm

项　目		男	女	分档间距
部位	体型	155~185	145~175	5
胸围	Y	76~100	72~96	3、4
	A	72~100	72~96	3、4
	B	72~108	68~104	3、4
	C	76~112	68~108	3、4
腰围	Y	56~82	50~76	2、3、4
	A	56~88	54~82	2、3、4
	B	62~100	56~94	2、3、4
	C	70~108	60~102	2、3、4

上表中的规格系列构成可以作为服装样板推档的重要参考依据，可以对服装样板推档规格的设定范围有明确的限定。

（二）服装规格的具体构成

在服装样板推档中与服装规格系列直接有关的是服装的主要部位规格与服装的非主要部位规格，当服装的规格系列确定后，服装样板推档的大量工作就是对规格系列逐部位地系统分析、计算与分配处理。

1. 服装主要部位规格

服装主要部位规格是在服装的净体规格的基础上，加放一定松量而形成的。服装主要部位的规格按服装的类别而定。一般上装类有衣长、背长（腰节高）、袖长、肩宽、领围、胸围、腰围等部位；下装类有裤长、裙长、直裆、腰围、臀围、脚口等部位。有些有特殊要求的服装，可增加相关部位的规格，如上装类的胸高、摆围等；下装类的中裆、下裆、横裆等。服装主要部位规格为服装规格系列的设定提供了具体的规格依据。

2. 服装非主要部位规格

服装非主要部位规格是在服装制图中根据主要部位规格转化而成的。服装非主要部位规格在服装结构的构成中大量存在，并分布于服装的各个部位，如袖窿深、袖肥宽、袖山高、领宽、叠门等。服装非主要部位规格对服装的规格组合、服装样板推档的图形构成符合结构要求，款式要求有重要的协调作用。服装非主要部位规格在服装样板推档中的处理，将直接影响到服装样板推档的成败。

三、服装规格档差与样板推档数值

（一）服装规格档差

服装规格系列是由几组服装主要部位规格所构成。各组主要部位规格的同一部位之间的差距即为服装规格档差，也可称为服装规格分档数值。服装样板推档的变化主要表现在规格的变化，而规格的变化是由规格档差具体体现的。当服装规格系列确定后，服装规格档差已经存在于其中，通过计算即可得到。

服装规格档差在服装样板推档中根据服装穿着对象的体型不同会产生相应的变化，由于人体的体型变化是客观的，服装样板推档应遵循体型发展的客观规律。在服装规格档差的处理中，应根据不同的体型设置不同的规格档差。本教材介绍最常见的主要围度部位规格档差设置相同与主要围度部位规格档差设置不同两种。一般主要围度规格档差设置相同应用于档数较少的服装样板推档，主要围度规格档差设置不同则应用于档数较多的服装样板推档。因为样板档数较少时，规格变化对体型的影响相对小，反之则高。主要围度部位规格设置相同的具体规格档差请参见以后几章的操作实例。《服装号型》中各系列分档数值见表 7-2。

表 7-2　各系列档数值表　　　　　单位：cm

性别	体型分类	胸腰落差	系列	中间体		服装规格分档数							
				上衣	裤装	衣长	胸围	袖长	领围	肩宽	裤长	腰围	臀围
男	Y	17~22	5·4	170/88	170/70	2	4	1.5	1	1.2	3	4	3.2
			5·3	170/87	170/68	2	3	1.5	0.75	0.9	3	3	2.4
			5·2	170/88	170/70						3	2	1.6
	A	12~16	5·4	170/88	170/74	2	4	1.5	1	1.2	3	4	3.2
			5·3	170/87	170/73	2	3	1.5	0.75	0.9	3	3	2.4
			5·2	170/88	170/74						3	2	1.6
	B	7~11	5·4	170/92	170/84	2	4	1.5	1	1.2	3	4	2.8
			5·3	170/93	170/84	2	3	1.5	0.75	0.9	3	3	2.1
			5·2	170/92	170/84						3	2	1.4
	C	2~6	5·4	170/96	170/92	2	4	1.5	1	1.2	3	4	2.8
			5·3	170/96	170/92	2	3	1.5	0.75	0.9	3	3	2.1
			5·2	170/96	170/92						3	2	1.4
女	Y	19~24	5·4	160/84	160/64	2	4	1.5	0.8	1	3	4	3.6
			5·3	160/84	160/63	2	3	1.5	0.6	0.75	3	3	2.7
			5·2	160/84	160/64						3	2	1.8
	A	14~18	5·4	160/84	160/68	2	4	1.5	0.8	1	3	4	3.6
			5·3	160/84	160/68	2	3	1.5	0.6	0.75	3	3	2.7
			5·2	160/84	160/68						3	2	1.8

续表

性别	体型分类	胸腰落差	系列	中间体		服装规格分档数							
				上衣	裤装	衣长	胸围	袖长	领围	肩宽	裤长	腰围	臀围
女	B	9~13	5·4	160/88	160/78	2	4	1.5	0.8	1	3	4	3.2
			5·3	160/87	160/79	2	3	1.5	0.6	0.75	3	3	2.4
			5·2	160/88	160/78						3	2	1.6
	C	4~8	5·4	160/88	160/82	2	4	1.5	0.8	1	3	4	3.2
			5·3	160/87	160/81	2	3	1.5	0.6	0.75	3	3	2.4
			5·2	160/88	160/82						3	2	1.6

（二）服装样板推档数值

服装样板推档中，样板推档数值的处理恰当与否是服装样板推档成败的关键。样板推档数值是指样板推档中各个部位具体应用的数据，即最终数据。样板推档数值处理的依据是规格档差、服装款式、服装标准样板的结构要求等。样板推档数值处理的具体方法有：

（1）样板推档数值与规格档差相同

样板推档数值与规格档差相同处理部位，如服装的长度部位处理。即样板推档数值 = 规格档差。

（2）样板推档数值与标准样板的规格相同

样板推档数值与标准样板的规格相同处理部位，即通常所说的非变化部位，如叠门宽、开衩宽度等，即样板推档数值 =0。

（3）样板推档数值必须经过处理得到

样板推档数值必须经过计算得到，如裤装的前后窿门、上装的横直开领、衣袖的袖肥与袖山高度的确定等，可以通过服装制图时采用的计算公式的比例系数求取，具体方法为相关比例系数与相关部位规格档差之积，即样板推档数值 = 比例系数 × 相关部位规格档差，也可以通过造型结构的整体协调性处理相关部位的样板推档数值。

（三）服装样板推档位移量

服装样板推档位移量是指根据服装样板推档数值，在样板推档公共线确定的条件下，具体分配到各个部位的数据。

四、服装样板推档基准点与公共线

（一）服装样板推档基准点

服装样板推档基准点，是指服装样板推档中各档规格的重叠点。基准点的确定直接关系到服装样板的推移方向。基准点可以是样板推档图中的任何一点。基准点的选位是确定公共线的前提条件（图 7–5）。

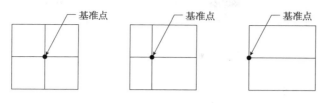

图 7-5　基准点示意图

（二）服装样板推档公共线

服装样板推档公共线，是指服装样板推档中各档规格的重叠线。公共线的确定直接关系到服装样板的推移方向。公共线的确定是以基准点的选位为前提条件的。

1. 公共线的特征

公共线的特征是重叠不推移。公共线一旦确定，就成为服装样板推档中的不变线条，并以公共线为参照线，推移其他线条。

2. 公共线的设立条件

（1）公共线必须是直线或曲率非常小的弧线；

（2）公共线应选用纵、横方向的线条；

（3）公共线应互相垂直。

3. 公共线的确定原则

（1）有利于服装款式造型、结构与服装标准样板保持一致；

（2）有利于图面线条的清晰度；

（3）有利于提高服装样板推档的速度。

4. 服装样板推档常见公共线的应用

应用见表 7-3。

表 7-3　常见公共线应用表

上装	衣片	纵向	前后中心线、胸背宽线
		横向	上平线、袖窿深线、衣长线
	衣袖	纵向	袖中线、前袖侧线
		横向	上平线、袖山高线
	衣领	纵向	领中线
		横向	领宽线
下装	裤装	纵向	前后挺缝线、侧缝直线
		横向	上平线、直裆高线、裤长线
	裙装	纵向	前后中线、侧缝线
		横向	上平线、臀高线、裙长线

五、服装样板推档线条的推移方向

服装样板推档线条的推移是以样板推档公共线为参照线决定其推移方向的。样板推档公共线的选择不同，服装样板推档线条就会产生相应的推移方向，下面介绍推移方向的变化规律。

（一）单向放缩推移

单向放缩推移是将图形的纵、横公共线均设置在图形一边的边缘线上，使样板推档线条的推移在纵向与横向均为单方向推移，如图7-6所示。服装样板推档中上装公共线纵向选择前、后中线，横向选择上平线；裤装中纵向选择前、后侧缝线，横向选择上平线，为单向放缩推移。

（二）双向放缩推移

双向放缩推移是将图形纵、横公共线均设置在图形的中间，使样板推档线条的推移在纵向与横向均为双向推移，如图7-7所示。服装样板推档中上装公共线纵向选择胸背宽线，横向选择袖窿深线；裤装中纵向选择前、后挺缝线（烫迹线），横向选择直裆高线，为双向放缩推移。

（三）单双向放缩推移

单双向放缩推移是将图形的纵、横公共线的一边设置在边缘线上，另一边设置在图形的中间，使样板推档线条在纵向（横向）为单向放缩，在横向（纵向）为双向放缩（图7-8）。服装样板推档中上装公共线纵向选择前、后中线，横向选择袖窿深线；裤装中纵向选择前、后烫迹线，横向选择上平线，为单双向放缩推移。

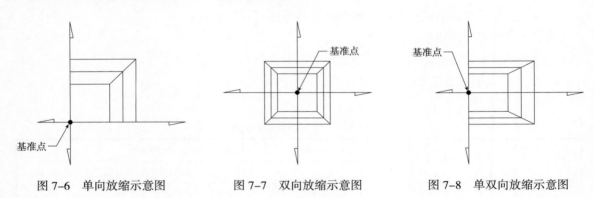

图7-6　单向放缩示意图　　　　图7-7　双向放缩示意图　　　　图7-8　单双向放缩示意图

思考题

1. 简述服装样板推档的基本原理。
2. 服装样板推档的方法有哪些？
3. 服装样板推档的依据有哪些？
4. 简述服装推档数值的处理方法，并说明与推档位移量的区别。
5. 简述服装推档公共线的设立条件、确定原则。
6. 简述服装推档线条推移方向的变化规律，并举例说明。

第八章　裙装样板制作与推档

第一节　直裙样板制作与推档

一、直裙款式图

直裙款式图如图 8-1 所示。

图 8-1　直裙款式图

二、直裙样板制作

直裙主要部件样板如图 8-2 所示。

直裙零部件样板如图 8-3 所示。

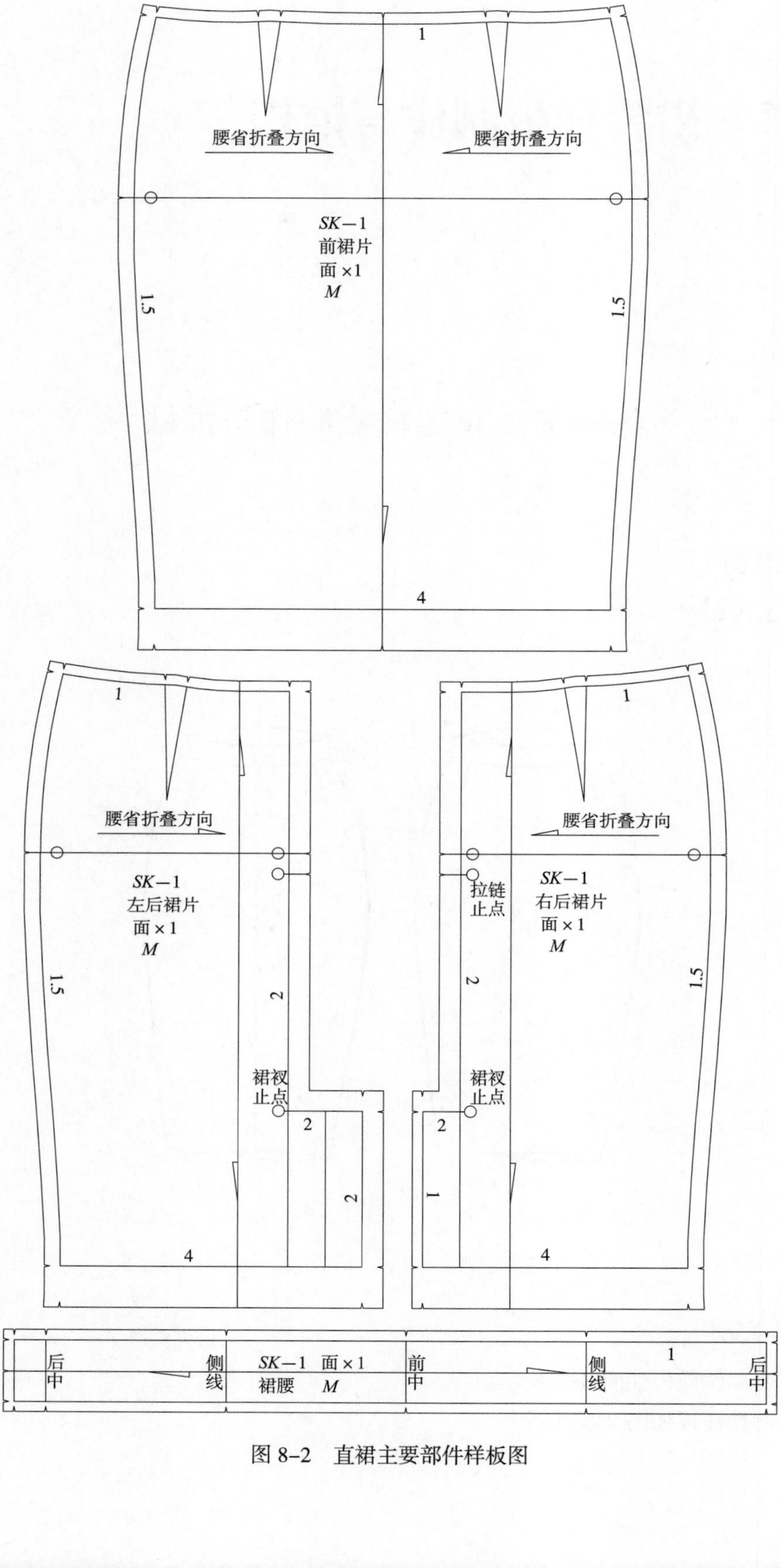

图 8-2　直裙主要部件样板图

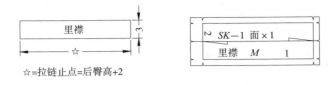

☆＝拉链止点＝后臀高+2

图 8-3 直裙零部件样板图

三、直裙推档制作

（一）直裙推档制作一

1. 推档规格设定（臀围和腰围档差相等系列，表 8-1）

表 8-1 推档规格表

单位：cm

部位 号型	155/70B	160/72B	165/74B	规格档差
	S	M	L	
裙长	58	60	62	2
腰围	72	74	76	2
臀围	92	94	96	2
臀高	16.5	17	17.5	0.5
摆围	84	86	88	2
腰头宽	3	3	3	0

2. 推档公共线设定

前片：前中线、臀高线；后片：后中线、臀高线；裙腰与零部件：某一端为公共线。

3. 规格档差与推档数值处理（表 8-2）

表 8-2 规格档差与推档数值处理表

单位：cm

部 位	规格档差	比例分配系数	推档数值
裙长	2	—	2
腰围	2	0.25 腰围规格档差	0.5
臀围	2	0.25 臀围规格档差	0.5
摆围	2	0.25 臀围规格档差	0.5
腰头宽	0	—	0

4. 推档步骤

（1）直裙推档位移点如图 8-4 所示。

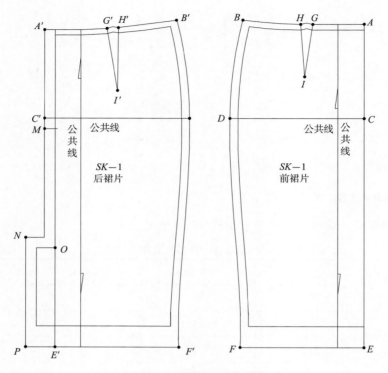

图 8-4　直裙推档位移点图

（2）推档图如图 8-5 所示。

（二）直裙推档制作二

1. 推档规格设定（臀腰围不等差系列，表 8-3）

表 8-3　推档规格表　　　　　　　　　　　　　　　　　　单位：cm

部位 \ 号型	155/66A	160/68A	165/70A	规格档差
	S	M	L	
裙长	58	60	62	2
腰围	68	70	72	2
臀围	92.6	94.2	95.8	2
臀高	16.5	17	17.5	0.5
摆围	84.6	86.2	87.8	2
腰宽	3	3	3	0

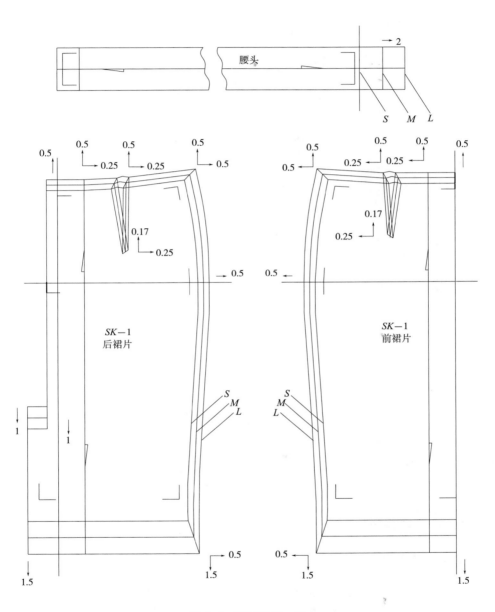

图 8-5　直裙推档一图

注　图 8-5 中的后裙片为右裙后片推档图，左后裙片参照右后裙片画推档图。

2. 推档图（图 8-6）

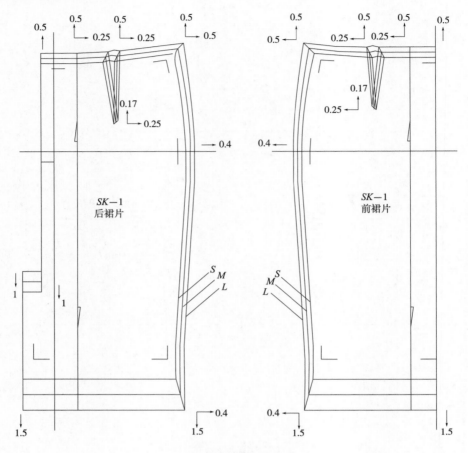

图 8-6　直裙推档二图

第二节　变化型裙装样板制作与推档

一、应用实例一　插角裙

（一）插角裙款式图（图 8-7）

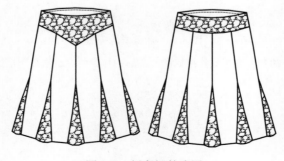

图 8-7　插角裙款式图

（二）插角裙样板制作

插角裙主要部件样板如图 8-8 所示。

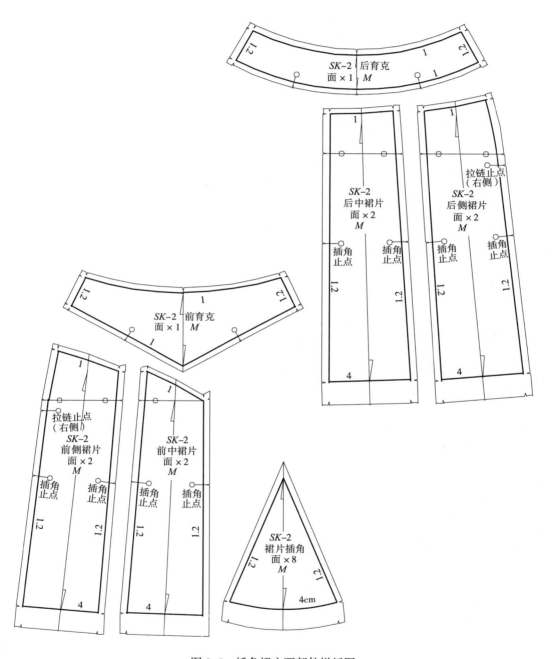

图 8-8　插角裙主要部件样板图

插角裙零部件样板如图8-9所示。

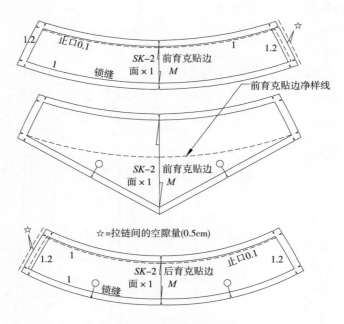

图 8-9　插角裙零部件样板图

注　后育克贴边在后育克基础上右侧偏进拉链的空隙量。

（三）插角裙推档制作

1. 推档规格设定（表8-4）

表 8-4　推档规格表　　　　　　　　　　　　单位：cm

部位 \ 号型	155/70B	160/72B	165/74B	规格档差
	S	M	L	
裙长	53	55	57	2
腰围	72	74	76	2
臀围	94	96	98	2
臀高	16.5	17	17.5	0.5

2. 推档公共线设定

前片：前中线、臀高线；后片：后中线、臀高线；裙腰与零部件：某一端为公共线。

3. 推档图（图 8-10）

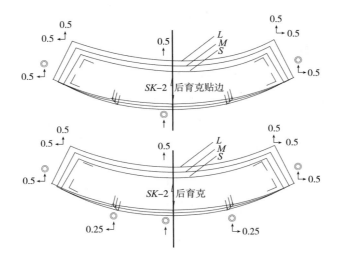

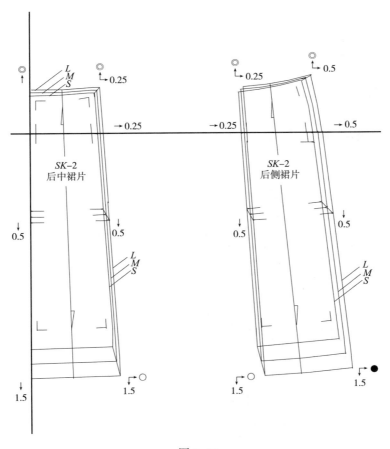

图 8-10

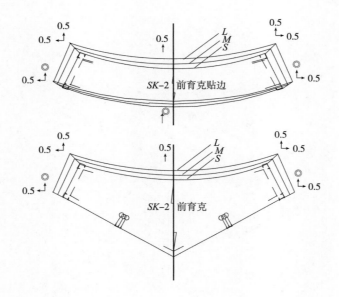

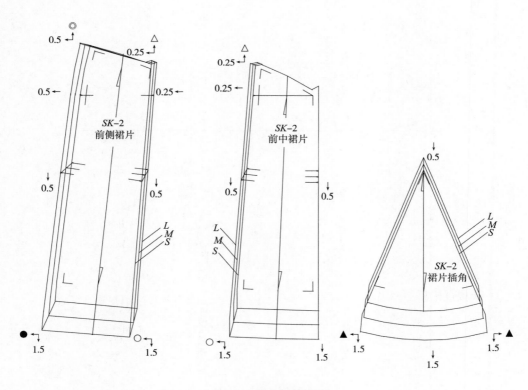

图 8-10 插角裙推档图

注 图中的斜线推移中出现的符号（◎、△、▲、○、●）均为平行推移产生的推移量。例如◎的推移量，如图 8-11 所示。

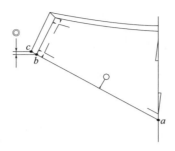

◎ = 斜线 *ab* 与 *ac* 平行推移后产生的纵向推移量

图 8-11　插角裙斜线推移图

二、应用实例二　低腰直裙

（一）低腰直裙款式图（图 8-12）

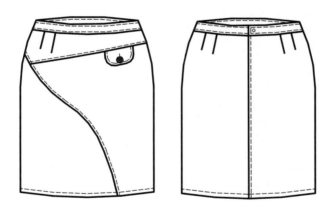

图 8-12　低腰直裙款式图

（二）低腰直裙样板制作

低腰直裙主要部件样板如图 8-13 所示。

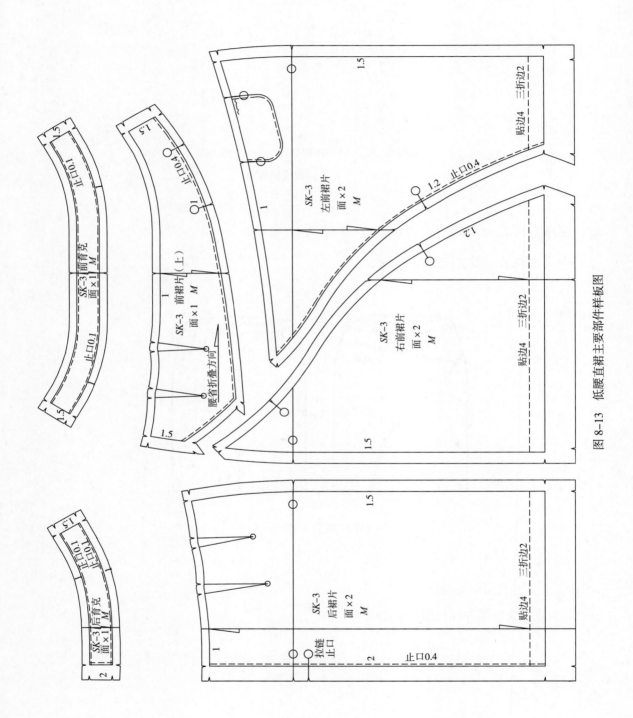

图 8-13　低腰直裙主要部件样板图

低腰直裙零部件样板如图 8-14 所示。

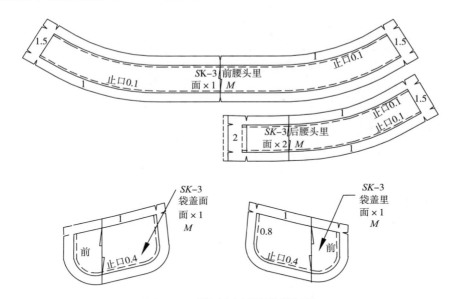

图 8-14 低腰直裙零部件样板图

注 前腰头里与前腰头面周边的加放量相同；后腰头里在后腰头面基础上后中线偏进拉链的空隙量。

（三）低腰直裙推档制作

1. 推档规格设定（表 8-5）

表 8-5 推档规格表 单位：cm

部位 \ 号型	155/66A	160/68A	165/70A	规格档差
	S	M	L	
裙长	46	48	50	2
腰围	68	70	72	2
臀围	92	94	96	2
臀高	16.5	17	17.5	0.5

2. 推档公共线设定

前片：前中线、上平线；后片：后中线、上平线；裙腰与零部件：某一端为公共线。

3. 推档图（图 8-15）

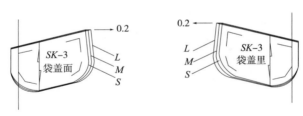

图 8-15

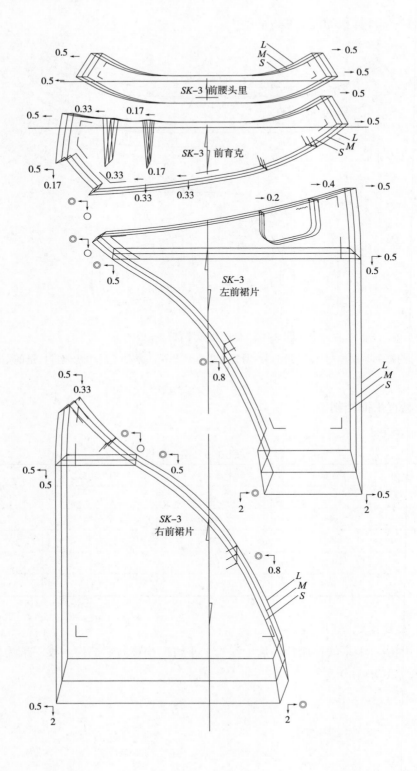

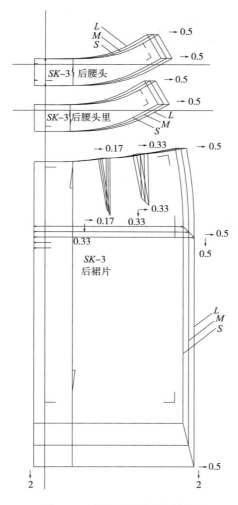

图 8-15 低腰直裙推档示意图

思考题

1. 按 1∶1 比例制作直裙推档图。

2. 按 1∶5 比例制作低腰波浪裙推档图，公共线为前（后）中线与臀高线。

第九章　裤装样板制作与推档

第一节　适身型西裤样板制作与推档

一、适身型西裤款式图

适身型西裤款式图如图 9-1 所示。

图 9-1　适身型西裤款式图

二、适身型西裤样板制作

适身型西裤主要部件样板如图 9-2 所示。

适身型西裤零部件样板如图 9-3 所示。

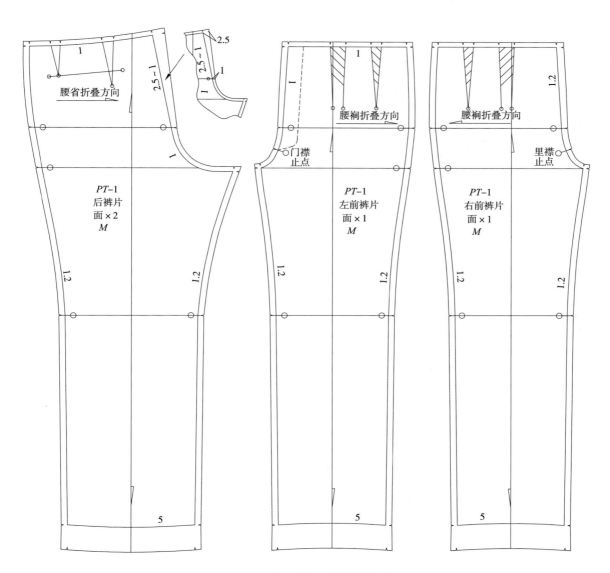

图9-2 适身型西裤主要部件样板图

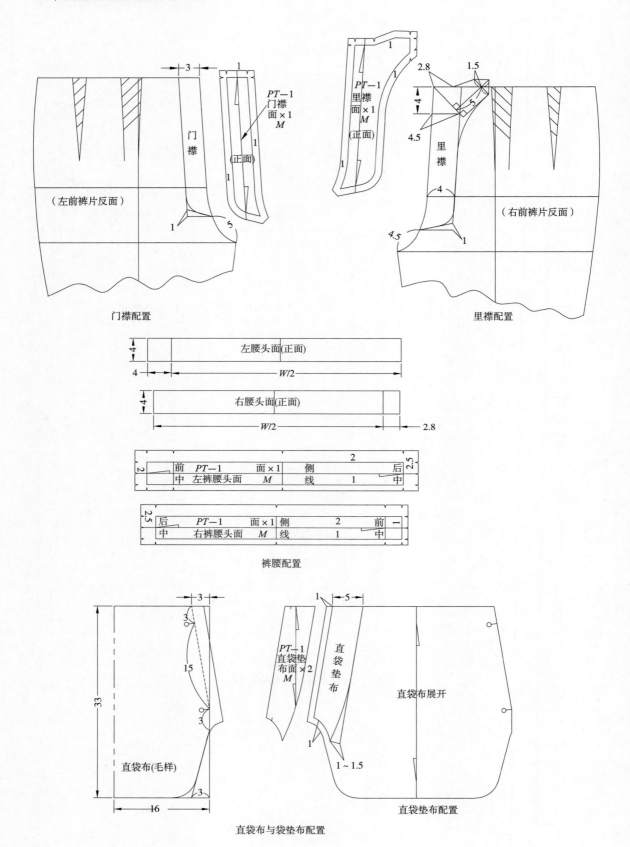

门襟配置

里襟配置

裤腰配置

直袋布与袋垫布配置

直袋垫布配置

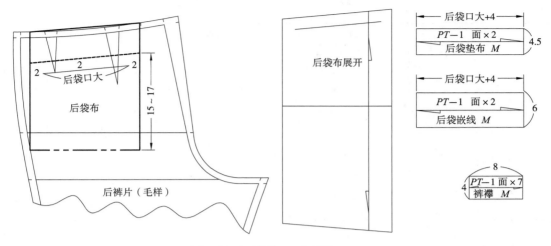

后袋布、袋垫布及裤襻配置（毛样）

图9-3　适身型西裤零部件配置示意图

三、适身型西裤推档制作

（一）适身型西裤推档制作 I

1. 推档规格设定（臀腰围等差系列，表9-1）

表9-1　推档规格表

单位：cm

部位 ＼ 号型	165/72A	170/74A	175/76A	规格档差
	S	M	L	
裤长	97	100	103	3
直裆	28	28.5	29	0.5
腰围	75	77	79	2
臀围	101	103	105	2
中裆	23.5	24	24.5	0.5
脚口宽	22.5	23	23.5	0.5
腰头宽	4	4	4	0

2. 推档公共线设定

前片：烫迹线、直裆线；后片：烫迹线、直裆线。裤腰与零部件：某一端为公共线。

3. 规格档差与推档数值处理（表9-2）

表9-2　规格档差与推档数值处理表

单位：cm

部位	规格档差	比例分配系数	推档数值
裤长	3	—	3
直裆	0.5	—	0.5
腰围	2	0.25 腰围档差	0.5

续表

部位	规格档差	比例分配系数	推档数值
臀围	2	0.25 臀围档差	0.5
中裆	0.5	—	0.5
脚口宽	0.5	—	0.5
腰头宽	0	—	0
前窿门宽	2	0.04 臀围档差	0.08
后窿门宽	2	0.11 臀围档差	0.22
前横裆宽	2	0.25 臀围档差 +0.04 臀围档差	0.58
后横裆宽	2	0.25 臀围档差 +0.11 臀围档差	0.72

4. 推档步骤

（1）推档位移点（图 9-4）。

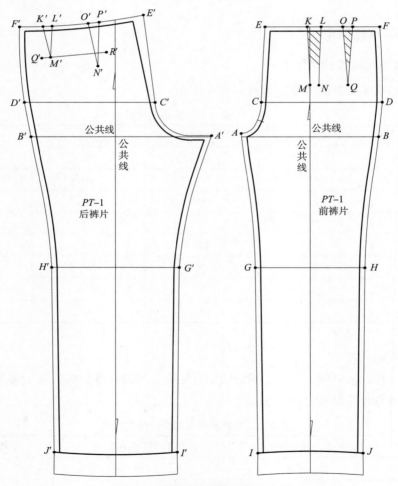

图 9-4　适身型西裤推档位移点图

（2）推档图（图 9-5）

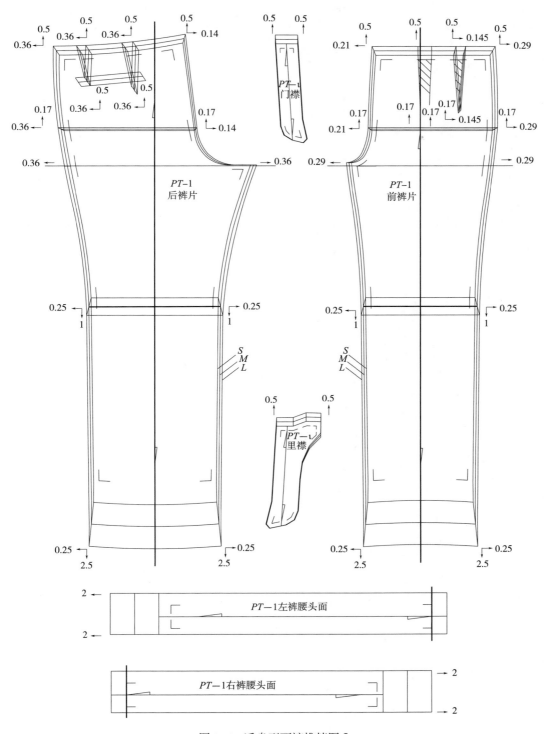

图 9-5 适身型西裤推档图 I

（二）适身型西裤推档制作 II

1. 推档规格设定（臀腰围不等差系列见表 9-3）

表9-3　推档规格表　　　　　　　　　　　　　　　　　　　　单位：cm

部位　　　号型	165/70A	170/74A	175/78A	规格档差
	S	M	L	
裤长	97	100	103	3
直裆	28	28.5	29	0.5
腰围	75	77	79	2
臀围	101.2	103	104.8	1.8
中裆	23.5	24	24.5	0.5
脚口宽	22.5	23	23.5	0.5
腰头宽	4	4	4	0

2. 推档图（图9-6）

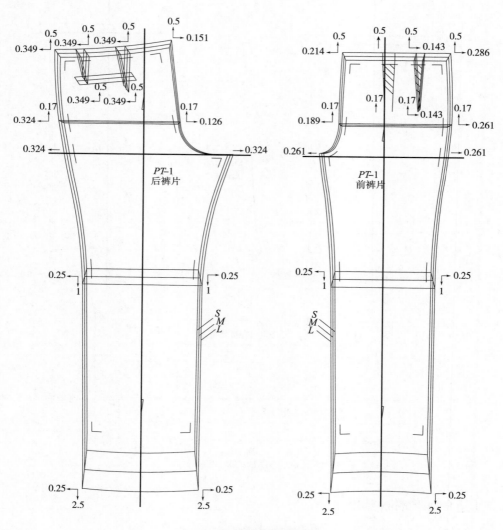

图9-6　适身型西裤推档图Ⅱ

第二节　变化型裤装样板制作与推档

一、应用实例一　无腰分割型紧身裤

（一）无腰分割型紧身裤款式图（图9-7）

图9-7　无腰分割型紧身裤款式图

（二）无腰分割型紧身裤样板制作

无腰分割型紧身裤主要部件样板如图9-8所示。

无腰分割型紧身裤零部件样板如图9-9所示。

（三）无腰分割型紧身裤推档制作

1.推档规格设定（表9-4）

单位：cm

表9-4　推档规格表

部位 ＼ 号型	155/66A	160/68A	165/70A	规格档差
	S	M	L	
裤长	95	98	101	3
直档	25.5	26	26,5	0.5
腰围	68	70	72	2
臀围	90	92	94	2
中档	20.5	21	21.5	0.5
脚口宽	27.5	28	28.5	0.5

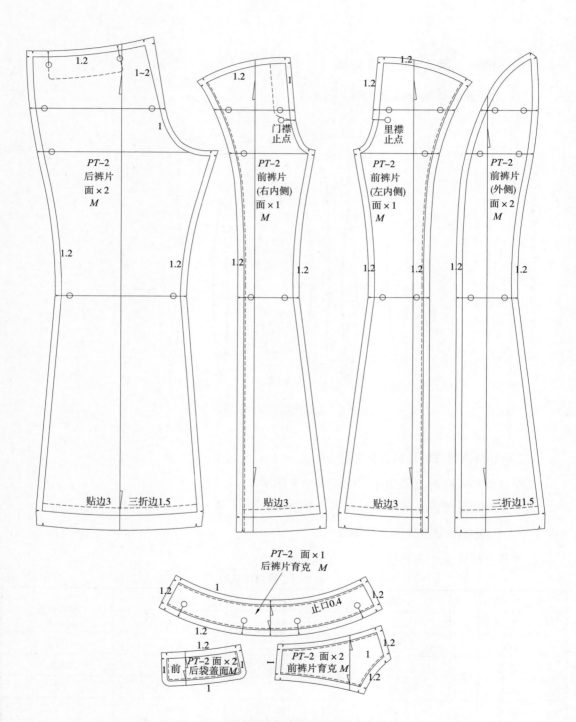

图 9-8　无腰分割型紧身裤主要部件样板图

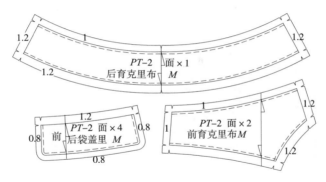

图 9-9　无腰分割型紧身裤零部件样板图

注　门里襟配置参见适身型西裤。

2. 推档公共线设定

前片：烫迹线、上档高线；后片：烫迹线、上档高线；零部件：某一端为公共线。

3. 推档图（图 9-10）

二、应用实例二　低腰紧身型中裤

（一）低腰紧身型中裤款式图（图 9-11）

（二）低腰紧身型中裤样板制作

低腰紧身型中裤主要部件样板如图 9-12 所示。

低腰紧身型中裤零部件样板如图 9-13 所示。

（三）低腰紧身型中裤推档制作

1. 推档规格设定（表 9-5）

表 9-5　推档规格表　　　　　　　　　　　　　　　　　　　单位：cm

部位 \ 号型	155/66A	160/68A	165/70A	规格档差
	S	M	L	
裤长	75	77	79	2
直档	21.6	22	22.4	0.4
腰围	68	70	72	2
臀围	90.4	92	93.6	1.6
中档	21.5	22	22.5	0.5
脚口宽	24.5	25	25.5	0.5
腰头宽	3.5	3.5	3.5	0

2. 推档公共线设定

前片：烫迹线、上档高线；后片：烫迹线、上档高线；零部件：某一端为公共线。

3. 推档图（图 9-14）

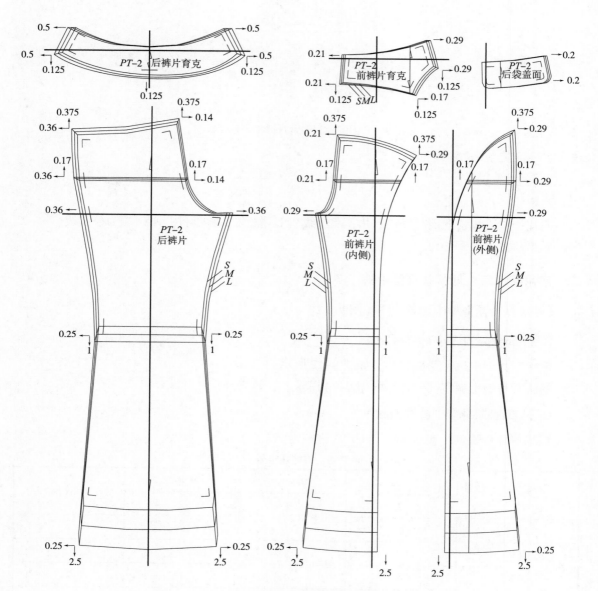

图 9-10　无腰分割型紧身裤推档图

注　前后育克里布与前后育克、袋盖里布与袋盖面推档方法相同，此处略。

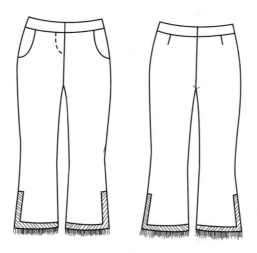

图 9-11　低腰紧身型中裤款式图

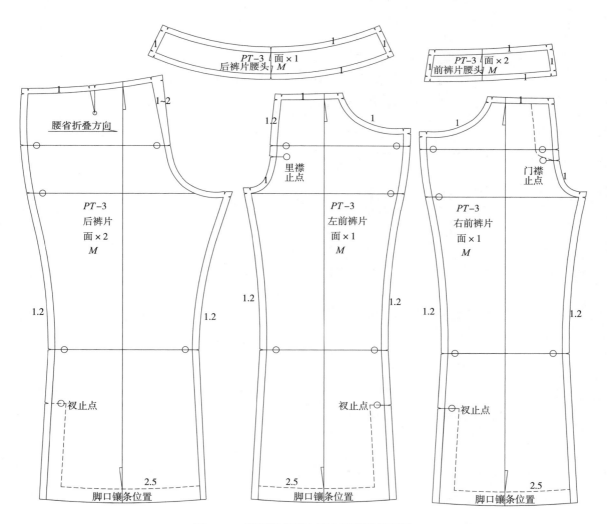

图 9-12　低腰紧身型中裤主要部件样板图

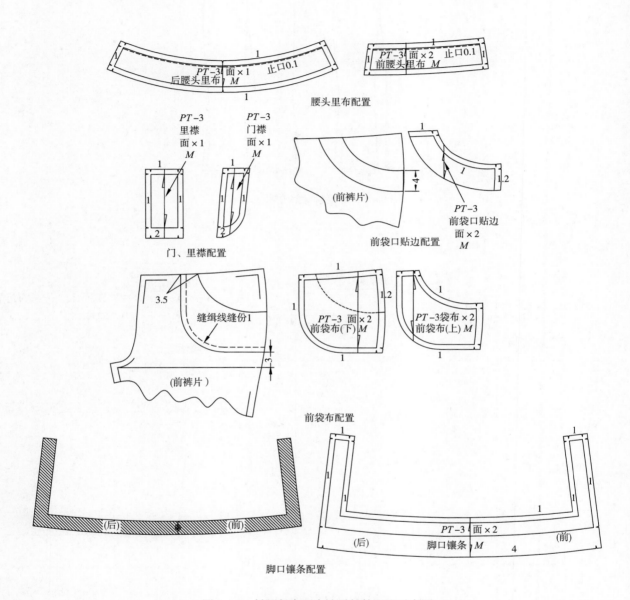

图 9-13　低腰紧身型中裤零部件配置示意图

注　前袋布（下）采用面料配置，袋布与袋垫合为一体。

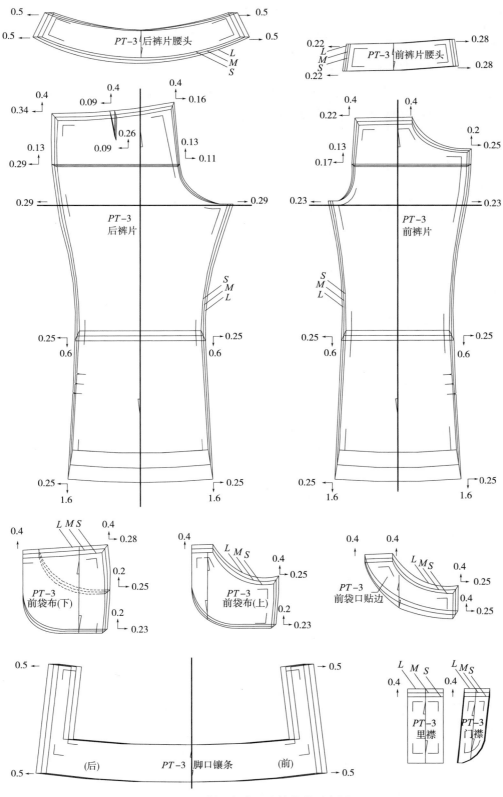

图 9-14 低腰紧身型中裤推档示意图

思考题

1. 按 1∶1 比例制作男西裤推档图。

2. 按 1∶5 比例制作无腰分割型紧身裤推档图，公共线为烫迹线与上裆高线。

3. 按 1∶5 比例制作高腰型松身裤推档图，公共线为烫迹线与上裆高线。

第十章 女装样板制作与推档

第一节 无领女衬衫样板制作与推档

一、无领女衬衫款式图

无领女衬衫款式图如图 10-1 所示。

图 10-1 无领女衬衫款式图

二、无领女衬衫样板制作

无领女衬衫主要部件样板如图 10-2 所示。

无领女衬衫零部件配置示意（图 10-3）。

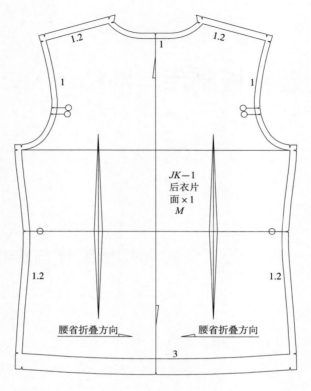

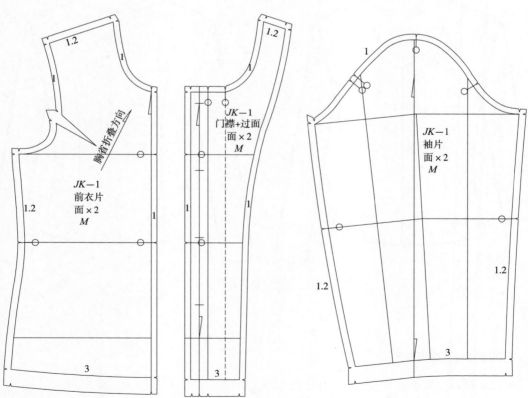

图 10-2　无领女衬衫主要部件样板图

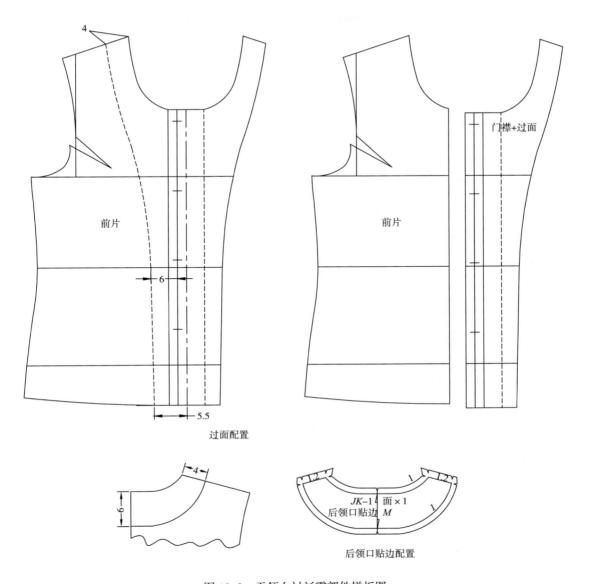

图 10-3　无领女衬衫零部件样板图

三、无领女衬衫推档制作

（一）推档规格设定（表 10-1）

表 10-1　推档规格表　　　　　　　　　　　　单位：cm

部位＼号型	155/80A	160/84A	165/88A	规格档差
	S	M	L	
衣长	64	66	68	2

续表

部位 \ 号型	155/80A S	160/84A M	165/88A L	规格档差
肩宽	39	40	41	1
前后腰节高	39/38.5	40/39.5	41/40.5	1
领围	35.2	36	36.8	0.8
胸围	94	98	102	4
腰围	86	90	94	4
袖长	55.5	57	58.5	1.5
袖口围	26.2	27	27.8	0.8

（二）推档公共线设定

前片：前中线、袖窿深线；后片：后中线、袖窿深线；袖片：袖中线、袖山高线；零部件：某一端为公共线。

（三）规格档差与推档数值处理（表 10-2）

表 10-2　规格档差与推档数值处理表　　　　　单位：cm

部　位	规格档差	比例分配系数	推档数值	部　位	规格档差	比例分配系数	推档数值
衣长	2	—	2	领口宽	0.8	$0.2N$	0.16
肩宽	1	$0.5S$	0.5	领口深	0.8	$0.2N$	0.16
前后腰节高	1		1	袖窿深	4	$0.15B$	0.6
领围	0.8	—	0.8	摆围	4	$0.25B$	1
胸围	4	$0.25B$	1	胸宽	1.2	$0.5S+0.1$	0.6
腰围	4	$0.25B$	1	背宽	1.2	$0.5S+0.1$	0.6
袖长	1.5	—	1.5	袖肥宽	4	$0.15B$	0.6
袖口围	4	$0.2B$	0.8				

注　S=肩宽档差，B=胸围档差，N=领围档差。

（四）推档步骤

1. 推档位移点（图 10-4）

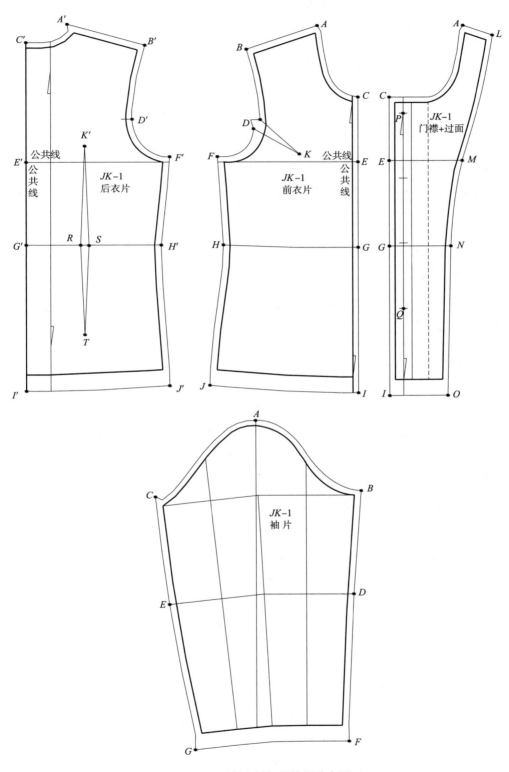

图 10-4　无领女衬衫推档推移点图

2. 推档图（图 10-5）

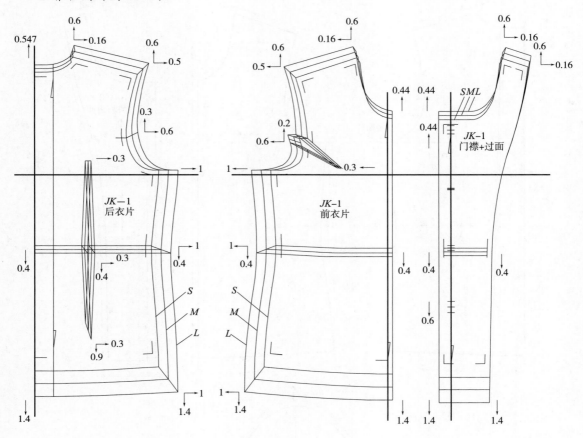

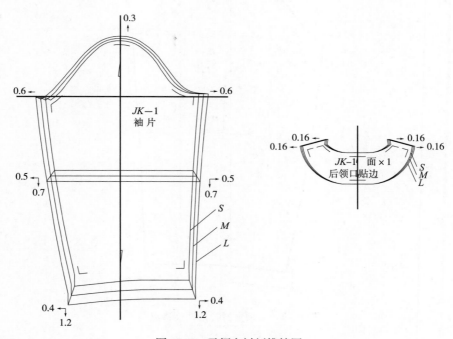

图 10-5　无领女衬衫推档图

第二节　变化型女装样板制作与推档

一、应用实例一　西装领女衬衫

（一）西装领女衬衫款式图（图10-6）

图 10-6　西装领女衬衫款式图

（二）西装领女衬衫样板制作

西装领女衬衫主要部件样板如图 10-7 所示。

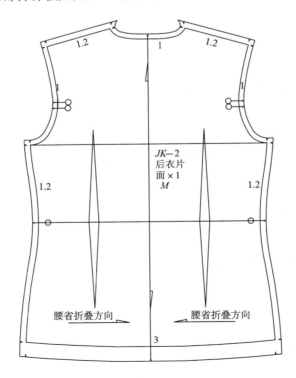

图 10-7

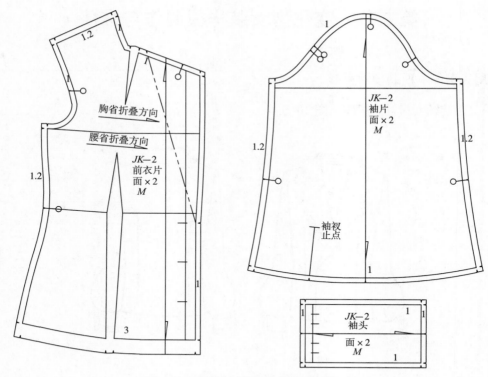

图 10-7　西装领女衬衫主要部件样板图

西装领女衬衫零部件样板如图 10-8 所示。

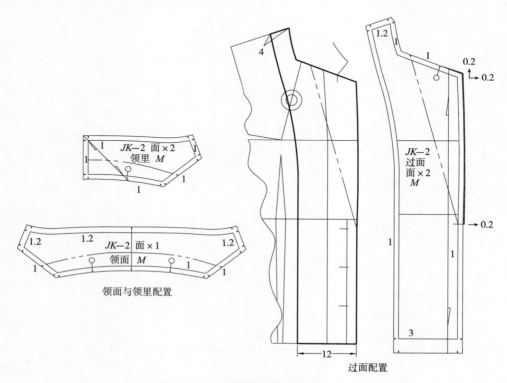

图 10-8　西装领女衬衫零部件样板图

（三）西装领女衬衫推档制作

1. 推档规格设定（表 10-3）

表 10-3　推档规格表　　　　　　　　　　　　单位：cm

部位 \ 号型	155/81A	160/84A	165/87A	规格档差
	S	M	L	
衣长	62	64	66	2
肩宽	39.2	40	40.8	0.8
前后腰节高	39/38	40/39	41/40	1
领围	35.4	36	36.6	0.6
胸围	91	94	97	3
腰围	75	78	81	3
袖长	56.5	58	59.5	1.5
袖口围	20.4	21	21.6	0.6

2. 推档公共线设定

前片：前中线、袖窿深线；后片：后中线、袖窿深线；袖片：袖中线、袖山高线；零部件：某一端为公共线。

3. 推档图（图 10-9）

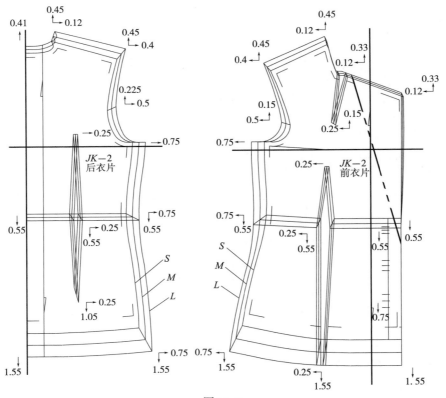

图 10-9

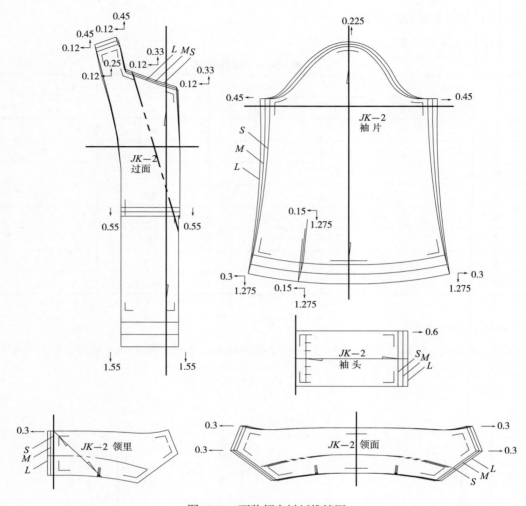

图 10-9　西装领女衬衫推档图

二、应用实例二　方领女上衣

（一）方领女上衣款式图（图 10-10）

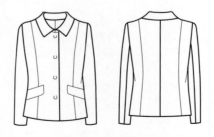

图 10-10　方领女上衣款式图

（二）方领女上衣样板制作

方领女上衣主要部件样板如图 10-11 所示。

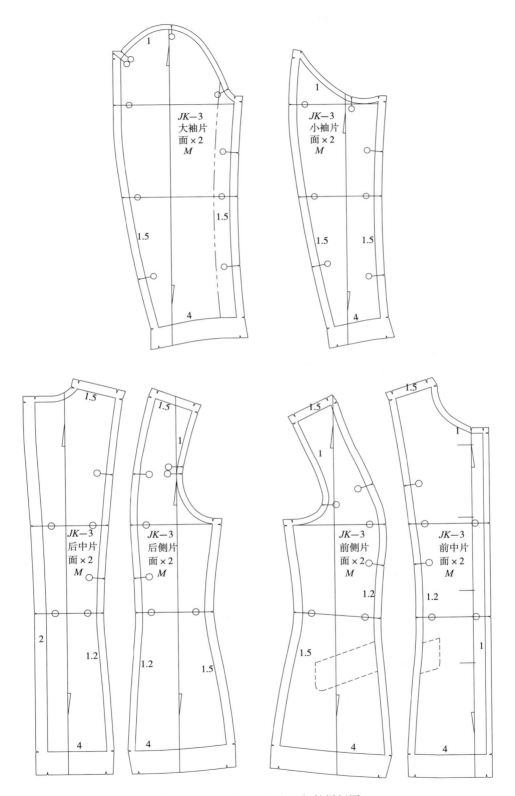

图 10-11　方领女上衣主要部件样板图

方领女上衣零部件样板如图10-12所示。

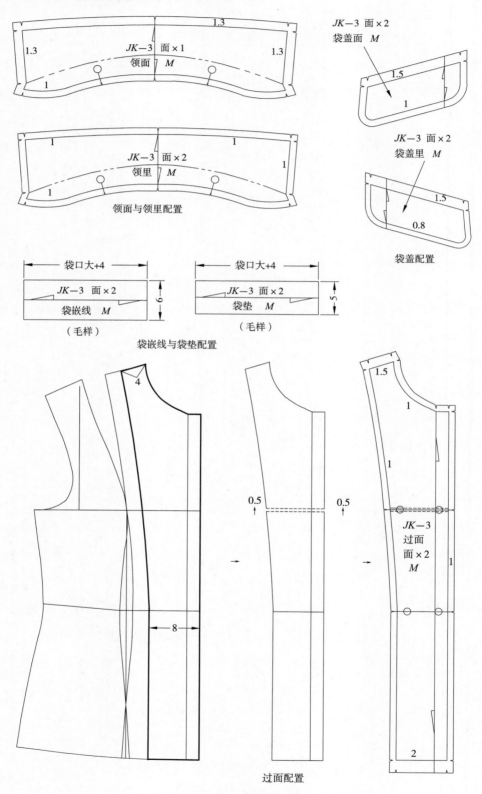

图10-12　方领女上衣零部件样板图

（三）方领女上衣推档制作

1. 推档规格设定（表 10-4）

表 10-4　推档规格表　　　　　　　　　　　　单位：cm

号型 部位	155/81A	160/84A	165/87A	规格档差
	S	M	L	
衣长	62	64	66	2
肩宽	39.2	40	40.8	0.8
前后腰节高	39/38	40/39	41/40	1
领围	35.4	36	36.6	0.6
胸围	93	96	99	3
腰围	77	80	83	3
袖长	55.5	57	58.5	1.5
袖口围	25.4	26	26.6	0.6

2. 推档公共线设定

前片：分割线、袖窿深线；后片：分割线、袖窿深线；袖片：袖中线、袖山高线；零部件：某一端为公共线。

3. 推档图（图 10-13）

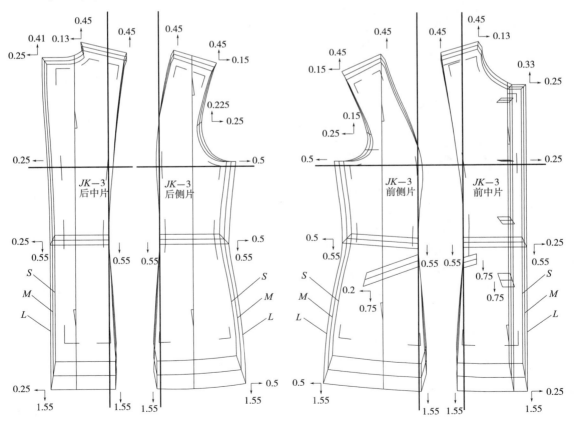

图 10-13

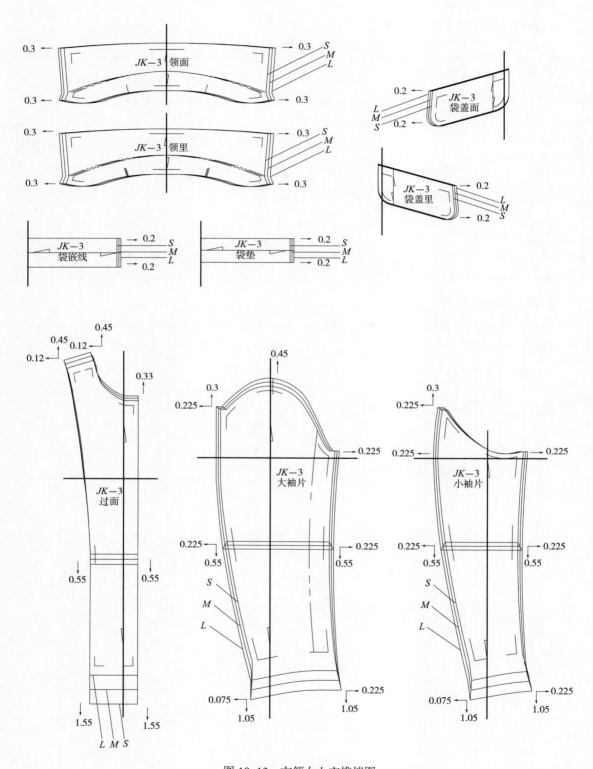

图 10-13　方领女上衣推档图

三、应用实例三　青果领女上衣

（一）款式图（图 10-14）

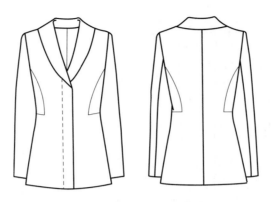

图 10-14　青果领女上衣款式图

（二）青果领女上衣样板制作

青果领女上衣主要部件样板如图 10-15 所示。

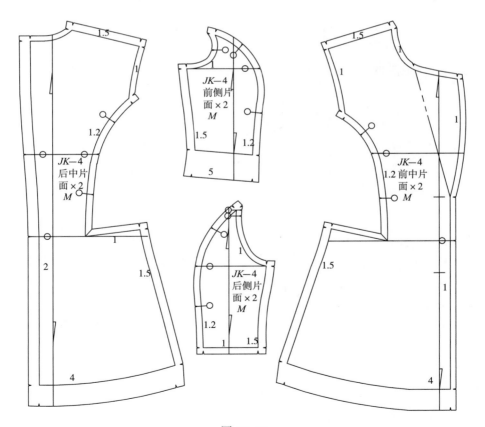

图 10-15

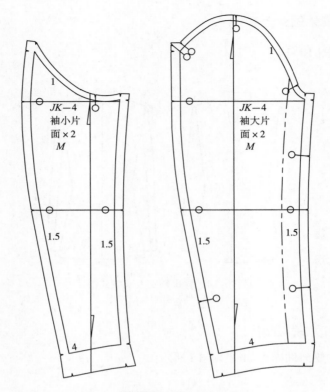

图 10-15　青果领女上衣主要部件样板图

青果领女上衣零部件样板如图 10-16 所示。

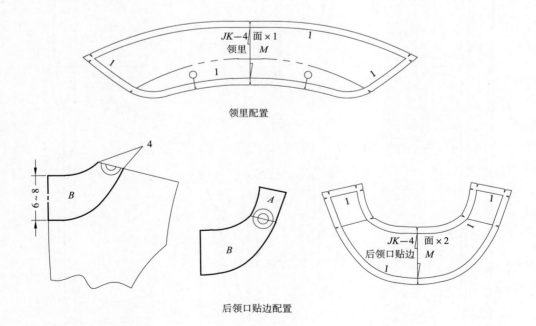

领里配置

后领口贴边配置

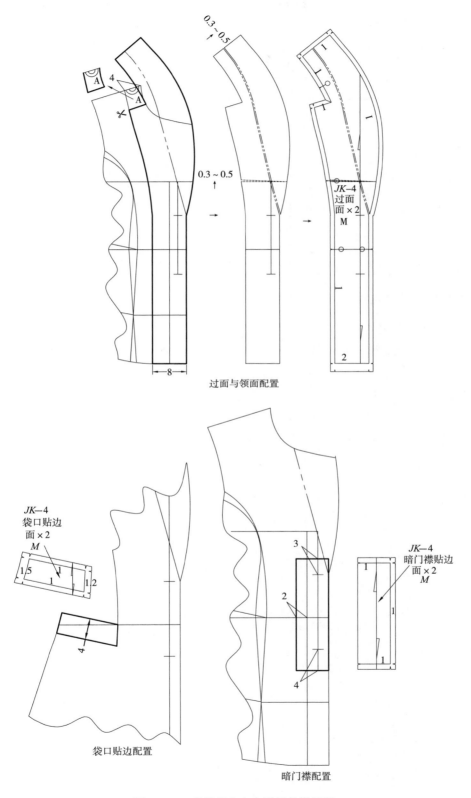

图 10-16 青果领女上衣零部件样板图

（三）青果领女上衣推档制作

1. 推档规格设定（表10-5）

表10-5　推档规格表　　　　　　　　　单位：cm

部位 ＼ 号型	155/80A	160/84A	165/88A	规格档差
	S	M	L	
衣长	66	68	70	2
肩宽	39	40	41	1
前后腰节高	39/38	40/39	41/40	1
领围	35.2	36	36.8	0.8
胸围	90	94	98	4
腰围	74	78	82	3
袖长	55.5	57	58.5	1.5
袖口围	23.2	24	24.8	0.8

2. 推档公共线设定

前片：分割线、袖窿深线；后片：分割线、袖窿深线；袖片：前袖侧线、袖山高线；零部件：某一端为公共线。

3. 推档图（图10-17）

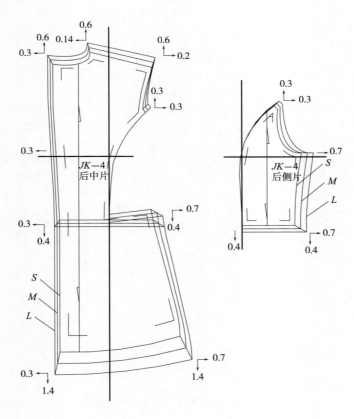

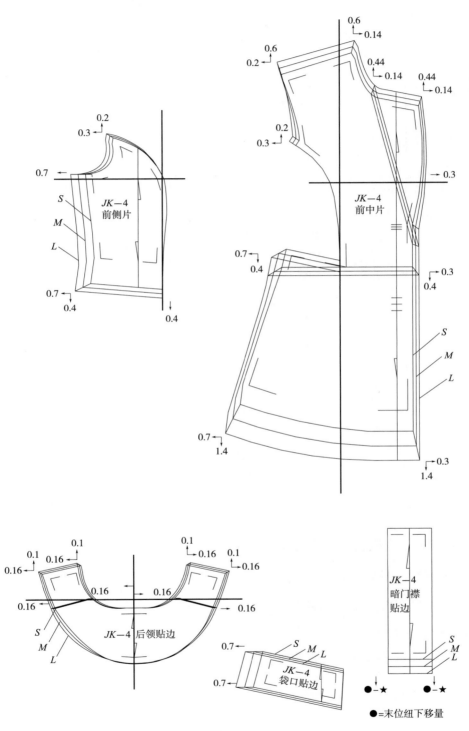

图 10-17

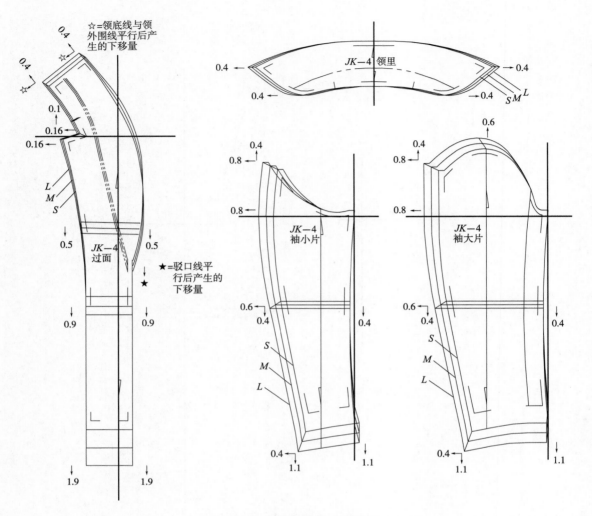

图 10-17　青果领女上衣推档图

四、应用实例四　立驳领插肩袖大衣

（一）款式图（图 10-18）

（二）立驳领插肩袖大衣样板制作

立驳领插肩袖大衣主要部件样板如图 10-19 所示。

立驳领插肩袖大衣零部件样板如图 10-20 所示。

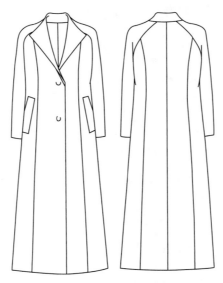

图 10-18　立驳领插肩袖大衣款式图

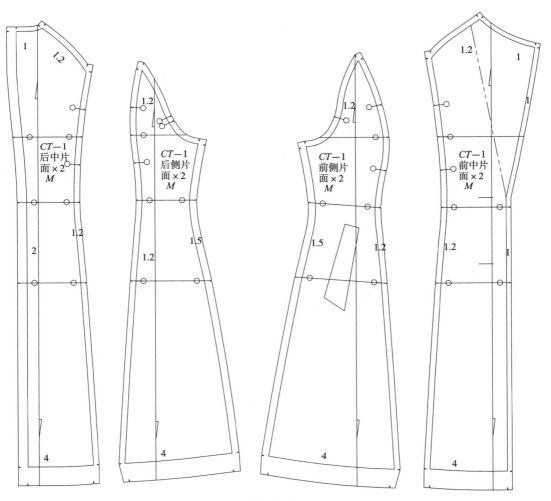

图 10-19

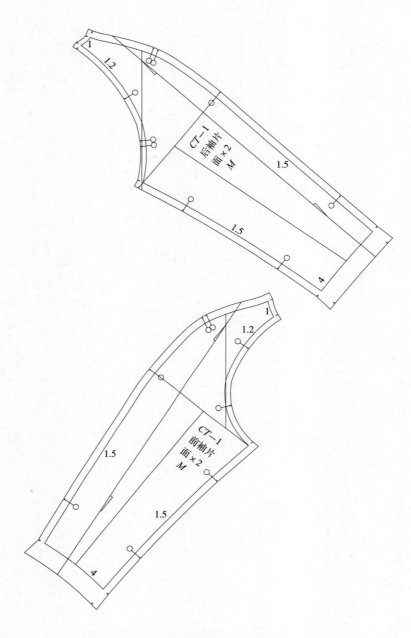

图 10-19　立驳领插肩袖大衣主要部件样板图

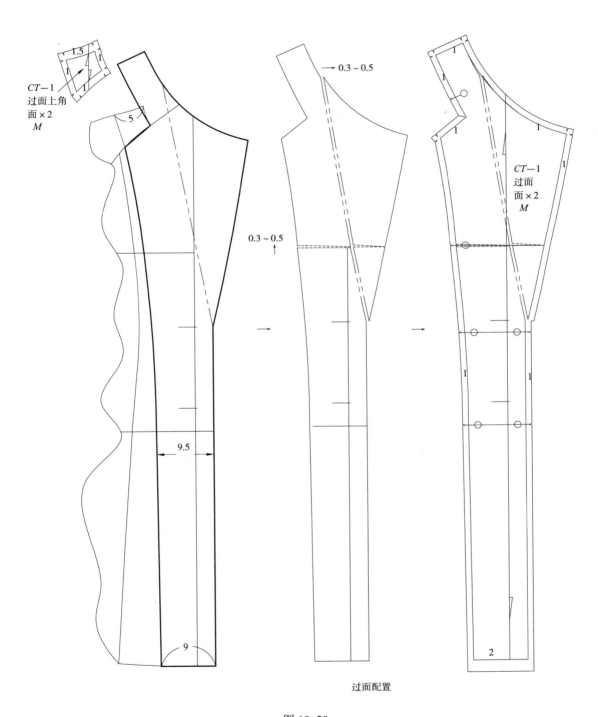

CT−1
过面上角
面×2
M

CT−1
过面
面×2
M

过面配置

图 10−20

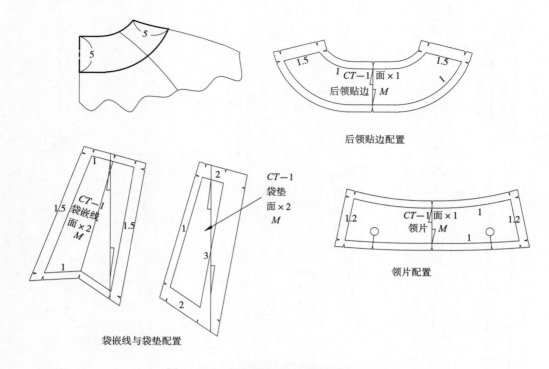

图 10-20　立驳领插肩袖大衣零部件样板图

（三）推档制作

1. 推档规格设定（表 10-6）

表 10-6　推档规格表

单位：cm

号型 部位	155/81A S	160/84A M	165/87A L	规格档差
衣长	93	96	99	3
肩宽	38.8	40	41.2	1.2
前后腰节高	39/38	40/39	41/40	1
领围	37	38	39	1
胸围	100	104	108	4
腰围	88	92	96	4
袖长	56.5	58	59.5	1.5
袖口围	31.2	32	32.8	0.8

2. 推档公共线设定

前片：分割线、袖窿深线；后片：分割线、袖窿深线；袖片：袖侧线、袖山高线；零部件：某一端为公共线。

3. 推档图（图 10-21）

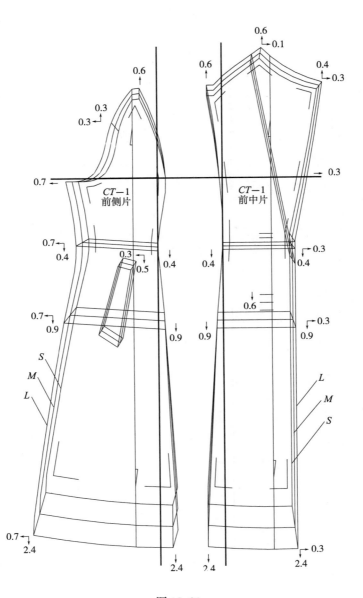

图 10-21

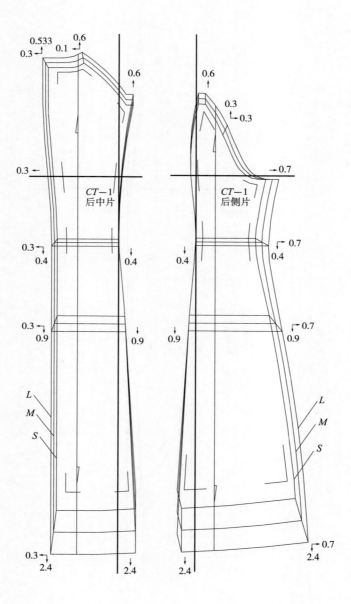

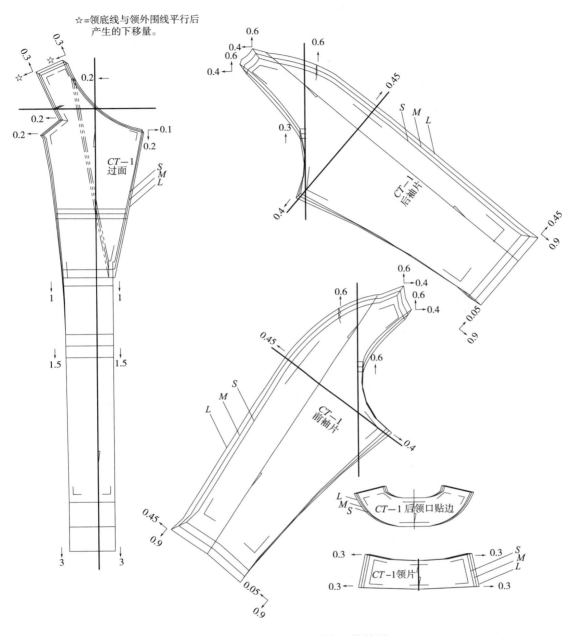

图 10-21 立驳领插肩袖大衣推档图

思考题

1. 按 1:1 比例制作无领女衬衫推档图。

2. 按 1:5 比例制作西装领女衬衫推档图，公共线为前（后）中线与上平线。

3. 按 1:5 比例制作青果领女上衣推档图，公共线为前（后）中线与袖窿深线。

第十一章　男装样板制作与推档

第一节　男西装样板制作与推档

一、男西装款式图

男西装款式图如图 11-1 所示。

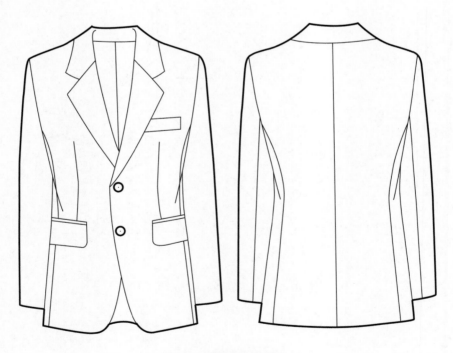

图 11-1　男西装款式图

二、男西装样板制作

（一）男西装主要部件样板（图 11-2）

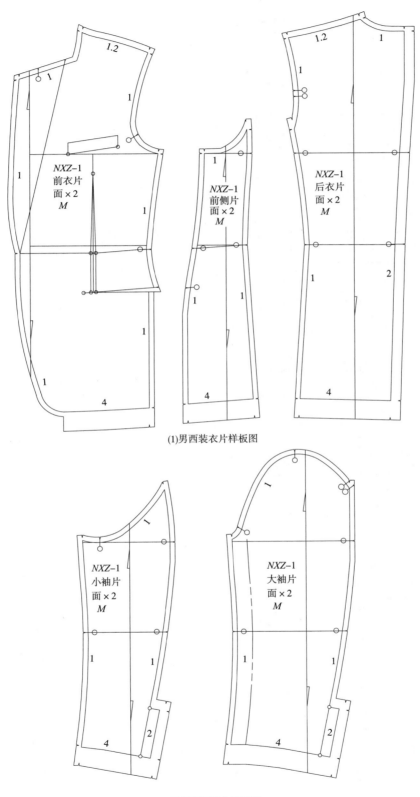

(1)男西装衣片样板图

(2)男西装袖片样板图

图 11-2

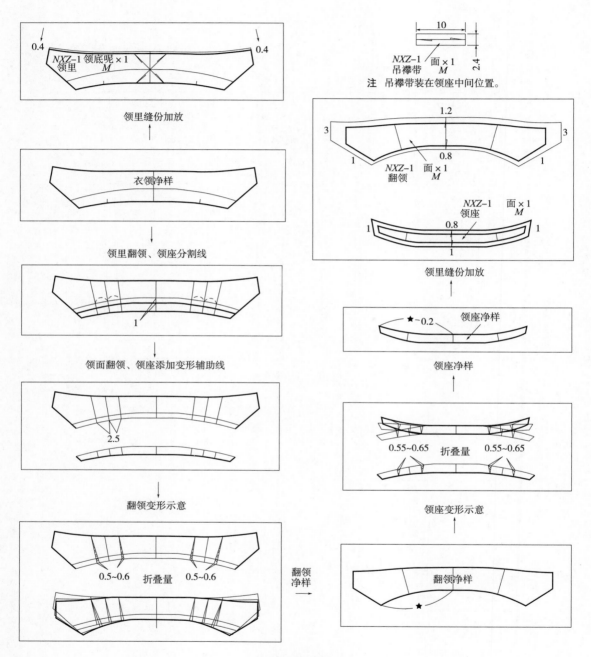

(3)男西装领片样板图

图 11-2　男西装主要部件样板图

（二）男西装零部件样板（图11-3）。

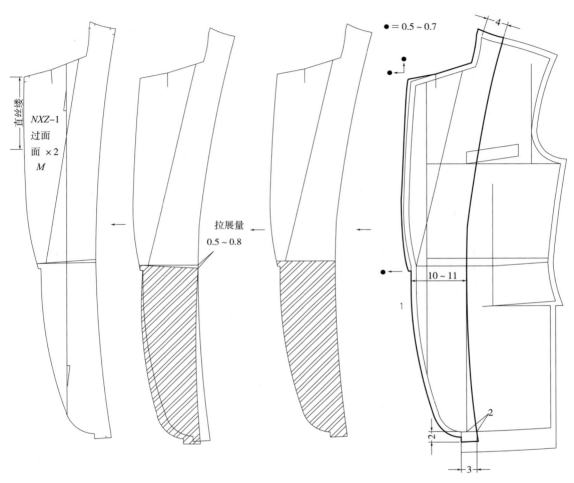

(1)男西装过面样板图

图 11-3

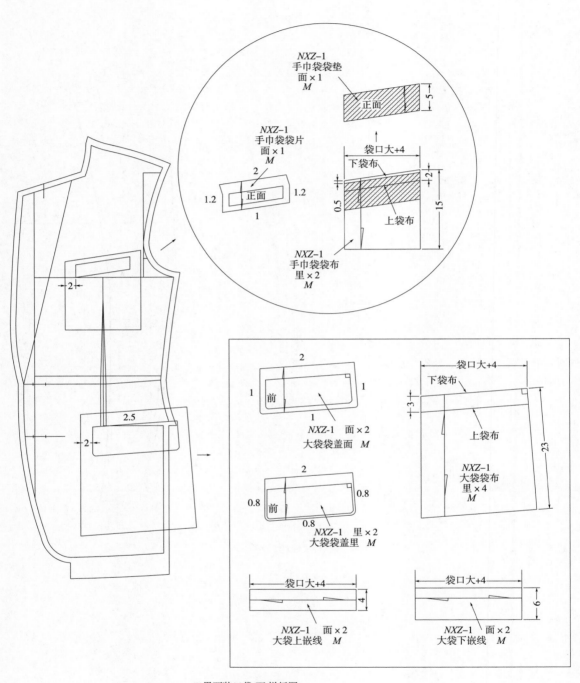

NXZ–1
手巾袋袋垫
面×1
M

正面

5

NXZ–1
手巾袋袋片
面×1
M

2

正面

1.2   1.2

1

袋口大+4

下袋布

0.5

上袋布

2

15

NXZ–1
手巾袋袋布
里×2
M

2

前

1   1

1

NXZ-1　面×2
大袋袋盖面　*M*

袋口大+4

下袋布

3

上袋布

23

NXZ–1
大袋袋布
里×4
M

2

前

0.8   0.8

0.8

NXZ–1　里×2
大袋袋盖里　*M*

袋口大+4

4

NXZ–1　面×2
大袋上嵌线　*M*

袋口大+4

6

NXZ–1　面×2
大袋下嵌线　*M*

2

2.5

2

(2)男西装口袋(面)样板图

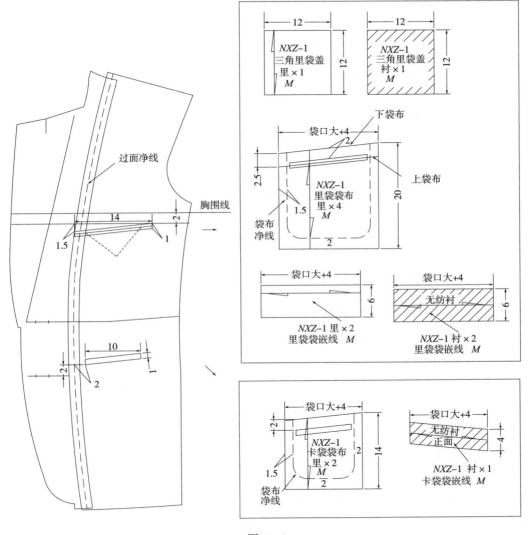

图 11-3

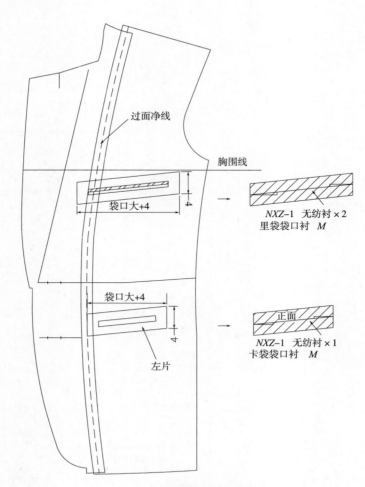

(3)男西装口袋(里)样板图

图 11-3　男西装零部件样板图

三、男西装推档制作

（一）推档规格设定（表 11-1）

表 11-1　推档规格表　　　　　　　　　　　　　　　　单位：cm

部位 \ 号型	165/85A S	170/88A M	175/91A L	规格档差
衣长	73	75	77	2
肩宽	44.8	46	47.2	1
背长	41.5	42.5	43.5	1
领围	39	40	41	1
胸围	105	108	111	3
袖长	56.5	58	59.5	1.5
袖口围	26.4	27	27.6	0.6

（二）推档公共线设定

前片：前中线、袖窿深线；后片：后中线、袖窿深线；袖片：前袖侧线、袖山高线；零部件：某一端为公共线。

（三）规格档差与推档数值处理（表11-2）

表11-2 规格档差与推档数值处理表 单位：cm

部 位	规格档差	比例分配系数	推档数值
衣长	2	—	2
肩宽	1	0.5 肩宽档差	0.5
前后腰节高	1	—	1
领围	1	—	1
胸围	3	1/3 胸围档差	1
袖长	1.5	—	1.5
袖口围	0.6	0.2 胸围档差	0.6
领圈宽	1	0.2 领围档差	0.2
领圈深	1	0.2 领围档差	0.2
袖窿深	3	0.15 胸围档差	0.45
摆围	3	0.25 胸围档差	0.75
胸宽	1	0.5 肩宽档差	0.5
背宽	1	0.5 肩宽档差	0.5
袖窿宽	3	0.5 胸围档差—（胸、背宽档差）	0.5
袖肥宽	3	0.15 胸围档差	0.45

（四）男西装推档步骤

1. 男西装推档推移点（图11-4）

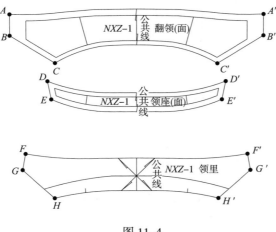

图 11-4

图 11-4　男西装推档推移点图

2. 男西装推档图（图 11-5）

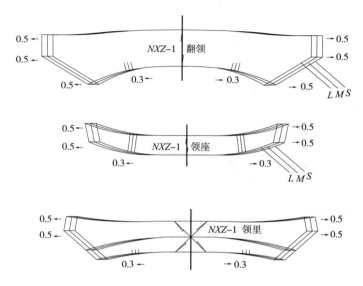

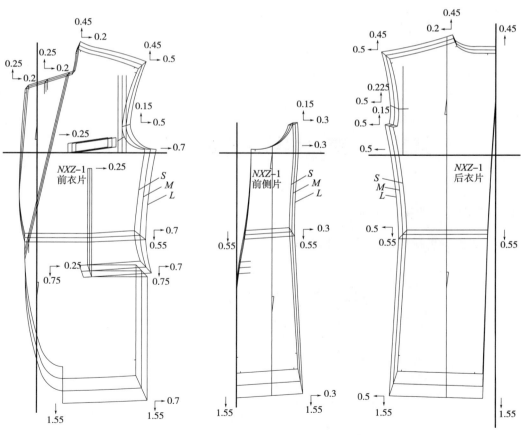

图 11-5

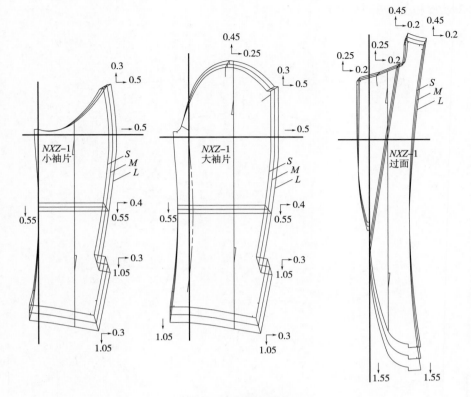

图 11-5　男西装推档图

第二节　变化型男装样板制作与推档

一、应用实例一　立翻领男衬衫

（一）立翻领男衬衫款式图（图 11-6）

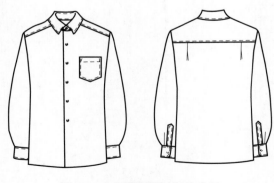

图 11-6　立翻领男衬衫款式图

（二）立翻领男衬衫样板制作

立翻领男衬衫主要部件样板如图 11-7 所示。

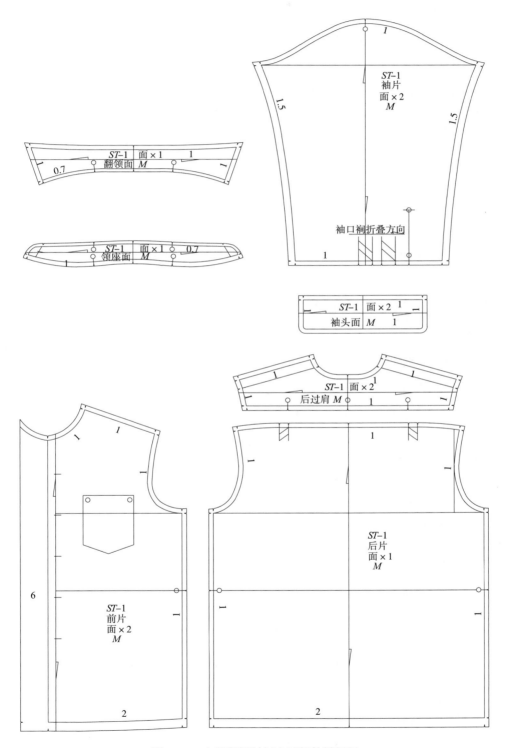

图 11-7　立翻领男衬衫主要部件样板图

立翻领男衬衫零部件样板如图 11-8 所示。

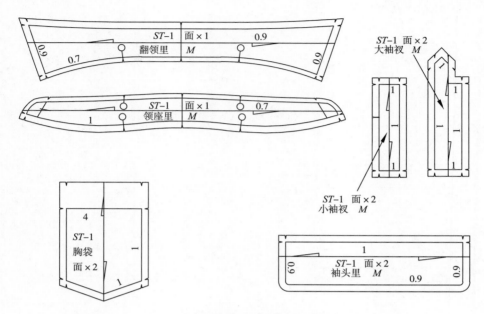

图 11-8　立翻领男衬衫零部件样板图

（三）立翻领男衬衫推档制作

1. 推档规格设定（表 11-3）

表 11-3　推档规格表　　　　　　　　　　　　　　　　单位：cm

部位 \ 号型	165/84A S	170/88A M	175/92A L	规格档差
衣长	70	72	74	2
肩宽	44.8	46	47.2	1.2
背长	41.5	42.5	43.5	1
领围	38	39	40	1
胸围	106	110	114	4
袖长	58.5	60	61.5	1.5
袖口围	25.2	26	26.8	0.8

2. 推档公共线设定

前片：前中线、上平线；后片：后中线、上平线；袖片：袖中线、上平线；零部件：某一端为公共线。

3. 推档图（图 11-9）

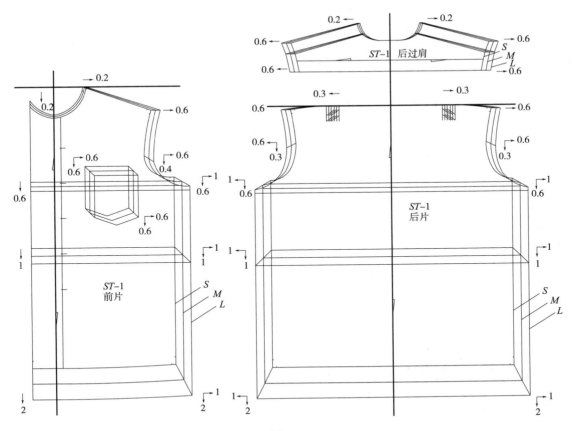

图 11-9

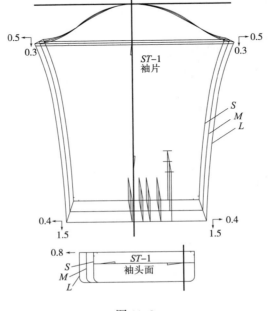

图 11-9

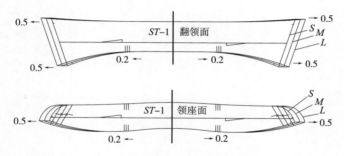

图 11-9　立翻领男衬衫推档示意图

二、应用实例二　方领夹克衫

（一）方领夹克衫款式图（图 11-10）

图 11-10　方领夹克衫款式图

（二）方领夹克衫样板制作

方领夹克衫主要部件样板如图 11-11 所示。

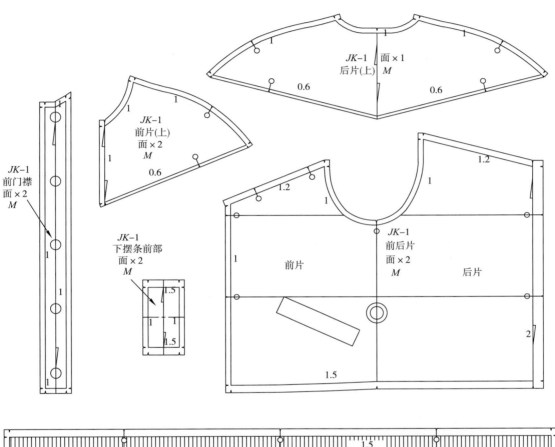

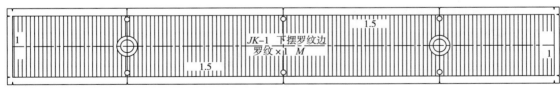

图 11-11

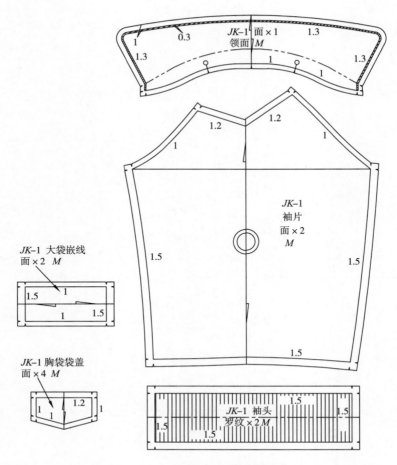

图 11-11 方领夹克衫主要部件样板图

方领夹克衫零部件样板如图 11-12 所示。

（三）方领夹克衫推档制作

1. 推档规格设定（表 11-4）

表 11-4 推档规格表　　　　　　　　　　　　单位：cm

部位＼号型	165/84A	170/88A	175/92A	规格档差
	S	M	L	
衣长	64	66	68	2
肩宽	44.8	46	47.2	1.2
背长	41.5	42.5	43.5	1
领围	39	40	41	1
胸围	116	120	124	4
袖长	60.5	62	63.5	1.5
袖口围	25.2	26	26.8	0.8

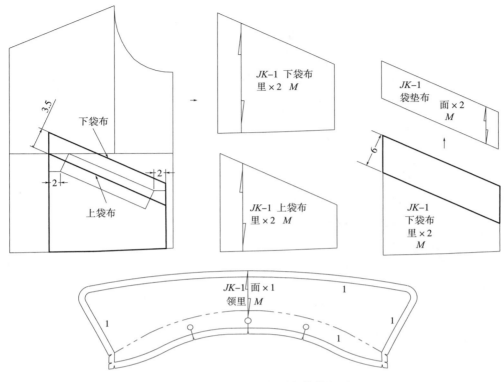

图 11-12　方领夹克衫零部件样板图

2. 推档公共线设定

前片：侧缝线、袖窿深线；前片（上）：前中线、上平线；后片：侧缝线、袖窿深线；后片（上）：后中线、袖窿深线；袖片：袖中线、袖山高线；零部件：某一端为公共线。

3. 推档图（图 11-13）

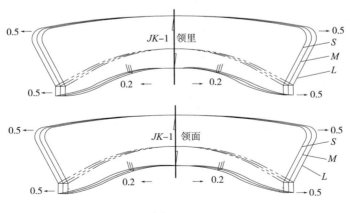

图 11-13

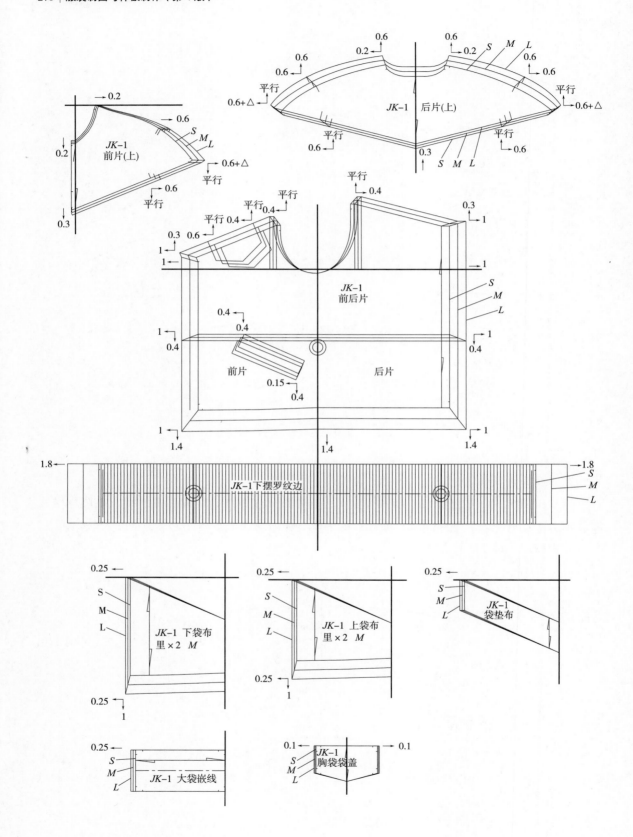

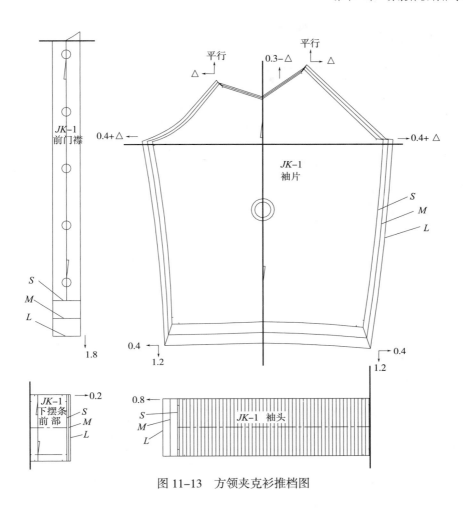

图 11-13 方领夹克衫推档图

三、应用实例三 翻领男大衣

(一)翻领男大衣款式图(图 11-14)

图 11-14 翻领男大衣款式图

（二）翻领男大衣样板制作

翻领男大衣主要部件样板如图 11–15 所示。

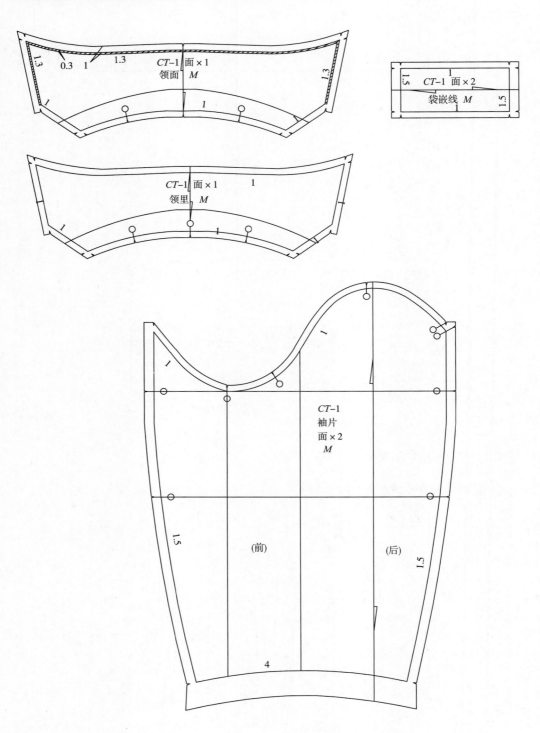

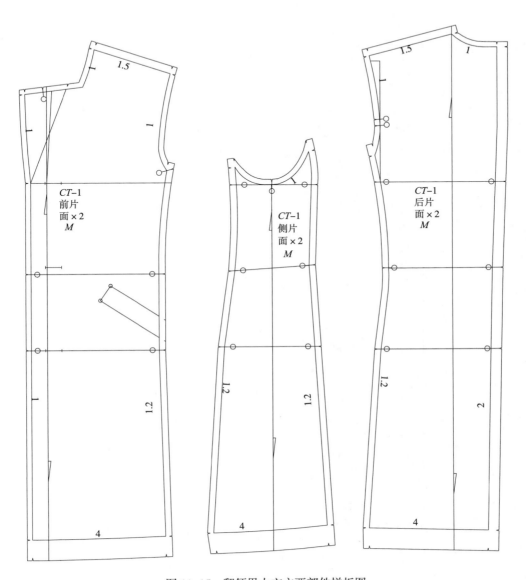

图 11-15 翻领男大衣主要部件样板图

翻领男大衣零部件样板如图 11-16 所示。

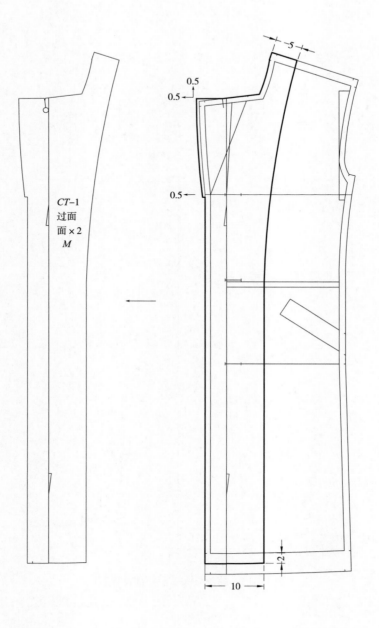

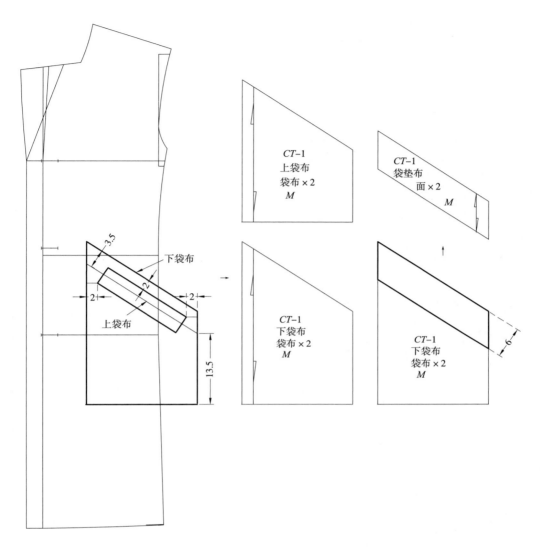

图 11-16 翻领男大衣零部件样板图

（三）翻领男大衣推档制作

1. 推档规格设定（表 11-5）

表 11-5 推档规格表 单位：cm

部位 ＼ 号型	165/85A	170/88A	175/91A	规格档差
	S	M	L	
衣长	92	95	98	3
肩宽	47	48	49	1
背长	42	43	44	1
领围	39	40	41	1

号型 部位	165/85A	170/88A	175/91A	规格档差
	S	M	L	
胸围	113	116	119	3
袖长	60.5	62	63.5	1.5
袖口围	31.2	32	32.8	0.8

2. 推档公共线设定

前片：前中线、袖窿深线；后片：后中线、袖窿深线；袖片：袖中线、袖山高线；零部件：某一端为公共线。

3. 推档图（图11-17）

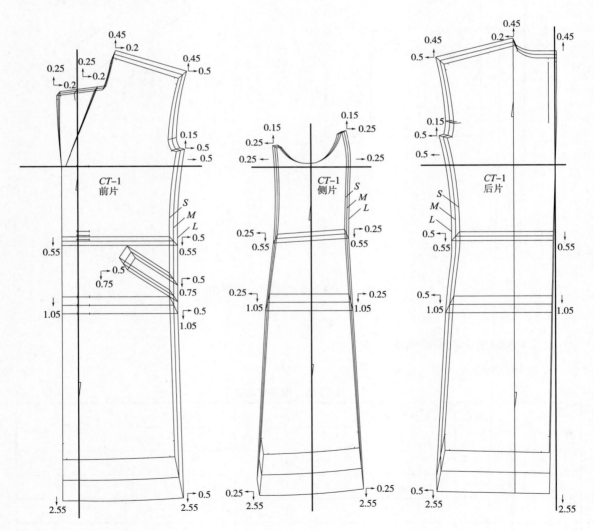

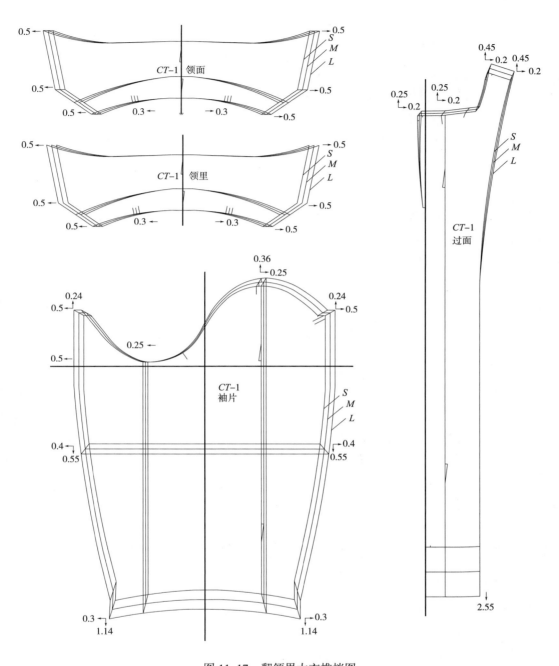

图 11-17　翻领男大衣推档图

思考题

1. 按 1：1 比例制作男西装推档图。

2. 按 1：5 比例制作方领夹克衫推档图，公共线为前（后）中线与上平线。

3. 按 1：5 比例制作立翻领男衬衫推档图，公共线为前（后）中线与袖窿深线。

第十二章　服装成品剥样

　　服装成品剥样是服装制图的一种特殊形式。服装成品剥样的"剥"是将服装实物样品还原为服装平面结构图,具有复制的含意;"样"就是服装实物样品。服装成品剥样是指以服装实物样品为依据,再现其原有服装平面结构图的操作过程。

第一节　服装成品剥样概述

一、服装成品剥样的特点

　　服装成品剥样是服装制图的特殊形式,服装成品剥样与服装制图的一般形式既有区别又有联系。服装制图的一般形式是根据人体体型、服装规格、服装款式、面料特性和工艺要求,运用服装制图的方法,在纸上作出服装平面结构图。服装成品剥样是根据服装成品,即服装实物样品,复制出服装平面结构图。它们的区别在于制图的形式依据不同,它们的联系在于其最终结果都是服装平面结构图。服装成品剥样的依据是服装实物样品,因此服装制图一般形式的依据都能在服装实物样品中体现,在服装成品剥样中,应准确地体现服装实物样品的原貌,因而再现原有服装平面结构图的制图方法宜采用实际测量制图方法。

二、服装成品剥样的应用

　　服装单件定制:以顾客提供样衣作为定制服装的依据,可以完全参照(如规格、款式、面料等全部与样衣一致),也可以部分参照(如借鉴款式,改变规格、面料或借鉴规格,改变款式、面料等),还可以是某部分参照,如借鉴款式的局部(衣领等),改变其他部分,或借鉴规格的局部(如胸围等),改变其他部分。

　　服装成衣化生产:以客户提供样衣作为加工服装的依据,参照形式与服装单件定制相同。

　　服装结构研究:服装成品剥样有时也可作为研究外来服装的造型、结构的有效方法和手段。

三、服装成品剥样的方法

　　服装成品剥样的方法大致有实测剥样法、解剖剥样法、局部剥样法等,根据不同的要求,采用不同的剥样方法。

（一）实测剥样法

实测剥样法是对剥样对象的规格完全复制。实测剥样法要求对剥样对象作全面、细致地观察分析，尤其是服装造型款式的理解、服装规格的实际测量方面。

1. 服装造型款式的理解

（1）整体造型轮廓的理解：是指对剥样对象的具体造型轮廓的判断，如服装的整体造型轮廓是 A 型、X 型、还是 H 型等；裤脚口是锥型、直筒型还是喇叭型等。

（2）服装款式内部结构线条的理解：是指对剥样对象具体内部线条的构成观察，如衣片的收省部位、数量、形状；衣片分割线的走向等；部件的款式构成，如衣袖的袖口、袖身、袖山；衣领的领角长短、领座与翻领的宽窄等；附件的安放位置，如口袋、襻、带、纽扣、波浪、花边等，里料与衬料的配置。

（3）衣料质地与结构特征的理解：是指对剥样对象的衣料质地的观察，如硬挺度、厚薄感、疏密感等；衣料结构特征的理解是指有无倒顺毛、倒顺花，有无对条格以及对面料纹样的特殊要求等。

（4）工艺方法的理解：是指对剥样对象的工艺方法的构成观察，如服装的缝纫组合状态，缝型的组合、缝份、贴边的加放量等；服装的缝纫组合中专用工具和设备的使用部位等。

2. 服装实物样品的实际测量

（1）服装实物样品衣料的经纬丝缕确认：由于服装实物样品具有立体性，衣料则具有可塑性，因而服装完成后，其经纬丝缕会出现不稳定状态。在正式剥样前，应对剥样对象衣料的经纬丝缕作出正确的判断。

（2）服装实物样品主要部位规格的实际测量：主要部位规格有上装的衣长（后中衣长）、胸围、肩宽、领围、腰围、袖长；裤装的裤长（前中裤长）、直裆高、腰围、臀围、脚口围；裙装的裙长（前中裙长）、臀高（前中臀高），腰围、臀围、摆围。主要部位规格的测量关系到服装整体效果的体现，应精确、到位。测量时，可采用平面测量和立体测量两种方法。平面测量应用于宽松型服装和合体型服装的某些部位；立体测量就是将服装穿在人体模型上测量的方法，多用于立体感较强的合体型服装的测量，如女装衣长的测量在合体型服装中测量时采用平面

图 12-1　女衬衫款式图

测量的方法难以准确地把握，而采用立体测量的方法就能准确地测量出服装的衣长。图 12-1 为女衬衫款式图，图 12-2 为女衬衫主要部位规格的测量。

（3）服装实物样品非主要部位规格的实际测量：非主要部位规格在服装制图的一般形式中，是采用以主要部位规格推导的方法构成，具有一定的主观性；非主要部位规格在服装制图的特殊情况下，即服装成品剥样，因为服装实物样品已经存在，而剥样的要求是复制样品，因而具有一定的客观性。因此，在服装成品剥样中，非主要部位是必要的测量部位。上

装的非主要部位有：前衣长、前中衣长、后衣长、前袖窿深、后袖窿深、侧缝长、前领弧线长、后领弧线长、小肩宽、前胸宽、后背宽、前胸围、后胸围、前腰围、后腰围、前摆围、后摆围、衣领的领座宽、翻领宽、前领角长、领外围线长、衣袖的袖下长、前（后）袖侧缝长、袖肥宽、袖山高、袖口宽以及因款式的变化而出现的非主要部位。裤装的非主要部位有：裤侧缝长、裤下裆缝长、侧直裆高、前中裆高、后中裆高、前腰围、后腰围、前臀围、后臀围、前横裆宽、后横裆宽、前中裆宽、后中裆宽、前脚口宽、后脚口宽以及因款式变化而出现的非主要部位。裙装的非主要部位有：裙侧长、后中裙长、裙侧臀高、后中臀高、前臀围、后臀围、前摆围、后摆围以及因款式变化而出现的非主要部位规格。非主要部位规格的测量方法与主要部位规格的测量方法相同。图 12-3 为女衬衫非主要部位的测量。

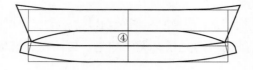

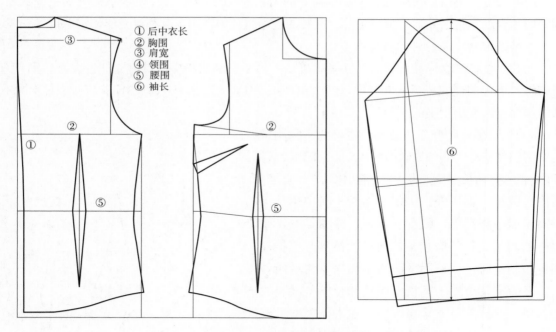

① 后中衣长
② 胸围
③ 肩宽
④ 领围
⑤ 腰围
⑥ 袖长

图 12-2　女衬衫主要部位规格测量图

（4）服装实物样品规格的宏观控制：服装实物样品规格对主要部位与非主要部位的实际测量是服装实物样品规格的微观控制。服装实物样品规格的宏观控制是指微观控制的实际测量完成后，对服装实物样品上的一些难以测量准确的部位，如前后领口宽（横开领）、前后领口深（直开领）、前后袖窿宽、前后窿门宽、前后肩斜、前后冲肩量等应根据微观测量的数据加以调控（图 12-4、图 12-5），如通过前衣长减去前中衣长可间接取得前直开领的数据；通过肩宽减去小肩宽可间接取得横开领的数据等。对服装实物样品上线条的位置、斜度、曲率等应根据服装制图的一般规律加以调控。对服装实物样品衣料的收缩率，应根据衣料的特性加以调控。对服装实物样品不合理之处，切忌盲目照搬，应根据正确的制图方法加以调控。

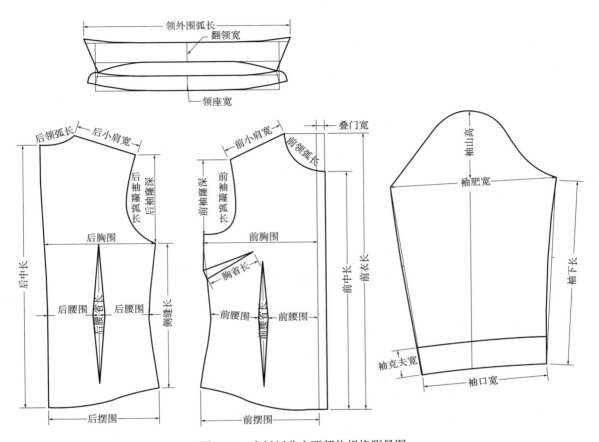

图 12-3　女衬衫非主要部位规格测量图

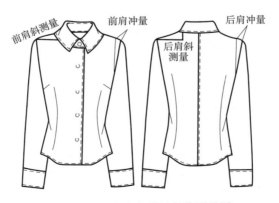

图 12-4　服装实物样品部位测量图

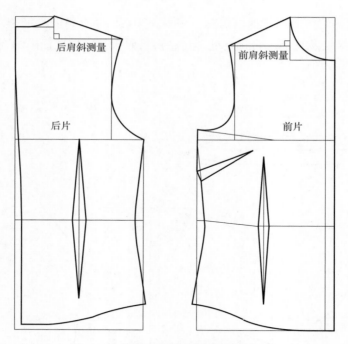

图 12-5 服装实物样品部位测量方法图

（二）解剖剥样法

解剖剥样法是对剥样对象进行分解，将分解的服装复原为服装裁片。解剖剥样法一般应用于款式较为复杂的服装剥样，一般用于外来服装结构的研究等。解剖剥样法与实测剥样法相比，省略了服装平面图中结构关系的处理，直接按分解的裁片描样即可。解剖剥样法以图 12-6 所示的女裙款式为例，具体操作方法如图 12-7 所示。

图 12-6 女裙款式图

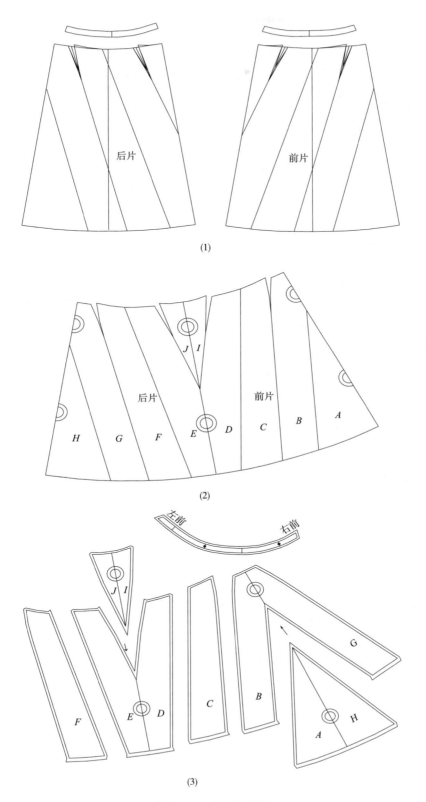

(1)

(2)

(3)

图 12-7 女裙样板图

解剖剥样法的具体操作：

（1）将服装实物样品的所有缝线拆除，还原裁片。

（2）熨烫裁片的各条折缝，经纬丝缕归正。

（3）将平整的裁片复制到样板纸上。复制时，先描裁片的外轮廓线，然后按服装实物样品确定净缝线及必要的辅助线。

（4）校验裁片的相关组合部位。

解剖剥样法要求对服装的裁片丝缕一定要归正，特别是服装的弧形线部位，如领口、袖窿、袖山弧线等，否则极易造成服装裁片走样。此外，复制时，对称的裁片只需复制一半即可。

（三）局部剥样法

局部剥样法是指对剥样对象的局部复制。服装成品剥样制作中，除了服装全部复制以外，还存在局部复制的方法，如客户提供两件或两件以上的服装实物样品，要求将 A 样品与 B 样品组合成为一个新的款式；或者客户要求对产品的局部进行改换，如衣领、衣袖等。在局部复制中，最为常见的是服装的衣领、衣袖、衣身或衣袋等的复制。下面以图 12-8 所示女上衣衣领剥样为例，介绍局部剥样的操作方法（图 12-9）。

图 12-8　女上衣款式图

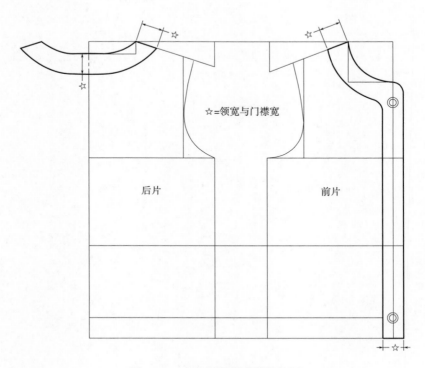

☆＝领宽与门襟宽

后片　　　前片

图 12-9　女上衣局部剥样方法图

局部剥样法的具体操作：

（1）根据款式规格要求，按结构比例公式，画出与衣领剥样的相关结构部位。

（2）将样衣的领肩点对准结构图上的领肩点，由样衣驳点确定结构图的驳口外点和驳口线，划出领圈结构。

（3）将衣领放平，在纸样上复制出领结构线，并连接顺直。

（4）校验衣领与领口组合的准确性。

局部剥样法要求对服装所复制的局部与原样品吻合，并能与局部剥样以外的相关部位相配。

第二节　服装成品剥样实例

一、应用实例一　裙装（鱼尾裙）成品剥样

（一）款式图与款式特征（图12-10）

（1）裙腰：低腰式无腰型。

（2）裙片：前、后腰口各设两个省，右侧缝上端装拉链，下摆饰花边。

裙侧缝线自膝围高向左右两侧展开，呈鱼尾状。裙腰口、下摆均缉明线。

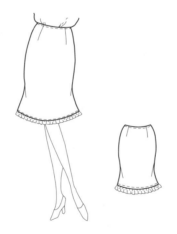

图 12-10　裙装款式图

（二）实测主要部位与非主要部位规格

1. 实测主要部位规格

实测主要部位规格有：裙前中长、前中臀高、腰围、臀围、摆围。

2. 实测非主要部位规格

实测非主要部位规格有：裙后中长、裙侧缝长、后中臀高、侧缝臀高、膝围高、前后腰围、前后臀围、前后膝围、前后摆围、前后腰省长、花边宽、花边长。

（三）裙装成品剥样示意图（图12-11）

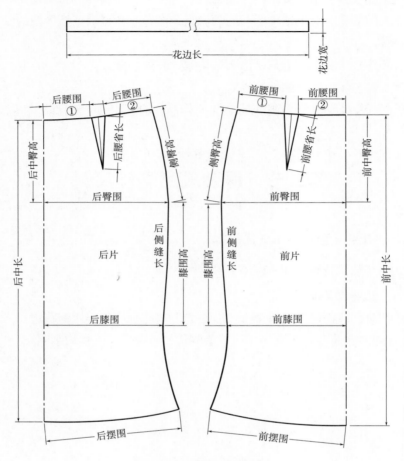

图12-11　裙装成品剥样图

二、应用实例二　裤装（多裥宽松裤）成品剥样

（一）款式图与款式特征（图12-12）

（1）裤腰：该款裤装的裤腰是前装后连型高腰式裤腰。

（2）裤片：前裤片腰口收裥8个，后裤片腰口收省4个，右侧缝上端装拉链。

（二）实测主要部位与非主要部位规格

1. 实测主要部位规格

裤装实测主要部位规格有：裤前中长、前直裆高、腰围、臀围、脚口围、腰宽。

图12-12　裤装款式图

2. 实测非主要部位规格

裤装实测非主要部位规格有：裤侧缝长、直裆侧缝高、前后中裆高、前后腰围、前后臀围、前后横裆宽、前后中裆宽、前后脚口宽、前腰褶大、后腰省大。

三、裤装成品剥样示意图

裤装成品剥样示意图如图 12-13 所示。

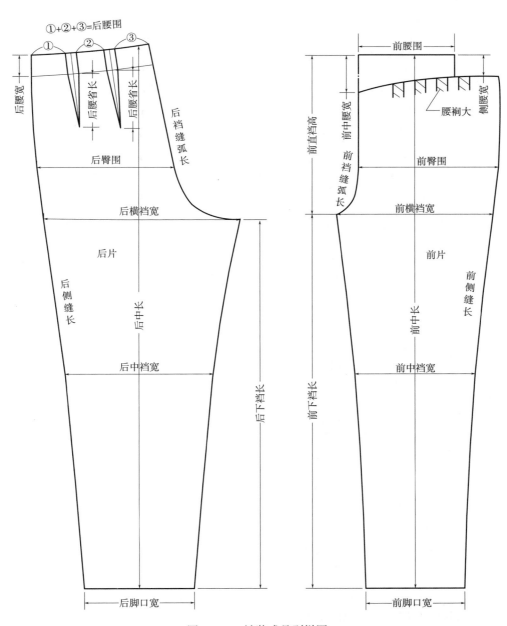

图 12-13　裤装成品剥样图

四、应用实例三　女装（方领大衣）成品剥样

（一）款式图与款式特征（图 12-14）

（1）领型：关门式翻驳领，领角呈方型。

（2）袖型：两片式装袖型，长袖。

（3）衣片：前中开襟钉纽 4 粒，前片左右两侧设分割线，造型如图，后片左右两侧设分割线，造型如图，后中设背缝。腰节线以下侧缝外斜。领外围线、前中线、分割线均缉明线。

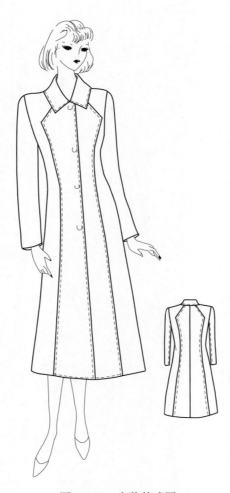

图 12-14　女装款式图

（二）实测主要部位与非主要部位规格

1. 实测主要部位规格

方领大衣实测主要部位规格有：后衣长、肩宽、领围、胸围、腰围、袖长。

2. 实测非主要部位规格

实测非主要部位规格有：前衣长、前中长、后中长、前袖窿深、后袖窿深、侧缝长、前领弧线长、后领弧线长、前后小肩宽、前胸宽、后背宽、前胸围、后胸围、前腰围、后腰围、前摆围、后摆围、前中分割线位、前侧分割线位、后中分割线位、后侧分割线位、衣领的领座宽、翻领宽、前领角长、领外围线长、衣袖的袖下长、前后袖侧长、袖肥宽、袖山高、袖口宽等。

五、女装成品剥样示意图

女装成品剥样示意图如图 12-15 所示。

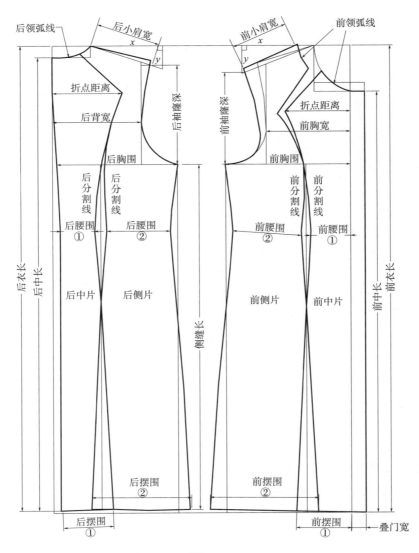

图 12-15

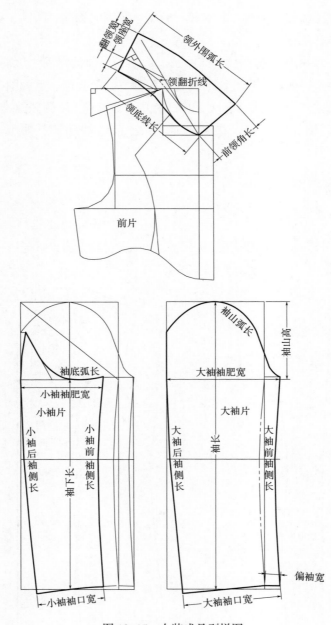

图 12-15　女装成品剥样图

思考题

1. 简述服装成品剥样与服装制图的关系。

2. 服装成品剥样的方法有哪几种？

3. 实测剥样法的要求是什么？

4. 服装各部位规格测量的方法有哪些？

5. 按实测剥样法绘制一件女上衣结构图，并写出剥样步骤，款式自选。

第十三章　服装衬布与里布配置

服装制图不仅要考虑服装衣料、造型款式、规格设置等，而且也不能忽视服装辅助材料的相应配置。辅助材料的相应配置将直接影响服装的外观质量。服装衬布与里布是服装的辅助材料，是中高档外衣类服装的必要配置。合理的配置有助于服装的造型美观。配置时在结构处理、衣料特性等方面应与服装的面料相吻合。

第一节　服装衬布配置

一、服装衬布的作用

服装衬布对于服装来说，就像钢筋对于房屋起到了骨架支柱的作用，服装衬布在服装外观造型上起到了衬托服装的作用，增强了服装的造型美观。衬布的作用如下：

（1）赋予服装理想的曲线与造型；

（2）增强服装的挺括度和弹性；

（3）改善服装的悬垂性，增强立体感；

（4）保持服装造型不走样；

（5）加固了服装的局部部位；

（6）提高了缝制效率。

二、服装衬布的分类

服装衬布使用的材料有两大类：黏合衬类和非黏合衬类。黏合衬类是目前使用最为广泛的衬料，而非黏合衬类的使用仅限于少量的、定制加工类服装。

（一）非黏合衬类

1. 棉布衬

棉布衬可分为粗布衬和细布衬，属平纹织物。粗布衬可用于上衣的胸衬；细布衬可用于服装某些边缘部位的收缩、定型。

2. 动物毛衬

动物毛衬可分为马尾衬和毛鬃衬。马尾衬是马尾与羊毛交织的平纹织物。毛鬃衬又称黑炭衬，是由牦牛毛、羊毛、棉、人发混纺交织的平纹织物。动物毛衬可用于需增强挺括度与弹性的部位，如服装的胸衬等。

（二）黏合衬类

1. 无纺衬

无纺衬是用 80% 的黏胶纤维与 20% 的涤纶纤维或丙烯酸酯黏合剂加工制成的。无纺衬分厚、中、薄三种，一般用于薄料衬衫的衣领、过面（也称挂面）、袋口、袖口等部位。

2. 有纺衬

有纺衬是以机织物或针织物为底布，在底布的一面均匀地涂上热溶胶（大多呈点子状）。热溶胶选用聚乙烯、聚酰胺等原料。有纺衬分厚、中、薄三种，一般用于外衣类服装的衣领、前片、过面及需要加固的局部部位。

3. 树脂衬

树脂衬是用纯棉布或涤棉布经六羟树脂浸渍处理而得到的一种比较硬挺的衬布。树脂衬多以白色为主，分纯棉树脂衬与涤棉树脂衬两种。一般用于男衬衫的衣领、袖克夫、裙腰头、裤腰头等部位。

三、服装衬布的选配

服装衬布的选配适当与否，直接关系到服装的外观质量。服装衬布的选配主要与服装的衣料特性有关。非黏合衬类衬布选配时，应注意衬布与衣料的缩水率是否匹配；黏合衬类衬布选配时，应注意了解黏合衬材料的结构和性能以及衣料的特性，从中选择最合适的搭配，以达到两者结合的最佳状态。

（一）衣料的纤维成分

1. 羊毛织物

羊毛织物含水率较高，在黏合前应尽可能控制衣料的含水率。选配衬布时，应选择具有跟随面料改变性能的衬布，并要有较高的黏合强度。

2. 丝绸织物

丝绸织物在加热和压力作用下，表面结构易受到破坏，因此在黏合时，必须避免使用高温、高压，尤其是缎面结构的衣料，应选配熔点低、胶粒细微的黏合衬布。

3. 棉织物

棉织物具有较高的耐热性，在黏合过程中比较稳定。但棉布若未经缩水处理，通常都有较高的缩水率。选配时应考虑衣料与衬布两者之间的缩水率一致或接近。

4. 麻织物

麻织物的织造工艺和后整理处理不同，会产生不同的缩水率。选配时应考虑衣料与衬布两者之间的缩水率一致或接近。同时，麻织物的黏合力较差，应选配黏合力较强的胶种。

5. 人造丝织物

人造丝织物一般表面细洁光亮，它的黏合温度、压力应较低，越细越亮的人造丝衣料，要选配低熔点的黏合衬布，以防损坏衣料。

6. 人造棉织物

人造棉织物一般相当敏感，加热、加压后很容易产生极光和硬化，因此应尽量采用低熔点的黏合衬布。

（二）衣料的组织结构

1. 薄和半透明的衣料

薄和半透明的衣料，如细缎绸、乔其纱等，容易产生渗胶现象。有时虽未渗胶但出现胶粒的反光，造成衣料产生色差。应选配细的底布组织和细微的胶粒，同时注意颜色的选配应与衣料颜色接近，能避免由胶粒引起的反光和色差现象。

2. 弹性衣料

弹性衣料应选配具有相同弹性的衬布，注意经纬向的不同弹性，服装的不同部位，根据实际需要合理控制弹性，否则易使服装变形。

3. 表面有立体花纹的衣料

表面有立体花纹的衣料，如泡泡纱等，在高压下黏合时，很容易破坏衣料的表面特征，应选配低熔点的黏合衬布。

四、服装衬布的配置方法

黏合衬类是目前大量使用的衬料，而非黏合衬类的使用仅限于少量的、定制加工类服装。因此下面介绍的服装衬布配置方法适用于黏合衬类。

（一）服装衬布配置部位

1. 服装整体黏衬部位

裙装为裙腰头、里襟等；裤装为裤腰头、门襟、里襟等；上衣为前片、过面、领片、后领贴边、袋嵌线等。

2. 服装局部黏衬部位

裙装为装拉链部位、裙衩部位等；裤装为裤袋口；上衣为后片上部、下摆贴边、袖口贴边、袖衩部位等。

说明：黏衬部位的确定与服装的款式关系密切，上述仅指常规款式的常规部位，使用时还应根据具体的服装款式确定黏衬部位。

（二）服装衬布配置方法

要求在配置衬布部位的范围内，凡边缘处均向内缩进 0.3~0.5cm（图 13-1）。

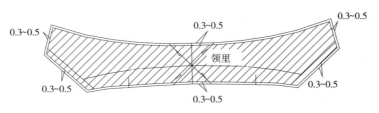

图 13-1 衬布配置方法图

第二节　服装衬布配置实例

一、应用实例一　裙装（一步裙）衬布配置

裙装（一步裙）衬布配置如图 13-2 所示。

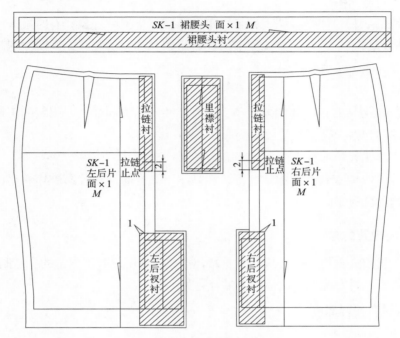

图 13-2　裙装（一步裙）衬布配置图

二、应用实例二　裤装（男西裤）衬布配置

裤装（男西裤）衬布配置如图 13-3 所示。

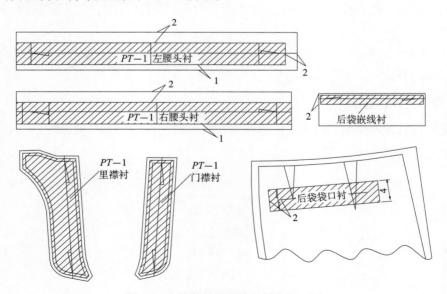

图 13-3　裤装（男西裤）衬布配置图

三、应用实例三　女上衣（分割型女装）衬布配置

女上衣（分割型女装）衬布配置如图 13-4 所示。

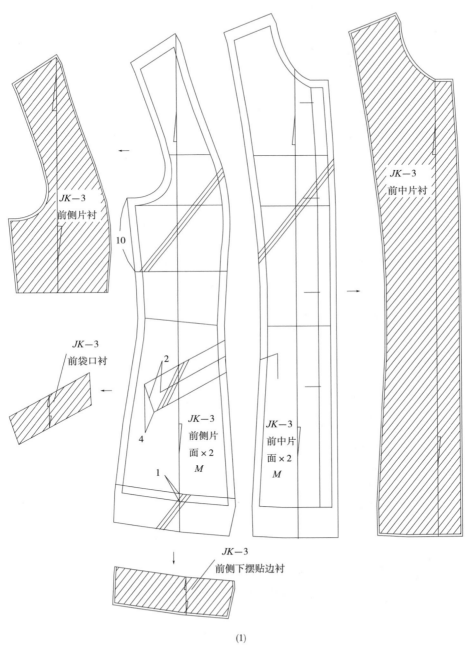

(1)

图 13-4

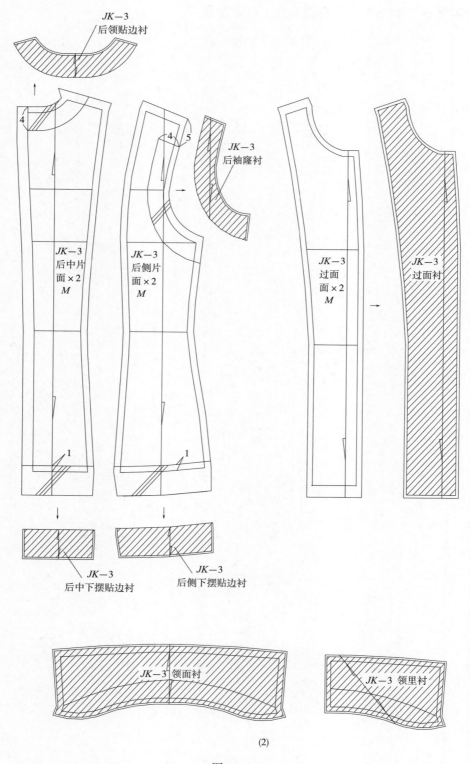

图 13-4

(2)

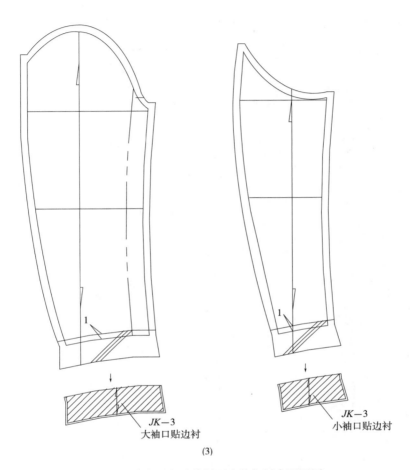

JK—3
大袖口贴边衬

JK—3
小袖口贴边衬

(3)

图 13-4　女上衣（分割型女装）衬布配置图

四、应用实例四　男上衣（男西装）衬布配置

男上衣（男西装）衬布配置如图 13-5 所示。

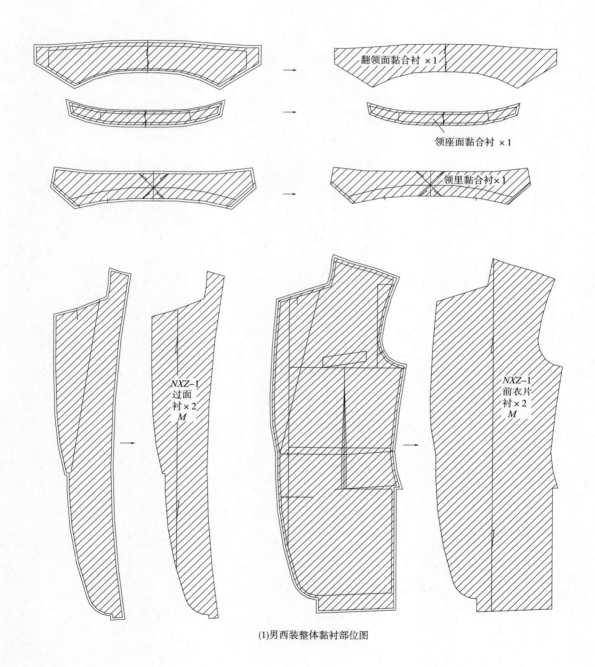

(1)男西装整体黏衬部位图

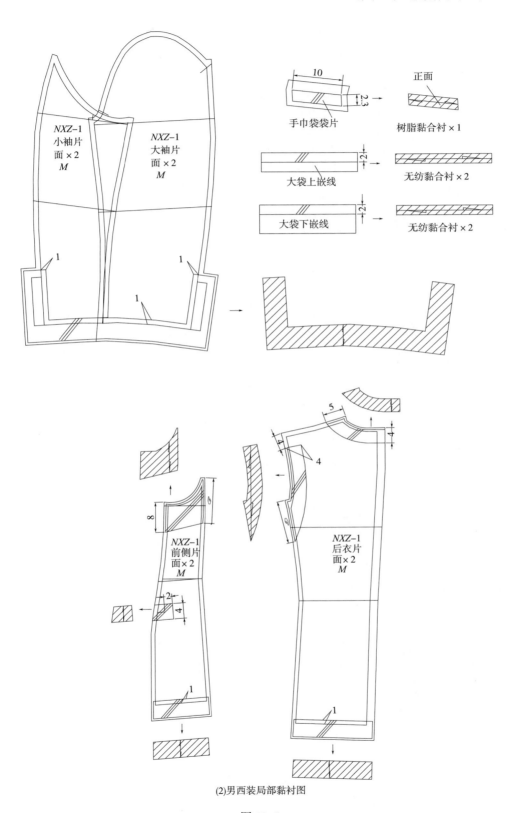

手巾袋袋片

正面

树脂黏合衬 × 1

大袋上嵌线

无纺黏合衬 × 2

大袋下嵌线

无纺黏合衬 × 2

NXZ-1
小袖片
面 × 2
M

NXZ-1
大袖片
面 × 2
M

NXZ-1
前侧片
面 × 2
M

NXZ-1
后衣片
面 × 2
M

(2)男西装局部黏衬图

图 13-5

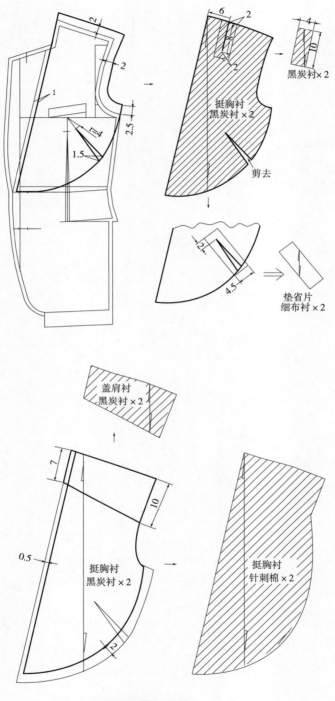

(3)男西装挺胸衬配置图

图 13-5　男上衣（男西装）衬布配置图

第三节　服装里布配置

一、服装里布的作用

服装里布是服装最里层的衣料，又称夹里或里子。它的作用如下：

（1）增强服装的挺括度：提高柔软、轻薄衣料的挺括度。

（2）增强服装的美观度：遮盖缝份、毛边、衬布等。

（3）增强保暖作用：提高秋、冬季服装的保暖性。

（4）保护服装的面料：阻隔人体与面料的接触，有助于降低面料的磨损。

（5）服装易于穿脱：滑爽的里布有助于服装的穿脱。

二、服装里布的分类

服装里布使用的材料有三大类：棉布类、丝绸类、化纤类。

（1）棉布类：市布、粗布、条格布、羽纱等。

（2）丝绸类：塔夫绸、美丽绸、电力纺等。

（3）化纤类：富春纺、尼丝纺、涤丝绸等。

三、服装里布的选配

与衬布一样，服装里布的选配适当与否，直接关系到服装的整体质量。服装里布的选配要注意以下几点：

（1）里布与面料的缩水率要相当；

（2）里布的色牢度要好，以免搭色；

（3）里布的透气性、吸湿性要好；

（4）里布要薄于面料；

（5）里布表面要光滑，易于穿脱；

（6）里布的颜色与面料的颜色相类似。

四、服装里布的配置方法

（一）服装里布的配置部位

1. 服装里布的整体配置

裙装为前、后裙片；裤装为前、后裤片；上衣为前、后衣片、大小袖片等。

2. 服装里布的部分配置

裤装为前裤片；上衣为前衣片、后衣片；前衣片全里、后衣片半里。

说明：里布配置部位的确定与服装的衣料、款式关系密切，上述仅指常规衣料、款式的常规部位。具体处理时，需根据具体的服装衣料、款式确定里布配置部位。

（二）服装里布的配置方法

1. 里布松于面料

要求在配置部位的范围内，里布均松于面布，以使服装的面料能保持平服。

2. 里布简化

要求在配置部位的范围内，里布可做一定的简化处理。里布的简化是指在面料样板的基础上，将面料样板上的结构线进行简化，如将衣片的分割线转化为相应的省，使原来两片式结构简化为一片式。

3. 里布的缝份处理

里布缝份处理方法有净配法与毛配法。净配法与毛配法的区别在于净配法完成后的里布可以直接制作，多用于一般中低档服装。毛配法完成后的里布在制作过程中需再次劈剪，多用于精确度要求较高的中高档服装，如男西装。

（1）净配法：在里布缝份内侧加放一定的松量，后中线、分割线、侧线、肩线、底边线及前后袖侧线、袖口线均加放，其松量的作用是加强活动量。具体的处理方法如下。

① 松量的控制数值：分割线与底边线加放松量为0.2cm，其余各线为0.5cm。

② 缝份的控制数值：1cm。

③ 折烫线的控制数值：缝份＋松量，如图13-6所示。

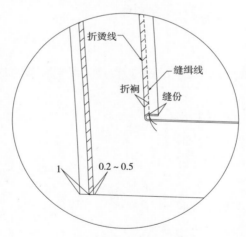

图13-6　里布缝份处理图

注　图中斜线（阴影）部分为松量。

（2）毛配法：毛配法需在规定的缝份基础上再加放一定的量，以满足再次劈剪的需要。具体见本章第二节中应用实例四（男西装的里布配置）。

4. 里布配置的依据

（1）面布的净样：本章第二节中的应用实例一裙装、实例三女装，即为在面布净样基础上配置里布。

（2）面布的毛样：本章第二节中应用实例四男西装，即为在面布毛样基础上配置里布。

第四节 服装里布配置实例

一、应用实例一 裙装（低腰波浪裙）里布配置

裙装（低腰波浪裙）里布配置如图 13-7 所示。

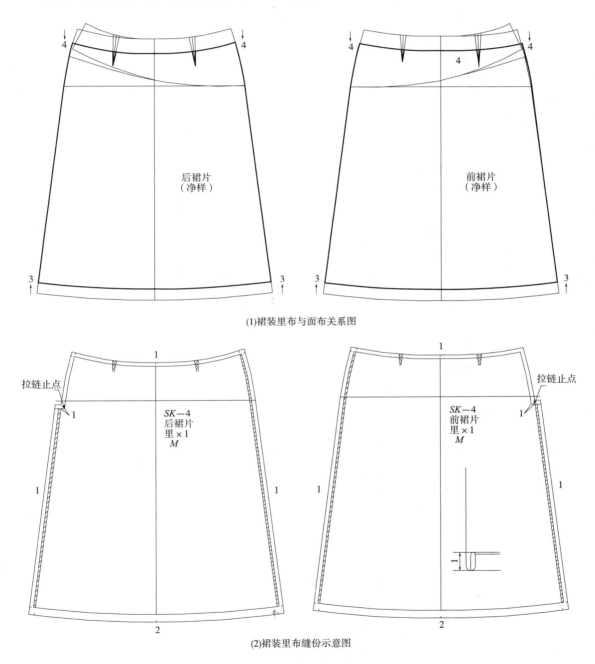

(1)裙装里布与面布关系图

(2)裙装里布缝份示意图

图 13-7 裙装里布配置图

二、应用实例二 裤装（男西裤）里布配置

裤装（男西裤）里布配置如图 13-8 所示。

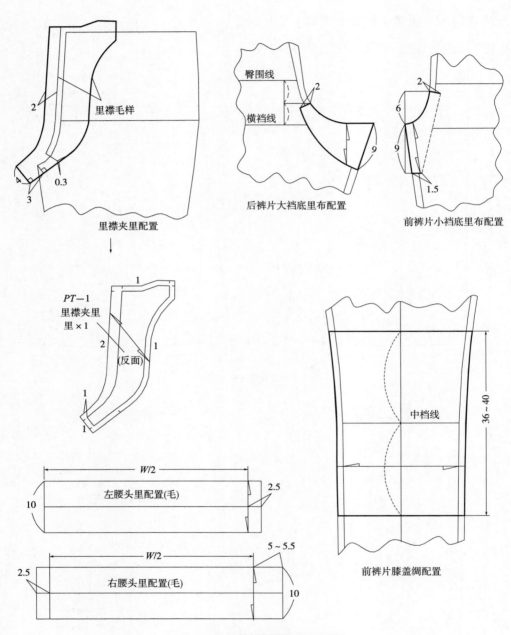

图 13-8 裤装零部件里布配置图

三、应用实例三　女上衣（分割型女装）里布配置

女上衣（分割型女装）里布配置如图13-9所示。

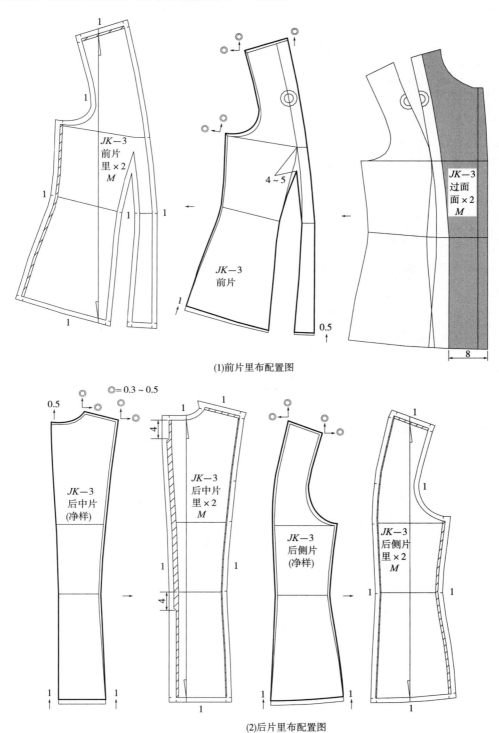

(1)前片里布配置图

(2)后片里布配置图

图 13-9

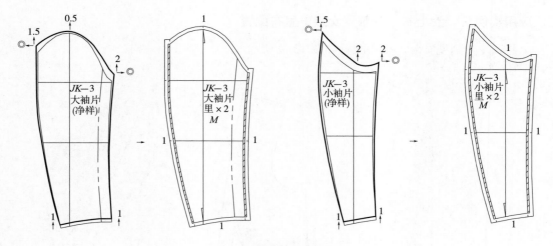

（3）袖片里布配置图

图 13-9　女上衣（分割型）里布配置图

四、应用实例四　男上衣（男西装）里布配置

男上衣（男西装）里布配置如图 13-10 所示。

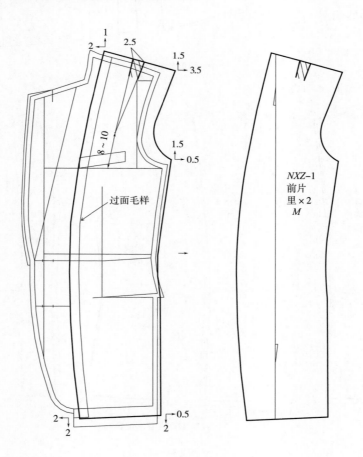

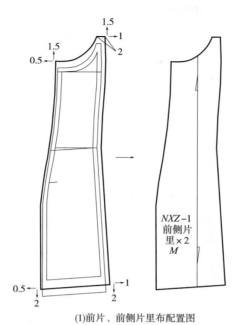

(1)前片、前侧片里布配置图

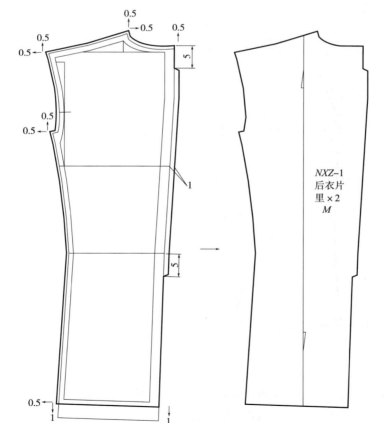

(2)后片里布配置图

图 13-10

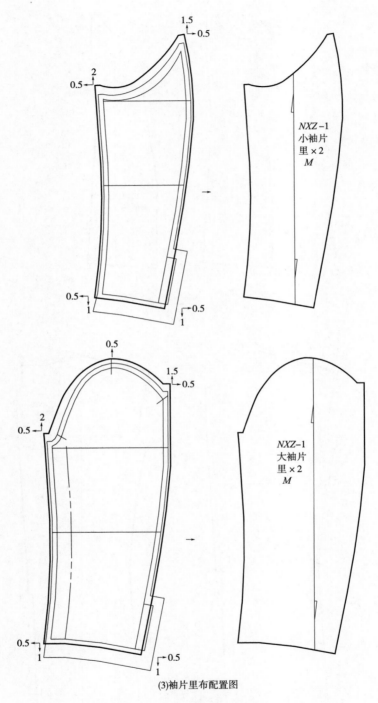

(3)袖片里布配置图

图 13-10　男上衣（男西装）里布配置图

注　前片、前侧片里布为需再次劈剪的毛样板。

思考题

1. 简述服装衬布的作用。
2. 简述服装衬布的分类。
3. 简述服装衬布的配置部位。
4. 简述服装里布的作用。
5. 简述服装里布的分类。
6. 简述服装里布的配置部位。
7. 按戗驳领男西装结构图配置衬布和里布。

第十四章　服装排料

服装排料是服装制作过程中的一个重要环节，又称为排料画样。服装排料是将制作完成的服装样板放在画样纸上或衣料上铺排画样。服装排料的合理性和高效性将直接影响到服装衣料的利用率；服装成品规格的准确性；服装成品的外观质量。因此，掌握排料方面的相关知识，是十分必要的。

第一节　服装排料的基础知识

一、服装排料的形式和特点

服装排料的操作形式就目前来说，可分为人工排料和计算机排料两种。人工排料是操作者根据自身积累的生产经验，利用整套样板进行多方案的排料，从中选择最佳方案。其特点是操作者的技术素质将直接影响到排料方案的优劣，不能充分保证材料的合理利用率且费工费时。计算机排料是将裁片输入计算机后，通过多种方案排料，选择最佳的排料方案。同时，计算机还可处理裁片翻转、旋转、对花、对条、对格等。其特点是提高了排料的效率，充分保证了材料的利用率且省时省力。虽然计算机排料在材料利用率、工作效率等方面明显优于人工排料，但由于成本高等原因而难以全面普及，因而还不能完全取代人工排料的形式，况且排料的基础知识无论是人工排料还是计算机排料都是适用的，所以摸索和积累排料规律，提高服装排料的效率是保证服装成品质量的有效手段之一。

二、服装排料的原则

服装排料的原则是合理、高效，具体地说，服装排料就是在已定门幅的衣料上，以最少的用料，裁剪出最大数量的合格裁片。

（一）合理套排

服装部件的样板形状各有不同，套排时应充分利用样板的不同角度、弧度进行套排，相同曲率的零部件尽量排在一起，这样可减少空隙，对衣料的门幅应做到宽幅宽用，窄幅窄用。

（二）合理拼接

服装的一些零部件在裁片上位置不显眼，允许适当拼接，套排时应利用空隙适当拼接，以提高衣料的利用率，但在处理拼接时应注意，尽可能减少缝纫难度，在用料量相同的情况下尽量减少拼接，同时还应注意拼接质量。

三、服装排料的具体方法

服装排料没有固定的模式或现成的方法，随着款式的不断变化，排料方案也将随之而变，但从排料的总体角度看还是能找到一些规律的，概括地说就是：排列紧密、减少空隙、丝缕顺直、两头排齐。下面介绍一些排料的具体方法。

（一）同品种套排法

在一幅衣料上，排列同一品种的样板，这样既方便估算用料，也可避免色差，但不易节约用料。

（二）异品种套排法

在一幅衣料上，排列不同品种的样板，较易节约用料。

（三）平套排法

对于外轮廓线是长方形的样板，如男衬衫或外衣的前、后片排料，可采用此法，使侧缝处无裁耗，如图 14-1 所示。

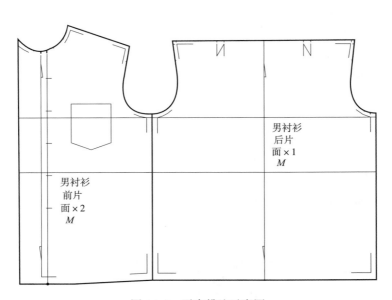

图 14-1　平套排法示意图

（四）镶套排法

对于某部分轮廓线成互逆形态的衣片，采取互逆形态部分相互套进的方法。如大袖片和小袖片的套排，如图 14-2 所示。但要注意有毛向和图案方向的衣料不适用此法。

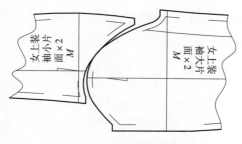

图14-2　镶套排法示意图

（五）斜套排法

适用于部分轮廓线呈梯形的裁片，如衬衫类袖片套排裁耗较小，如图14-3所示。但要注意有毛向和图案方向的衣料不适用此法。

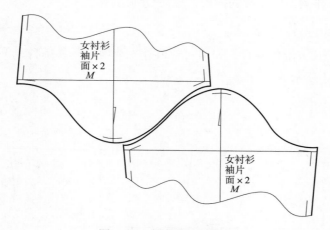

图14-3　斜套排法示意图

（六）互套排法

适用于上部轮廓线形状与下部轮廓线形状相似的裁片套排，如立领的领片之间，如图14-4所示。

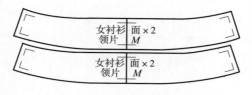

图14-4　互套排法示意图

（七）混合套排法

在一幅衣料上，采用两种或两种以上规格的样板混合排料，比单一规格的样板排料的裁耗要小。

（八）拼接排料法

对于质量要求不太严格的零部件，如处于衣片反面的零部件等，可采用分段拼接的方法，以利于边角料的使用，提高衣料的利用率，但要注意布纹毛向要符合技术标准要求。

四、服装排料的技术要求

服装排料要掌握一定的方法，因为它关系到衣料的利用率。同时还要掌握服装排料的技术要求，因为它关系到服装成品的外观质量。

（一）服装排料前要掌握服装产品的总体情况

排料前需掌握的服装情况，如产品的名称、编号、生产批量、规格搭配以及颜色搭配的要求，制作工艺和设计要求等。

（二）检查核对样板

核对全套样板的数量，包括面、里、衬样板及零部件样板。如采用镶色配料工艺的，应把镶色样板区别开。

（三）检查校对衣料的正反面

排料时应注意裁片的正反向与衣料的正反向保持一致，并注意排料的画样与衣料的铺排相适应。

（四）衣料的丝缕要求

服装裁片的丝缕是否符合要求是决定服装外观质量优劣的重要指标。尤其是中高档服装，在排料中，既要做到丝缕顺直，又要提高衣料的利用率。丝缕要求应以服装的具体技术标准为准，一般毛料、丝绸等高档服装对丝缕的要求较高，混纺、棉织品等中低档服装允许有一定程度的倾斜和误差。有明显条、格的衣料对丝缕的要求较高，而一般素色或印花衣料则要求较低。

（五）注意避让衣料的色差、疵点

衣料难免存在色差、疵点，在排料中应加以避让，将衣料色差、疵点消灭在服装成品前。当衣料有严重的、无法避让的色差或疵点时应将衣料断开。

（六）注意特殊衣料的排料

凡是有方向性的衣料，如倒顺毛、倒顺花、定位花衣料，所有样板必须按同一方向排料。凡是条、格衣料，必须按照要求对条对格，即按样板上标明的标记进行排料。

（七）保证成品规格的准确性

排料时，应严格按照标准样板的要求，切不可擅自修改样板。

（八）提高衣料利用率

服装排料的目的在于尽最大的可能减少裁耗，以提高衣料的利用率。衣料的利用率是指裁片本身面积与服装排料时所实际耗用的面积之比。常规状态下，衣料的利用率应在 80% 以上。衣料利用率的高低，既有主观因素，如排料方案的优劣等，又有客观因素，如服装的款式、服装的规格、衣料的幅宽、衣料的花型、衣料的毛向等都会影响到衣料的利用率。因此应结合主客观因素，确定最佳的排料方案。

五、服装用料估算

根据全部裁片的用料可计算出每套（件、条）服装的平均实际用料数量，再以此为基础，加上合理的额外消耗，就可估算出服装用料。服装用料的估算方法大致有以下几种：

（一）按用料长度计算

此方法必须是在相同幅宽的衣料上排料。

$$单件用料数 = 总用料长度 \div 排料件数$$

（二）按排料面积计算

此方法可应用于任意幅宽的衣料排料。

$$平均单件用料数 = 排料图的长度 \times 幅宽 \div 排料件数$$

（三）按材料利用率计算

此方法对材料利用率的计算较为准确。

$$材料利用率 = [（排料面积 - 空余面积）\div 排料面积] \times 100\%$$

第二节　服装排料实例

一、裙片排料实例

（一）应用实例一　直裙（一步裙）（图 14–5）

（1）款式：参见第二章（图 2–11）。

（2）规格：裙长 =60cm，腰围 =70cm，臀围 =94cm。

（3）幅宽：142cm（双幅折叠排料）。

（4）用料：（裙长 +3cm）×2=126cm（2 条）。

（二）应用实例二　斜裙（四片裙）（图 14–6）

（1）款式：参见第二章（图 2–15）。

（2）规格：裙长 = 70cm，腰围 = 70cm。

（3）幅宽：154m（双幅折叠排料）。

（4）用料：（裙长 +40cm）=110cm（1 条）。

（三）应用实例三　条格料斜裙（四片裙）（图 14-7）

（1）款式：参见第二章（图 2-15）。

（2）规格：裙长＝70cm，腰围＝70cm。

（3）幅宽：114cm（单层排料）。

（4）用料：裙长 ×3+14cm=224cm（1 条）。

二、裤片排料实例

（一）应用实例一　适身型女西裤，使用双层折叠排料（图 14-8）

（1）款式：参见第三章（图 3-23）。

（2）规格：裤长＝100cm，腰围＝70cm，臀围＝96cm。

（3）幅宽：90cm（双层折叠）。

（4）用料：（裤长 +5cm）×2=210cm（2 条）。

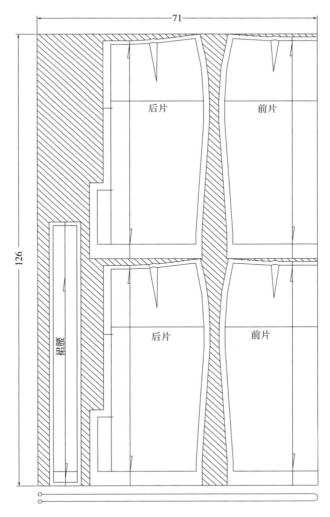

图 14-5　直裙（一步裙）排料（双层折叠 2 条）

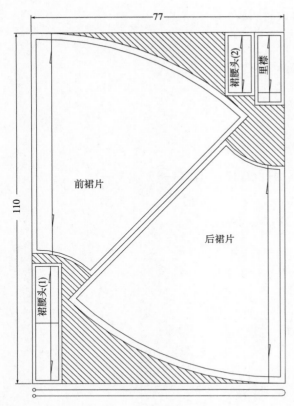

图 14-6　斜裙（四片裙）排料（双幅折叠 1 条）

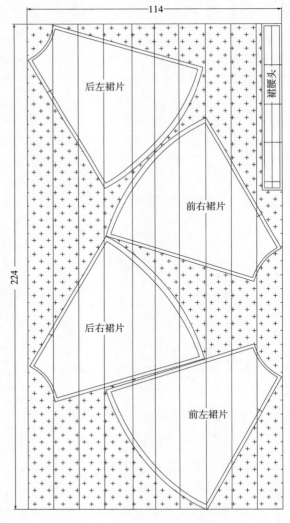

图 14-7　条格料斜裙（四片裙）排料（单层 1 条）

（二）应用实例二 适身型女西裤，使用双幅折叠排料（图14-9）

（1）款式：参见第三章（图3-23）。

（2）规格：裤长=100cm，腰围=70cm，臀围=96cm。

（3）幅宽：146cm（双幅折叠）。

（4）用料：裤长+6cm=106cm（2条）。

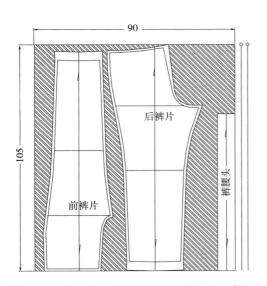

图14-8 适身型女西裤排料（双层折叠2条）

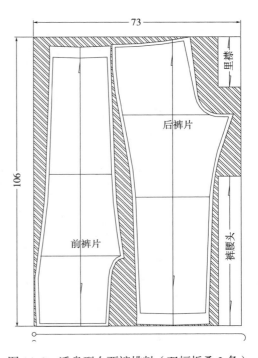

图14-9 适身型女西裤排料（双幅折叠2条）

（三）应用实例三 适身型女西裤，使用单层梯形排料（图14-10）

（1）款式：参见第三章（图3-23）。

（2）规格：裤长=100cm，腰围=70cm，臀围=96cm。

（3）幅宽：90cm（单层梯形排料）。

（4）用料：（裤长+5cm）×3=315cm（2条）。

（四）应用实例四 适身型女西裤，使用双层多条裤片排料（图14-11）

（1）款式：参见第三章（图3-23）。

（2）规格：裤长=100cm，腰围=70cm，臀围=96cm。

（3）幅宽：152cm（双层折叠排料）。

（4）用料：（裤长+5cm）×8=840cm（9条）。

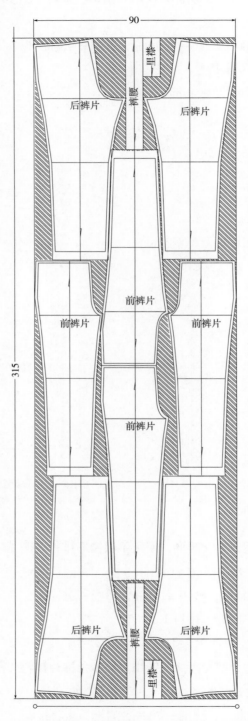

图14-10　适身型女西裤排料（单层梯形排料2条）

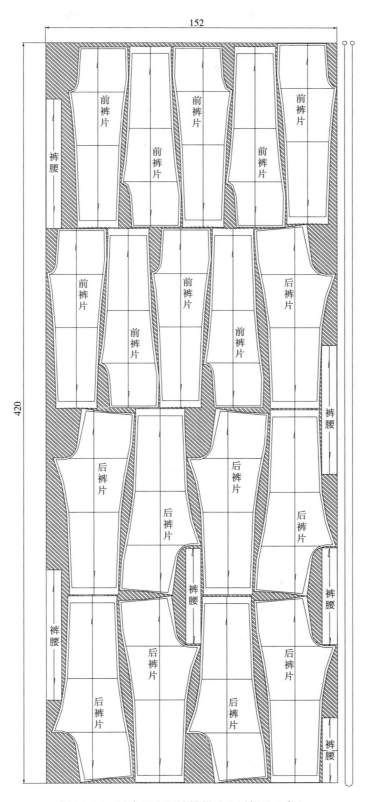

图 14-11 适身型女西裤排料（双层折叠 9 条）

三、衣片排料实例

（一）应用实例一　女衬衫，使用幅宽90cm排料（图14-12）

（1）款式：参见第四章（图4-51）。

（2）规格：衣长＝64cm，胸围＝94cm，袖长＝58cm。

（3）幅宽：90cm（单层排料）。

（4）用料：衣长 ×2+ 袖长 +15cm=201cm（1件）。

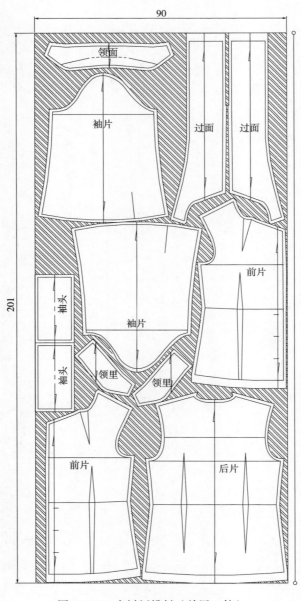

图 14-12　女衬衫排料（单层 1 件）

（二）应用实例二　女衬衫，使用幅宽 114cm 排料（图 14-13）

（1）款式：参见第四章（图 4-51）。

（2）规格：衣长 =64cm，胸围 =94cm，袖长 =58cm。

（3）幅宽：114cm（单层排料）。

（4）用料：衣长 + 袖长 ×2-14cm=166cm（1 件）。

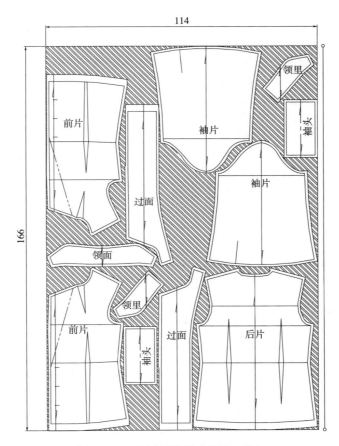

图 14-13　女衬衫排料（单层 1 件）

（三）应用实例三　男衬衫，使用幅宽 90cm 排料（图 14-14）

（1）款式：参见第五章（图 5-5）。

（2）规格：衣长 =72cm，胸围 =110cm，袖长 =60cm。

（3）幅宽：90cm（单层排料）。

（4）用料：衣长 ×2+ 袖长 +12cm=216cm（1 件），216×2=432cm（2 件）。

（四）应用实例四　男衬衫，使用幅宽 114cm 排料（图 14-15）

（1）款式：参见第五章（图 5-5）。

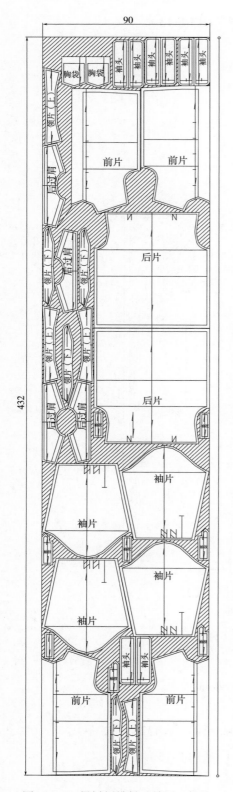

图 14-14　男衬衫排料（单层 2 件）

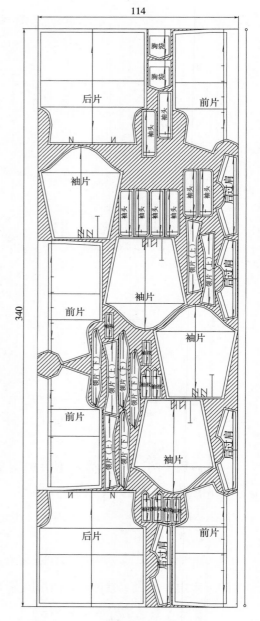

图 14-15　男衬衫排料（单层 2 件）

（2）规格：衣长＝72cm，胸围＝110cm，袖长＝60cm。

（3）幅宽：114cm（单层排料）。

（4）用料：衣长 ×2+26cm=170cm（1 件）， 170×2=340cm（2 件）。

（五）应用实例五　女西装，使用幅宽 144cm 排料（图 14–16）

（1）款式：参见第四章（图 4–57）。

（2）规格：衣长＝64cm，胸围＝96cm，袖长＝57cm。

（3）幅宽：144cm（双幅折叠排料）。

（4）用料：衣长 + 袖长 +10cm=131cm（1 件）。

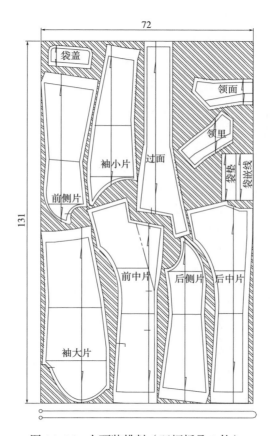

图 14–16　女西装排料（双幅折叠 1 件）

（六）应用实例六　男西装，使用幅宽 142cm 排料（图 14–17）

（1）款式：参见第五章（图 5–9）。

（2）规格：衣长＝75cm，胸围＝108cm，袖长＝60cm。

（3）幅宽：142cm（单层排料）。

（4）用料：衣长 + 袖长 +20cm=155cm（1 件）。

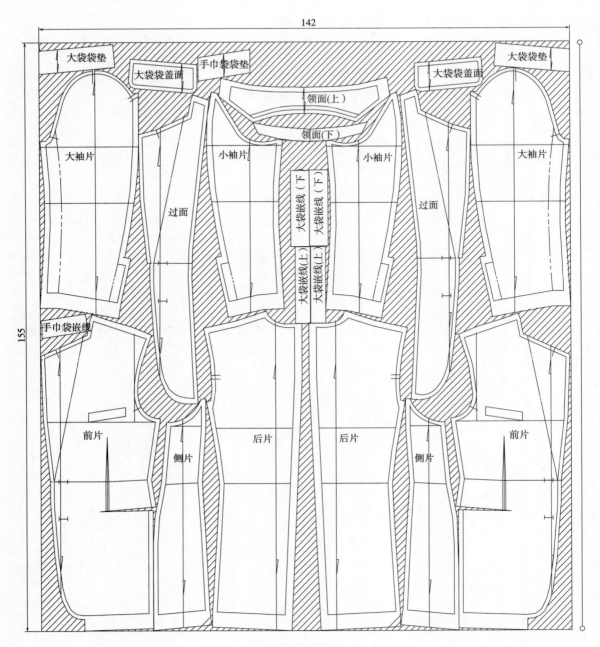

图 14-17　男西装排料（单层 1 件）

（七）应用实例七　女上衣，使用幅宽 146cm 排料（图 14-18）

（1）款式：参见第四章（图 4-57）。

（2）规格：衣长＝64cm，胸围＝96cm，袖长＝56cm。

（3）幅宽：146cm 双幅折叠排料。

（4）用料：衣长＋袖长＋10cm＝130cm（1 件）。

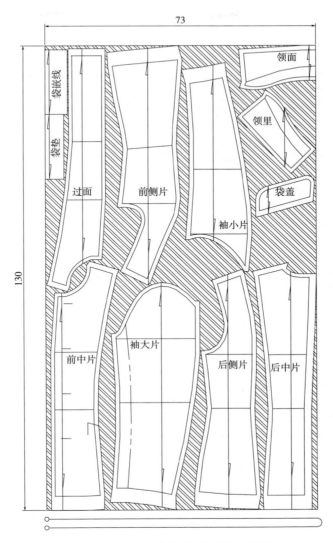

图 14-18　女上衣排料（双幅折叠 1 件）

（八）应用实例八　男大衣，使用幅宽 150cm 排料（图 14-19）

（1）款式：参见第五章（图 5-11）。

（2）规格：衣长＝95cm，胸围＝116cm，袖长＝62cm。

（3）幅宽：150cm(单层排料)。

（4）用料：衣长 + 袖长 +33cm=190cm（1 件）。

（九）应用实例九　女上衣——倒顺花排料（图 14-20）

（1）款式：参见第四章（图 4-57）。

（2）规格：衣长＝64cm，胸围＝96cm，袖长＝56cm。

（3）幅宽：146cm（双幅折叠排料）。

（4）用料：衣长 + 袖长 +13cm=134cm（1 件）。

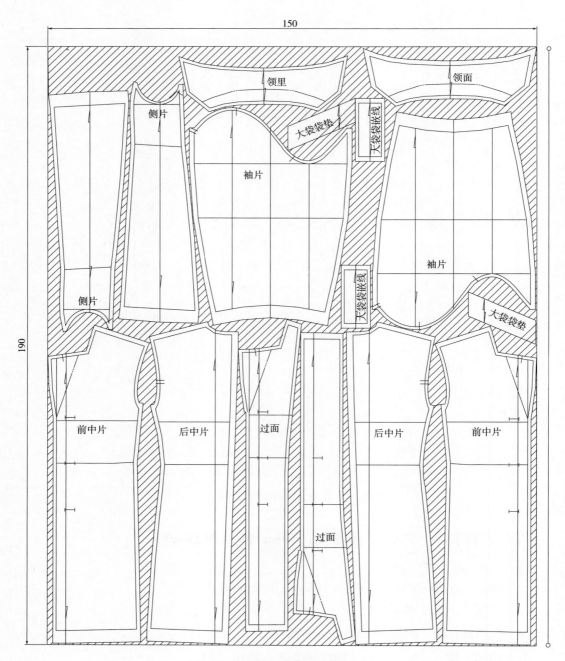

图 14-19　男大衣排料（单层 1 件）

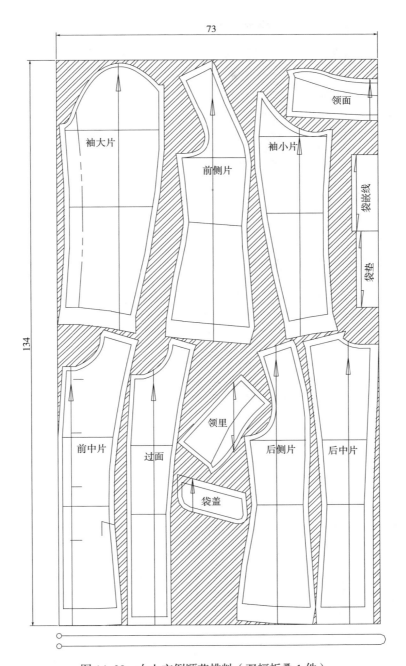

图 14-20 女上衣倒顺花排料（双幅折叠 1 件）

（十）应用实例十 女上衣——镶拼排料（图 14-22）

（1）款式：参见第四章（图 4-55）。镶拼部位如图 14-21 所示。

（2）规格：衣长＝53.5cm，胸围＝94.5cm，袖长＝58cm。

（3）幅宽：①素色料 142cm；②花色料 110cm；③条格料 110cm。

（4）用料：①素色料 =197.5cm（3 件）；

②花色料 =45cm（3 件）；

③条格料 =108.5cm（3 件）。

图 14-21　女上衣镶拼款式图

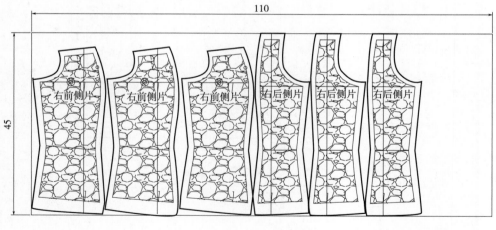

(1)

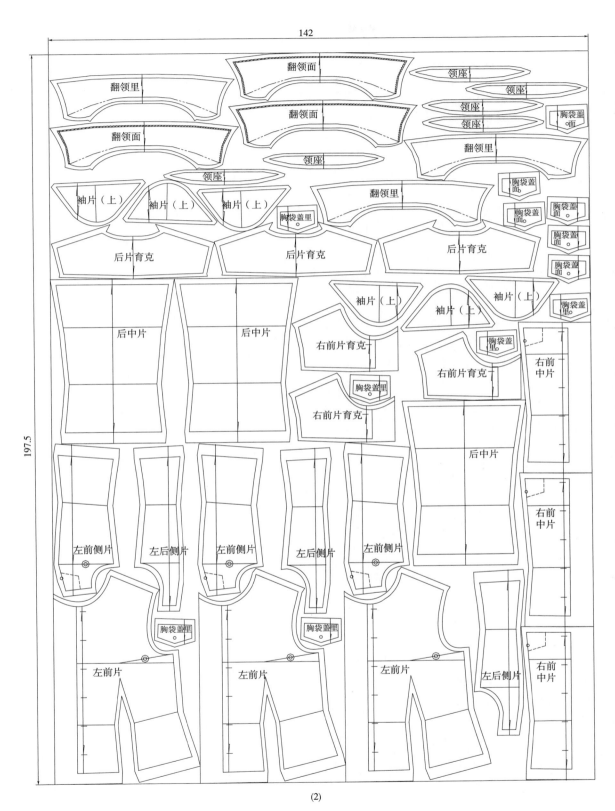

(2)

图 14-22

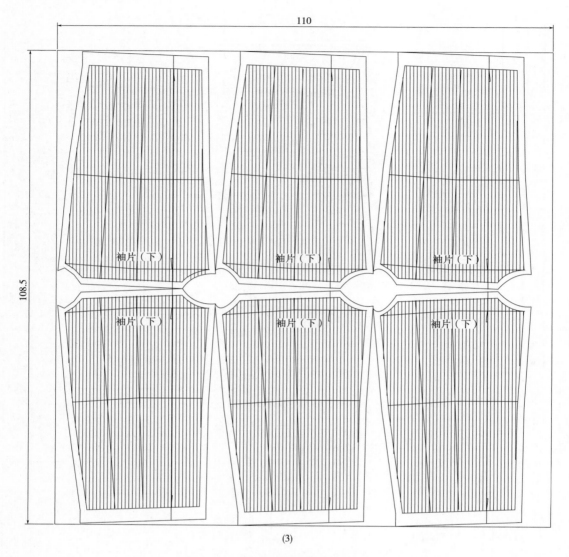

(3)

图 14-22　女上衣镶拼排料（单层 3 件）

思考题

1. 简述服装排料的方法。

2. 简述服装排料的技术要求。

3. 简述衣料利用率高低的相关因素。

4. 制作服装排料图。制作要求如下：

（1）制作样板：裙装、裤装、上装自选一款。

①制作材料：卡纸。

②制作比例：1∶10。

（2）制作排料图：

①制作材料：A4 白纸。

②制作比例：1∶10。

③衣料幅宽：144cm。

第十五章　服装样板操作范例

　　服装样板操作在成衣工业化生产中是一项必要的、重要的工作。服装样板操作是由一系列与服装样板相关的工作所构成，具体包括：服装结构图的制作，服装周边量的加放，定位、文字标记的制作，衬布、里布的配置，服装样板的推档，服装样板的排料。服装样板操作在具体过程的实施中，要求具有严密性、规范性、合理性和经济性。本章将通过裙装、裤装、女装、男装的服装样板操作全过程的展开，力求达到增强服装样板可操作性的目的。

第一节　裙装样板操作范例

一、裙装（分割型直裙）结构图及样板制作

（一）款式图与款式特征（图 15-1）

　　（1）裙腰：装腰型，弯腰。

　　（2）裙片：前片左右两侧设直形分割线，后腰口设两个省，后中线设分割线，后中线下端设后衩，上端装拉链。裙腰、分割线、下摆均缉明线。侧缝线略向里倾斜。

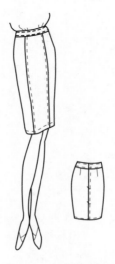

图 15-1　裙装款式图

（二）设定规格（表15-1）

表 15-1　规格表

单位：cm

号　型	部　位	裙长（L）	腰围（W）	臀围（H）	腰宽
160/72B	规格	58	74	94	4

（三）结构图（图15-2）

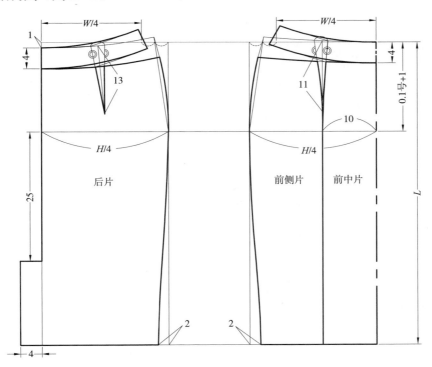

图 15-2　裙装结构图

（四）缝份加放及部件配置

裙装缝份加放量及定位、文字标记加注，如图 15-3 所示。

裙装零部件配置，裙腰头里布配置，如图 15-4 所示。

裙装里布配置，如图 15-5 所示。

裙装衬布配置，如图 15-6 所示。

衬板边缘缩进 0.3~0.5cm。

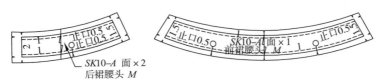

图 15-3

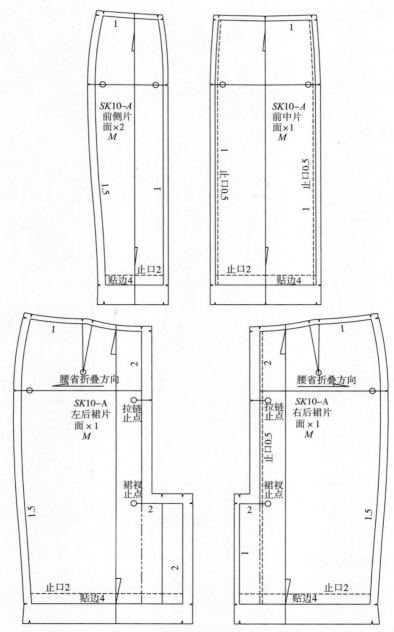

图 15-3　裙装样板缝份加放及标注样板图

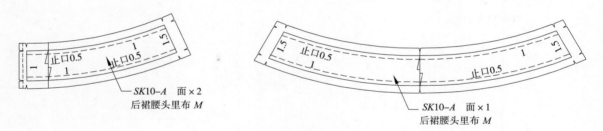

图 15-4　裙腰头里布配置图

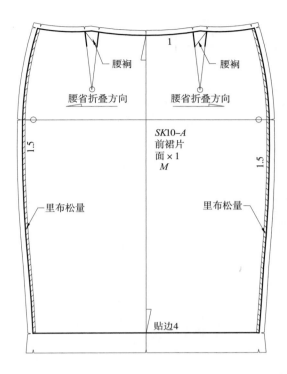

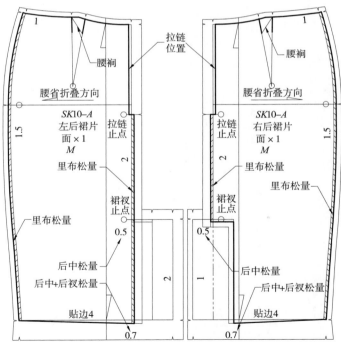

(1)里布与面布关系图

图 15-5

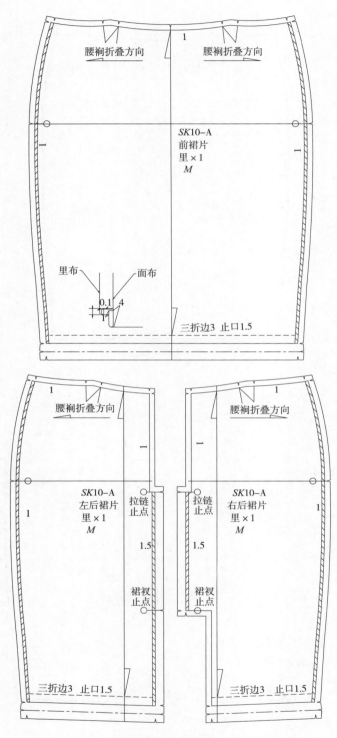

(2)里布缝份加放及标注样板图

图 15-5　裙装里布配置图

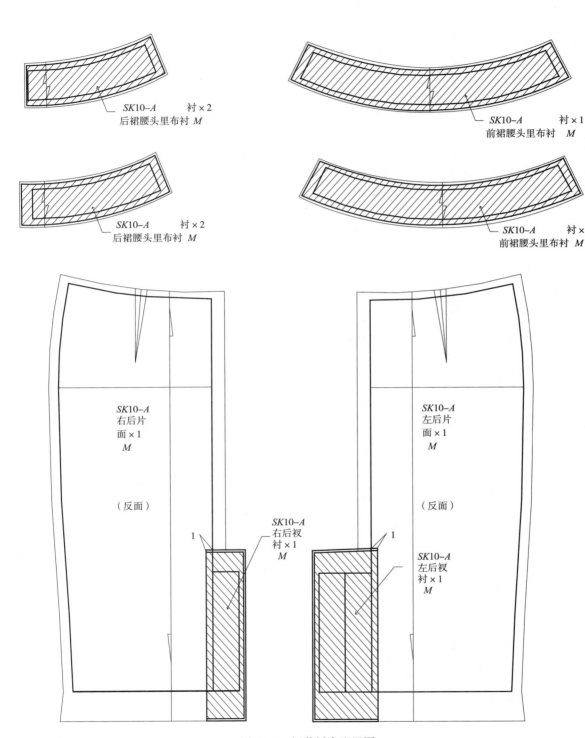

图 15-6　裙装衬布配置图

二、裙装样板推档

（一）推档规格设定（表15-2）

表 15-2　推档规格表　　　　　　　　　　　　　　　　　　单位：cm

部位 \ 号型	155/70B	160/72B	165/74B	规格档差
	S	M	L	
裙长	56	58	60	2
腰围	72	74	76	2
臀围	92.4	94	95.6	1.6
腰头宽	4	4	4	0

（二）推档公共线设定

前中片：前中线、臀高线；前侧片：前分割线、臀高线；后片：后中线、臀高线；裙腰与零部件：某一端为公共线。

（三）各主要部位规格档差与推档数值处理（表15-3）

表 15-3　规格档差与推档数值处理表　　　　　　　　　　单位：cm

部　位	规格档差	比例分配系数	推档数值
裙长	2	—	2
臀高	5	0.1 号	0.5
前、后腰围	2	腰围档差/4	0.5
前、后臀围	1.6	臀围档差/4	0.4
前、后摆围	1.6	臀围档差/4	0.4
裙腰长	2	—	2

（四）推档图

裙装面板推档，如图15-7所示。
裙装里板推档，如图15-8所示。
裙装衬板推档，如图15-9所示。

三、裙装样板排料

裙装面板排料，如图15-10所示。
裙装里板排料，如图15-11所示。
裙装衬板排料，如图15-12所示。

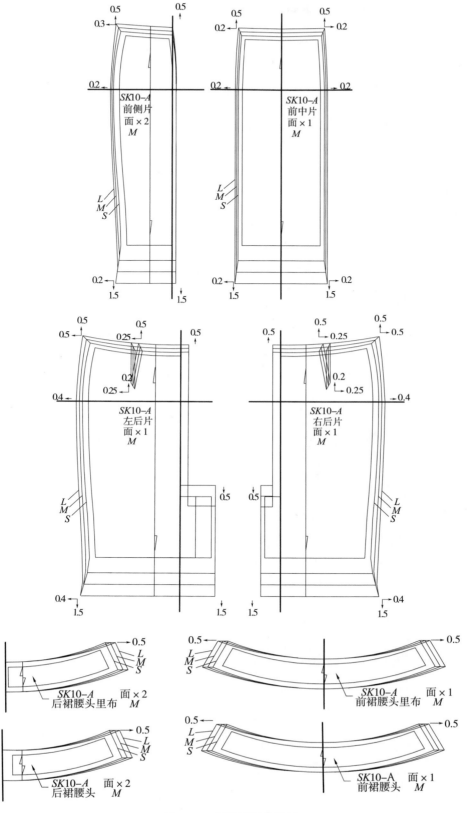

图 15-7　裙装面板推档图

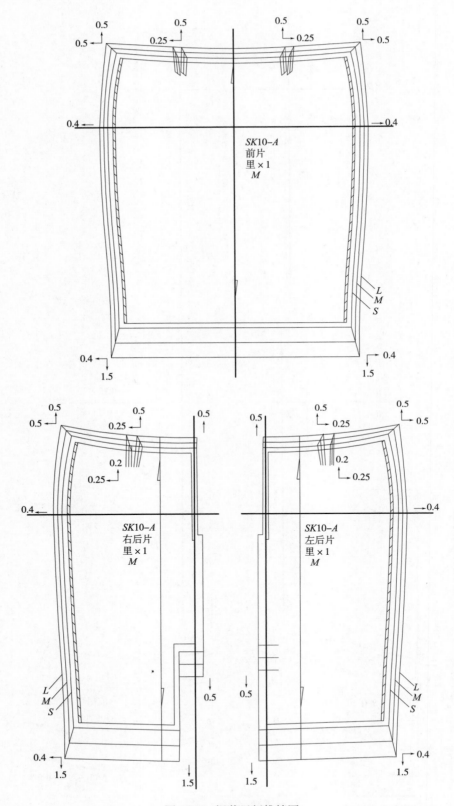

图 15-8　裙装里板推档图

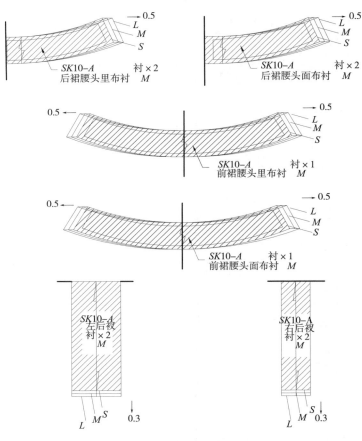

图 15-9　裙装衬板推档图

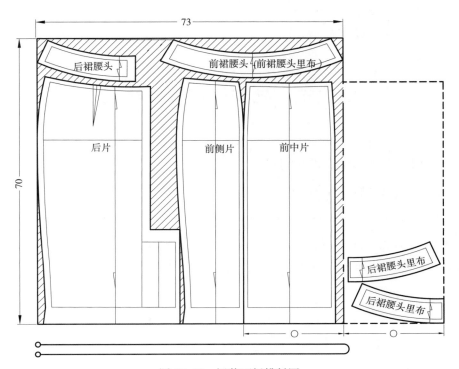

图 15-10　裙装面板排料图

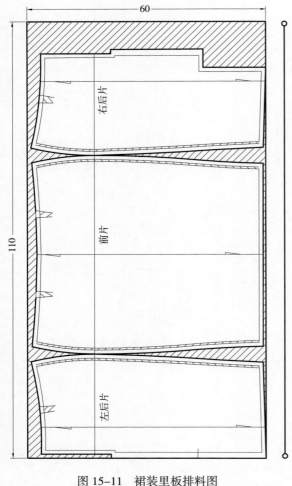

图 15-11 裙装里板排料图

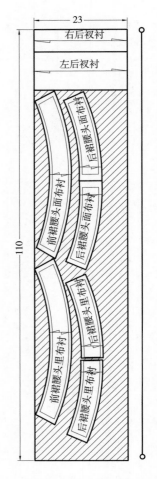

图 15-12 裙装衬板排料图

第二节 裤装样板操作范例

一、裤装（宽松裤）结构图及样板制作

（一）款式图与款式特征（图 15-13）

（1）裤腰：前装后连型直腰，后腰装松紧带。

（2）裤片：前片左右两侧各设 3 个褶，前袋袋型为直向嵌线斜袋，右侧缝装拉链。裤身呈上大下小，侧缝线向里倾斜。

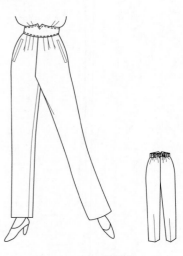

图 15-13 裤装款式图

（二）设定规格（表15-4）

表 15-4 规格表
单位：cm

号 型	部 位	裤长（L）	腰围（W）	基型臀围（H）	脚口宽	腰头宽
160/68A	规格	95	70	96	18	4

（三）结构图（图15-14）

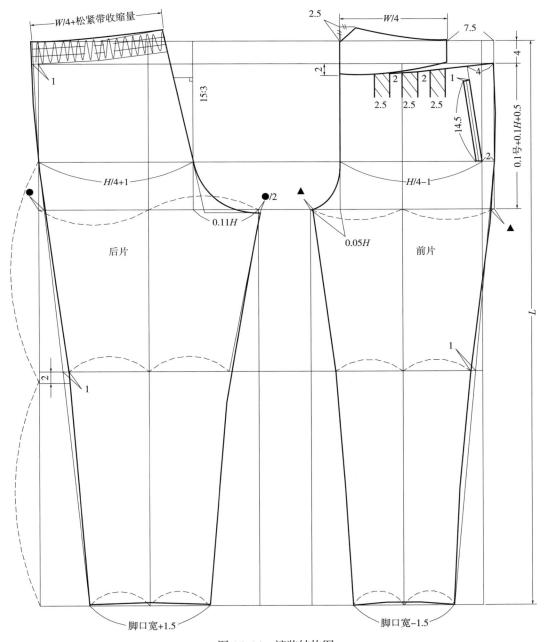

图 15-14 裤装结构图

（四）缝份加放及部件配置

裤装缝份加放量及定位、文字标记加注，如图 15-15 所示。

裤装零部件配置：裤腰头配置，如图 15-16 所示；前袋布配置，如图 15-17 所示；前袋嵌线、袋垫配置，如图 15-18 所示；裤装衬布配置，如图 15-19 所示。

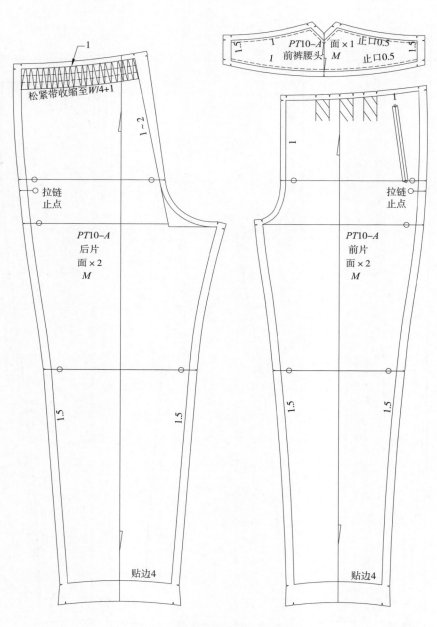

图 15-15　裤装样板缝份加放及标注图

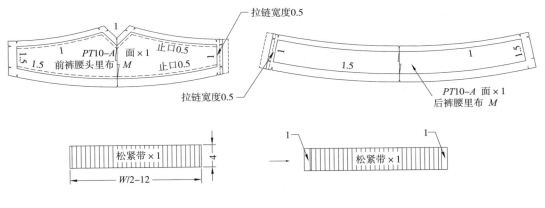

注：12cm为松紧带收缩量。

图 15-16　裤装腰头配置图

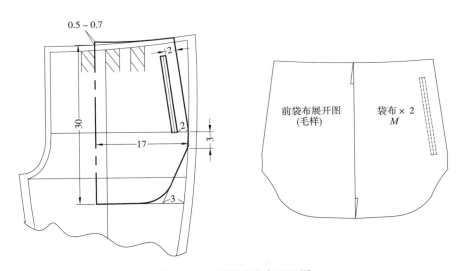

图 15-17　裤装前袋布配置图

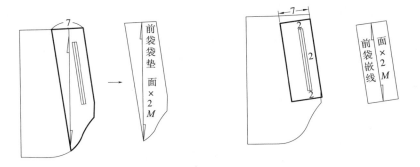

图 15-18　裤装前袋嵌线、袋垫配置图

图 15-19 裤装衬布配置图

二、裤装样板推档

（一）推档规格设定（表 15-5）

表 15-5 推档规格表   单位：cm

号型 部位	155/65A	160/68A	165/71A	规格档差
	S	M	L	
裤长	95	98	101	3
直裆	29.5	30	30.5	0.5
腰围	67	70	73	3
臀围	93	96	99	3
脚口	17.25	18	18.75	0.75
腰宽	4	4	4	0

（二）推档公共线设定

前片：挺缝线、直裆高线；后片：挺缝线、直裆高线；裤腰与零部件：某一端为公共线。

（三）各主要部位规格档差与推档数值处理（表 15-6）

表 15-6 规格档差与推档数值处理表   单位：cm

部 位	规格档差	比例分配系数	推档数值
裤长	3	—	3
前、后腰围	3	腰围档差/4	0.75
前、后臀围	3	臀围档差/4	0.75
前、后中裆	0.75	—	0.75
前、后脚口	0.75	—	0.75
前隆门宽	3	0.04 臀围档差	0.12
后隆门宽	3	0.11 臀围档差	0.33
前横裆宽	3	前隆门推档数值 + 前臀围推档数值	0.12+0.75=0.87
后横裆宽	3	后隆门推档数值 + 后臀围推档数值	0.33+0.75=1.08
裤腰长	3	—	3

（四）推档图

裤装面板推档，如图 15-20 所示。

裤装衬板推档，如图 15-21 所示。

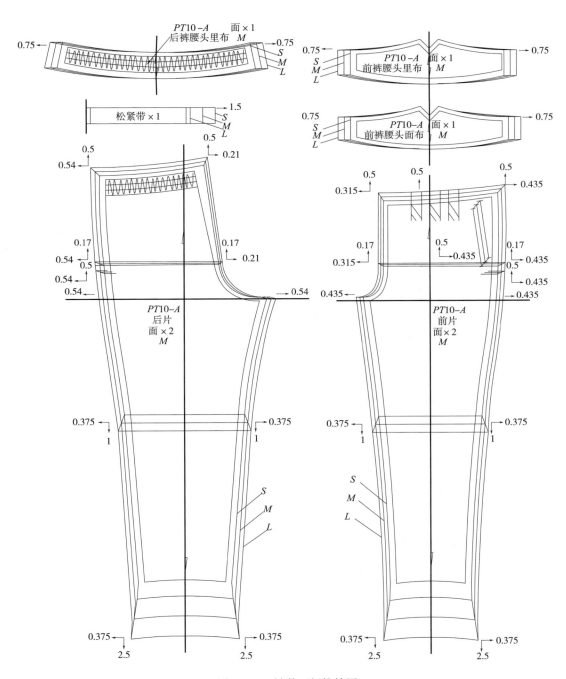

图 15-20　裤装面板推档图

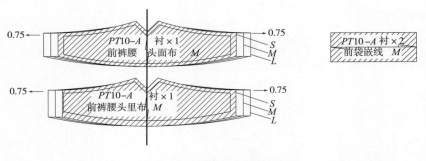

图 15-21　裤装衬板推档图

三、裤装样板排料

（一）裤装面板排料图（图15-22）

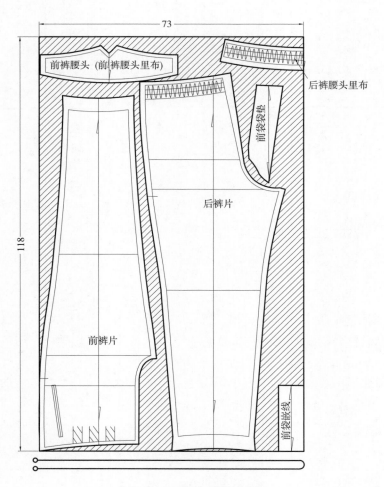

图 15-22　裤装面板排料图

（二）裤装袋布排料图（图15-23）

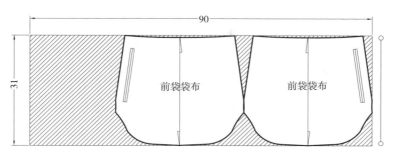

图 15-23　裤装袋布排料图

（三）裤装衬板排料图（图15-24）

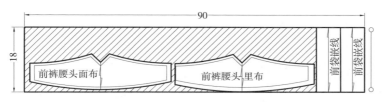

图 15-24　裤装衬布排料图

第三节　女装样板操作范例

一、女装（翻驳领女上衣）结构图及样板制作

（一）款式图与款式特征（图15-25）

领型：开门式翻驳领（有领座），造型如图。

袖型：两片式装袖型，长袖，后袖侧线缉明线。

衣片：前片双排扣，前中开襟钉纽8粒，前、后片左右两侧设弧形分割线，前片腰节线下左右两侧设直袋，袋口与分割线相连，为装饰袋，后中设背缝。领外围线、前中线、后中线、分割线、袋贴边线均缉明线。

（二）设定规格（表15-7）

图 15-25　女装款式图

表 15-7　规格表

单位：cm

号　　型	部位	衣长（L）	肩宽（S）	基型胸围（B）	成品胸围（B'）	领围（N）	腰围（W）	袖长（SL）
160/68A	规格	72	39	94	93	38	78	58

（三）结构图（图 15-26）

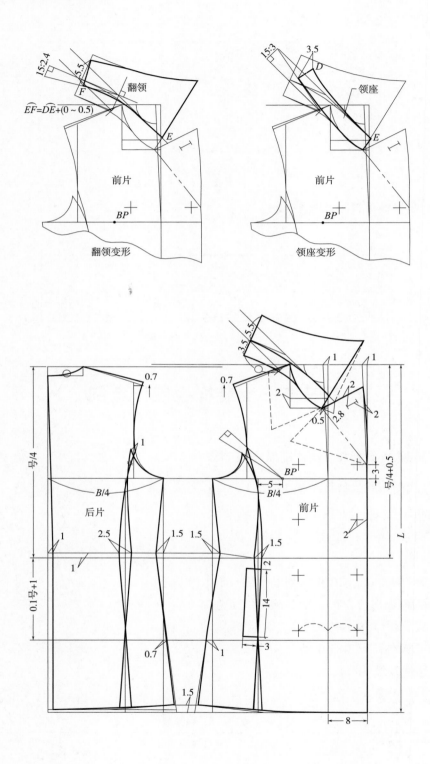

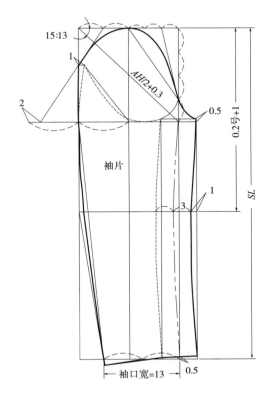

图 15-26　女装结构图

（四）女装样板制作

1. 缝份加放

女装缝份加放及定位、文字标记加注，如图 15-27 所示。

2. 零部件配置

前袋嵌线及袋布配置，过面及后领口贴边配置，如图 15-28 所示。

3. 女装里布配置（图 15-29）

4. 女装衬布配置（图 15-30）

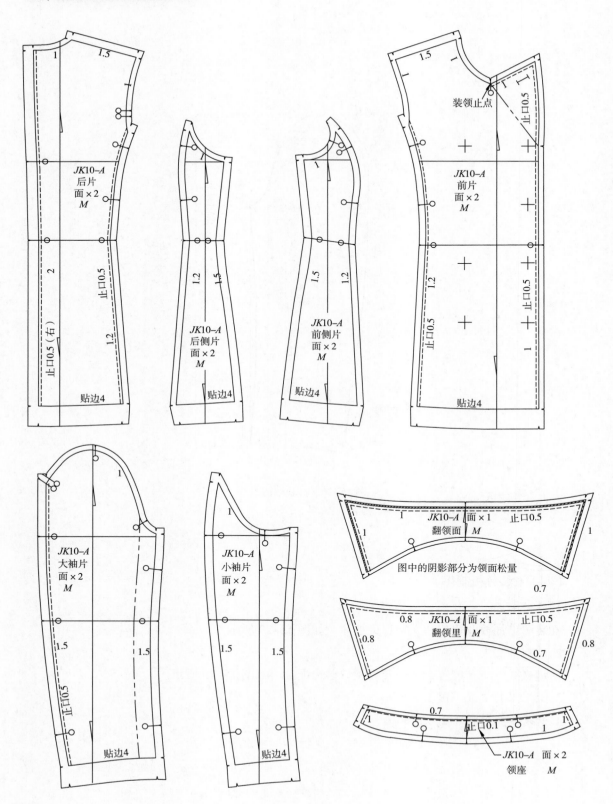

图 15-27　女装样板制作示意图

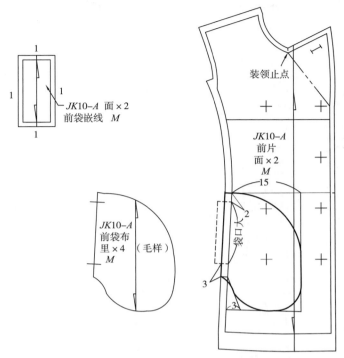

装领止点

*JK*10-*A*
前片
面×2
M

*JK*10-*A*　面×2
前袋嵌线　*M*

*JK*10-*A*
前袋布
里×4　（毛样）
M

15

2

袋口大

3

3

(1)女装前袋嵌线与袋布配置图

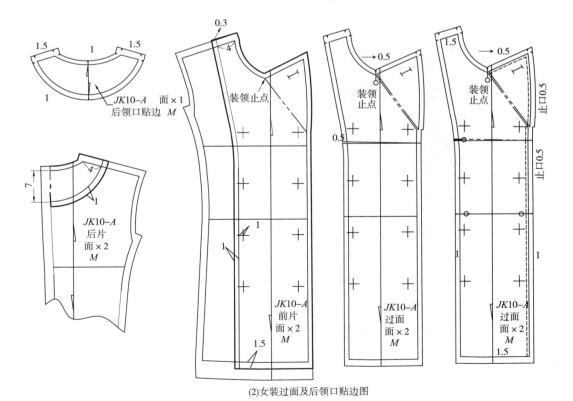

*JK*10-*A*　面×1
后领口贴边　*M*

*JK*10-*A*
后片
面×2
M

装领止点

*JK*10-*A*
前片
面×2
M

装领
止点

*JK*10-*A*
过面
面×2
M

装领
止点

止口0.5

止口0.5

*JK*10-*A*
过面
面×2
M

(2)女装过面及后领口贴边图

图 15-28　女装零部件配置图

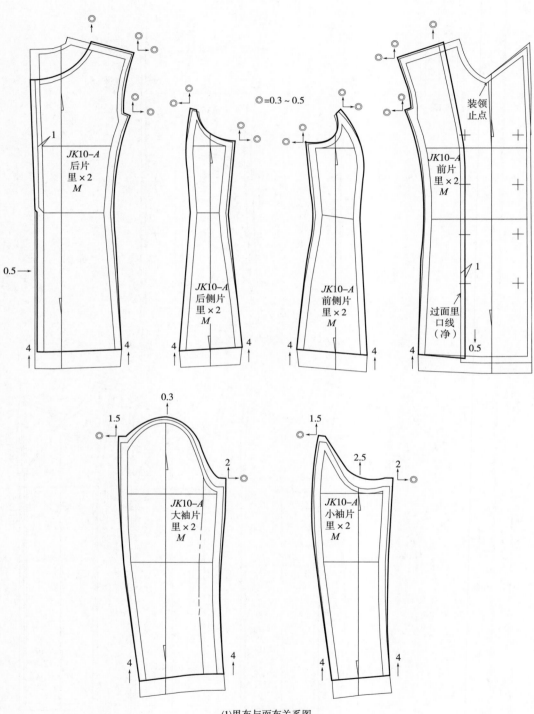

JK10-A
后片
里×2
M

1

0.5→

4

4

◎=0.3~0.5

JK10-A
后侧片
里×2
M

4

4

JK10-A
前侧片
里×2
M

4

4

装领
止点

JK10-A
前片
里×2
M

1

过面里
口线
（净）

0.5

4

0.3

1.5

JK10-A
大袖片
里×2
M

2

4

4

1.5

2.5

2

JK10-A
小袖片
里×2
M

4

4

(1)里布与面布关系图

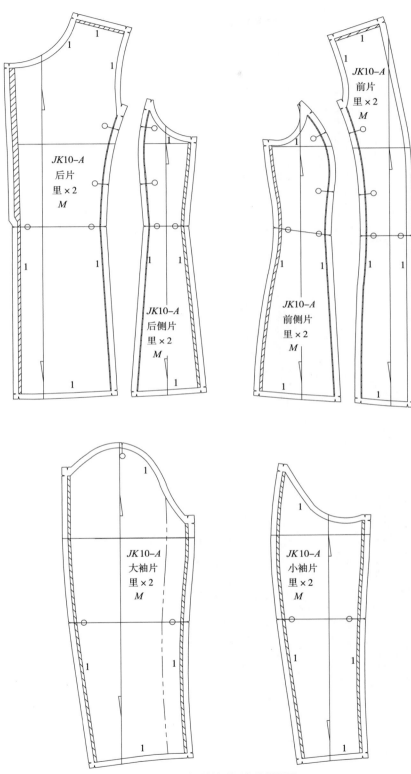

(2)里布缝份加放及标注样板图

图 15-29　女装里布配置图

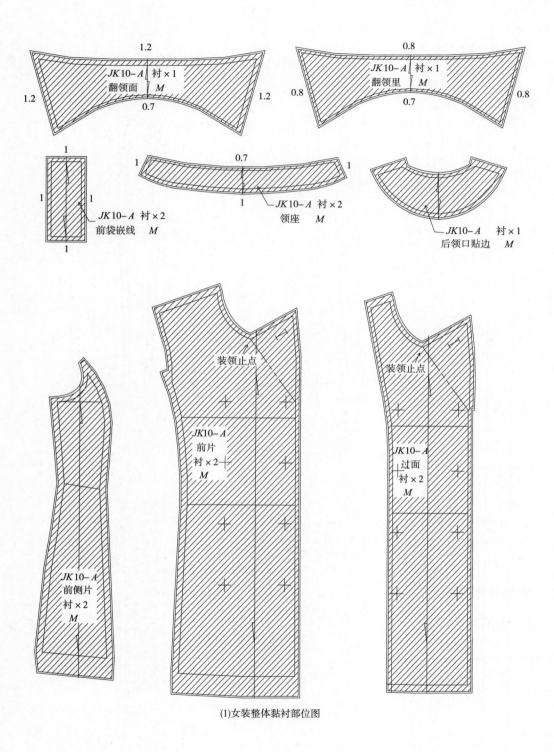

(1)女装整体黏衬部位图

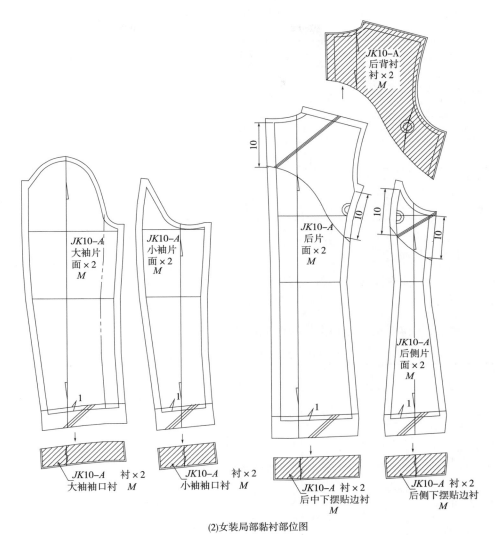

(2)女装局部黏衬部位图

图 15-30　女装衬布配置图

二、女装样板推档

（一）推档规格设定（表 15-8）

表 15-8　推档规格表　　　　　　　　　　单位：cm

部位 ＼ 号型	155/81A	160/84A	165/87A	规格档差
	S	M	L	
衣长	70	72	74	2
肩宽	38	39	40	1
前后腰节高	39/38	40/39	41/40	1

续表

部位 \ 号型	155/81A	160/84A	165/87A	规格档差
	S	M	L	
领围	37	38	39	1
胸围	91	94	97	3
腰围	75	78	81	3
袖长	56.5	58	59.5	1.5
袖口围	25.4	26	26.6	0.6

（二）推档公共线设定

前片：分割线、袖窿深线；后片：分割线、袖窿深线；袖片：前袖侧线、袖山高线；零部件：某一端为公共线。

（三）各主要部位规格档差与推档数值处理（表15-9）

表15-9　规格档差与推档数值处理表

单位：cm

部　位	规格档差	比例分配系数	推档数值
衣长	2	—	2
前、后肩宽	1	肩宽档差/2	0.5
前后腰节高	1		1
领围	1		1
前、后胸围	3	胸围档差/4	0.75
前、后腰围	3	胸围档差/4	0.75
袖长	1.5	—	1.5
袖口围	3	0.2胸围档差	0.6
领圈宽	1	0.2领围档差	0.2
领圈深	1	0.2领围档差	0.2
摆围	3	胸围档差/4	0.75
胸宽	1	肩宽档差/2	0.5
背宽	1	肩宽档差/2	0.5
袖窿深	3	0.15胸围档差	0.45
袖窿宽	3	胸围档差/2-胸、背宽规格档差	0.5
袖肥宽	—	与袖窿宽相同	0.5

部 位	规格档差	比例分配系数	推档数值
袖山高	—	与袖窿深相同	0.45
袖肘高	5	0.2 号	1

（四）推档图

女装面板推档，如图 15-31 所示。

女装里板推档，如图 15-32 所示。

女装衬板推档，如图 15-33 所示。

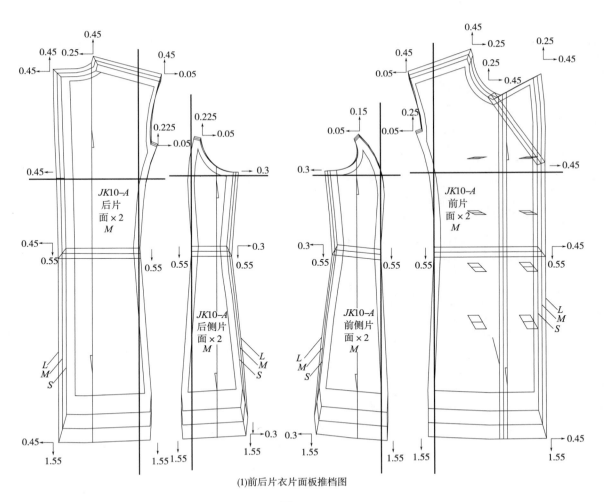

(1)前后片衣片面板推档图

图 15-31

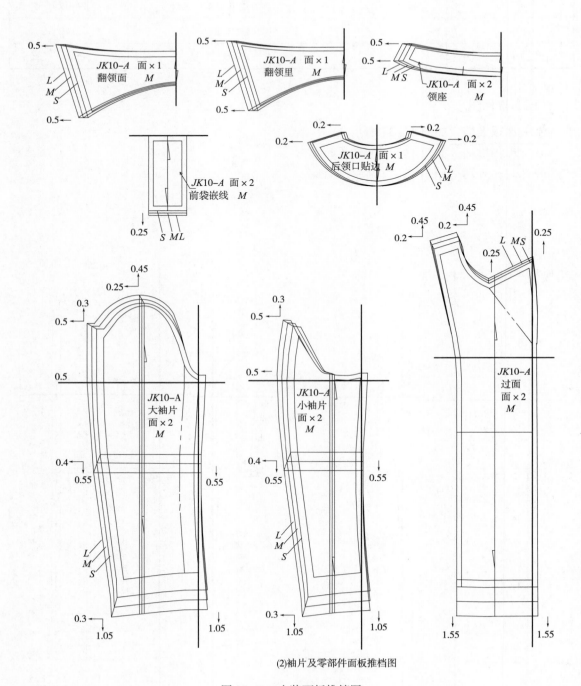

(2)袖片及零部件面板推档图

图 15-31　女装面板推档图

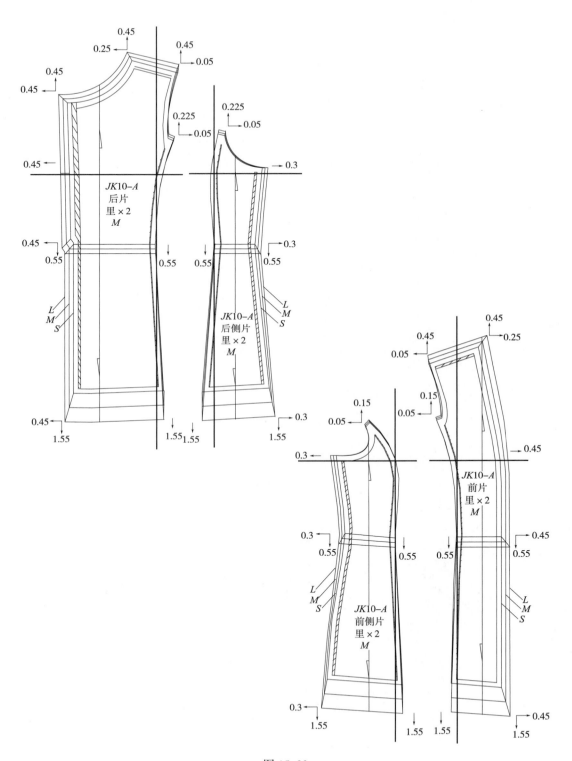

图 15-32

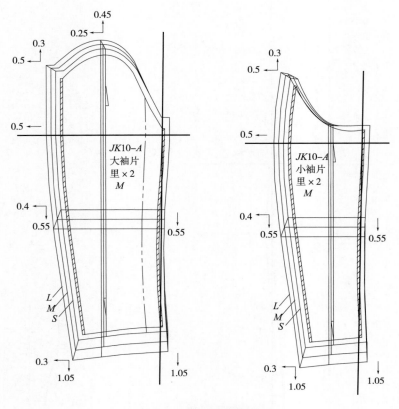

图 15-32　女装里板推档图

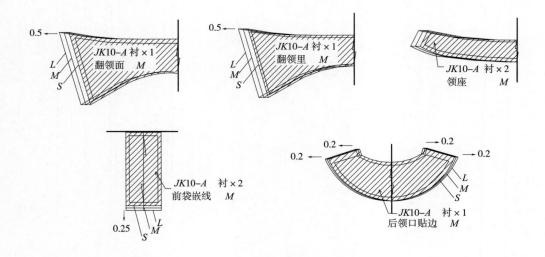

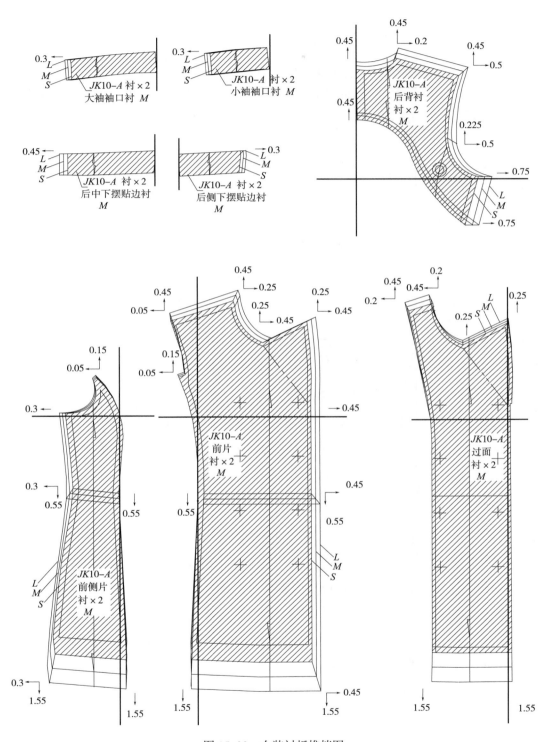

图 15-33 女装衬板推档图

三、女装样板排料

（一）女装面板排料（图 15-34）

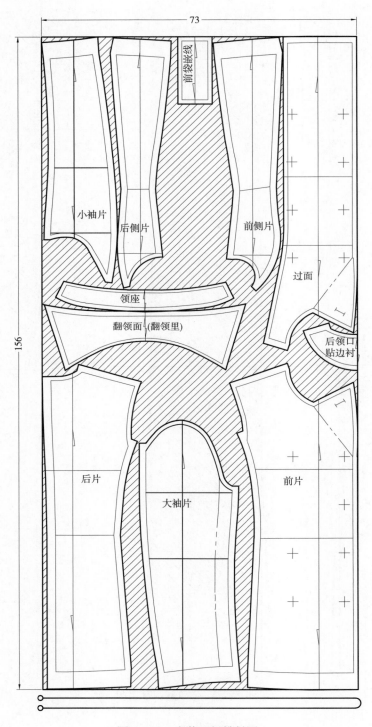

图 15-34　女装面板排料图

（二）女装里板排料（图15–35）

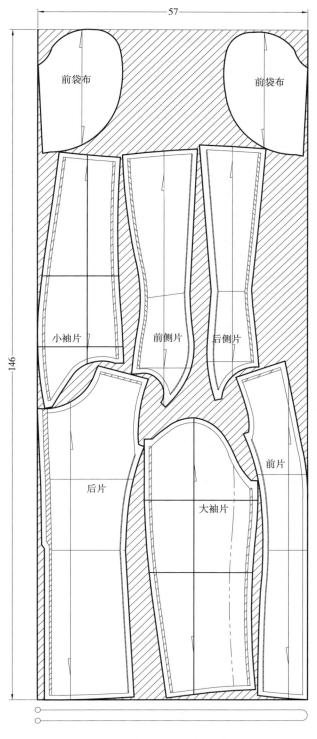

图 15–35　女装里板排料图

（三）女装衬板排料（图 15-36）

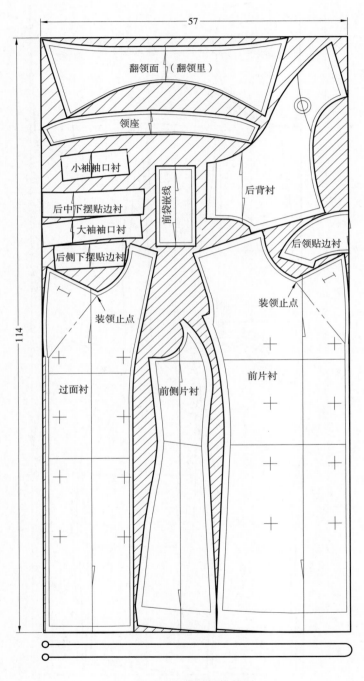

图 15-36　女装衬板排料图

第四节 男装样板操作范例

一、男装（方领男大衣）结构图及样板制作

（一）款式图与款式特征（图15-37）

（1）领型：关门式翻领，领角呈方形，领外围线缉明线。

（2）袖型：前插后装型，长袖。

（3）衣片：前中开襟，钉纽4粒，前片腰节线下左右两侧设斜插袋，后中设背缝，前中、装袖线、袋口线均缉明线。

图15-37 男装款式图

（二）设定规格（表15-10）

表15-10 规格表 单位：cm

号 型	部位	衣长（L）	肩宽（S）	基型胸围（B）	成品胸围（B'）	领围（N）	袖长（SL）
170/88A	规格	100	48	120	120	42	62

（三）结构图（图 15-38）

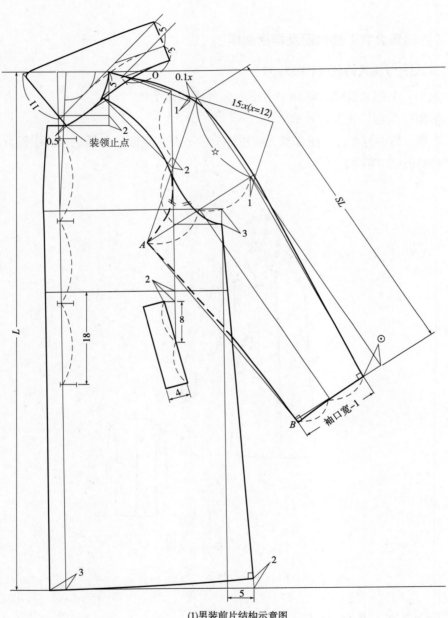

(1)男装前片结构示意图

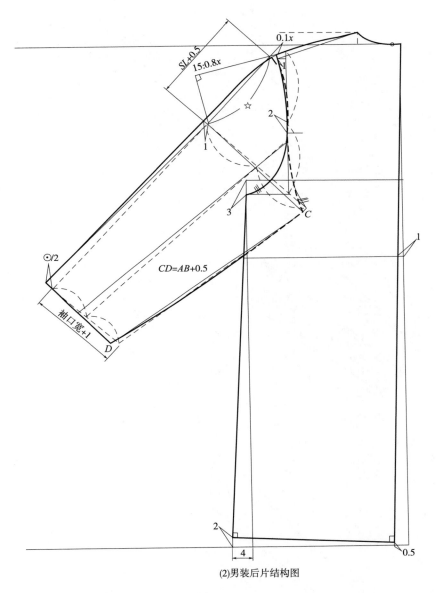

0.1x

SL+0.5

15:0.8x

☆

2

1

⊙/2

3

C

CD=AB+0.5

1

袖口宽+1

D

2

4

0.5

(2)男装后片结构图

图 15-38

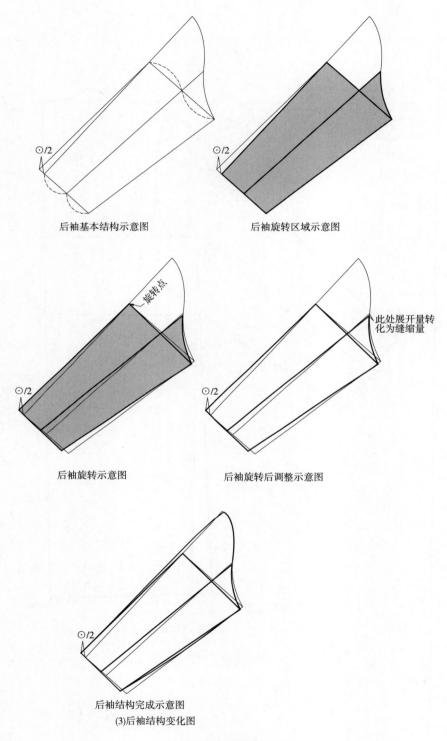

后袖基本结构示意图

后袖旋转区域示意图

旋转点

后袖旋转示意图

此处展开量转
化为缝缩量

后袖旋转后调整示意图

后袖结构完成示意图

(3)后袖结构变化图

图 15-38　男装结构图

（四）男装样板制作

1. 缝份加放

男装缝份加放及定位、文字标记加注，如图 15-39 所示。

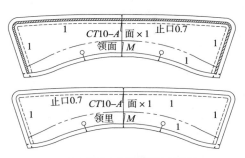

（1）男装衣领样板制作示意图

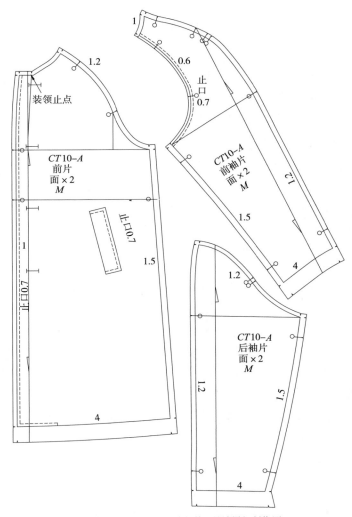

(2)男装前片与前、后袖样板制作图

图 15-39

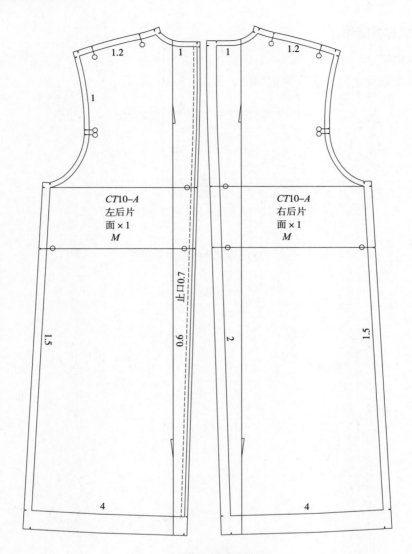

(3)男装后片样板制作图

图 15-39　男装样板制作图

2. 男装零部件配置

过面配置及斜插袋嵌线、袋垫、袋布配置，如图 15-40 所示。

3. 男装里布配置（图 15-41）

4. 男装衬布配置（图 15-42）

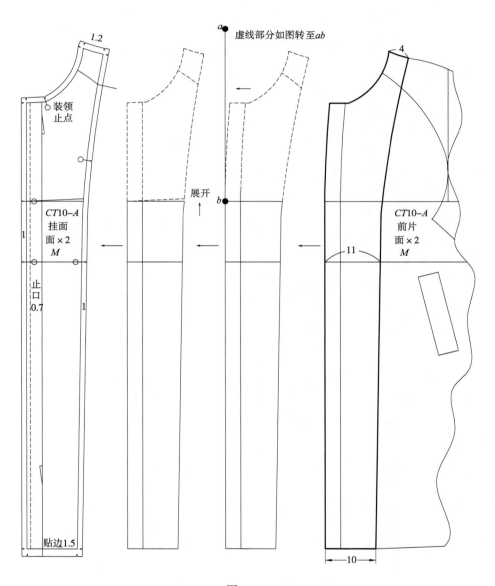

图 15-40

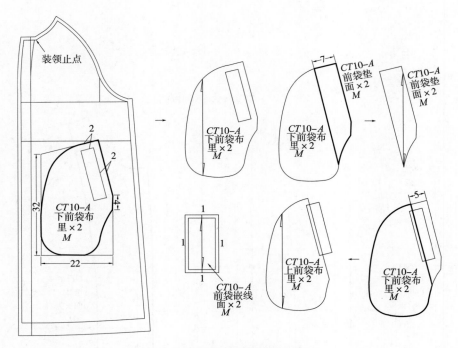

图 15-40　男装零部件配置示意图

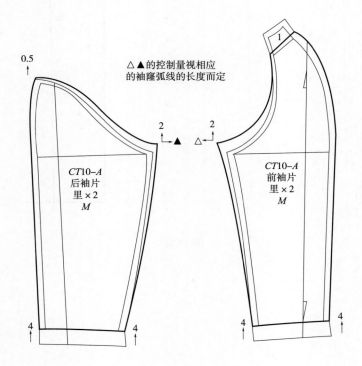

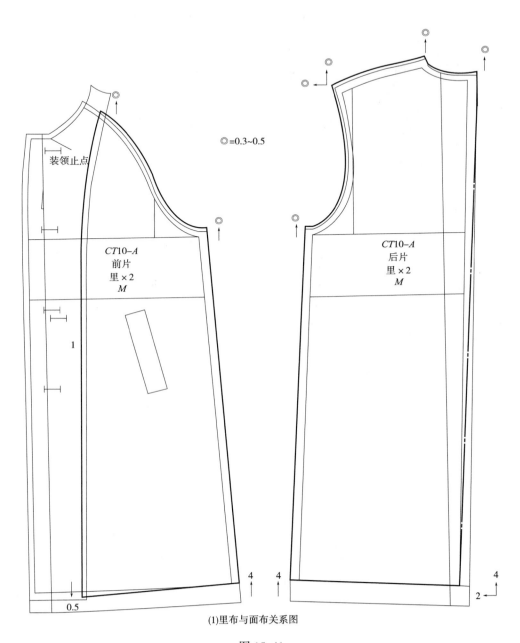

装领止点

◎=0.3~0.5

CT10–A
前片
里×2
M

1

0.5

CT10–A
后片
里×2
M

4

4

4

2

(1)里布与面布关系图

图 15–41

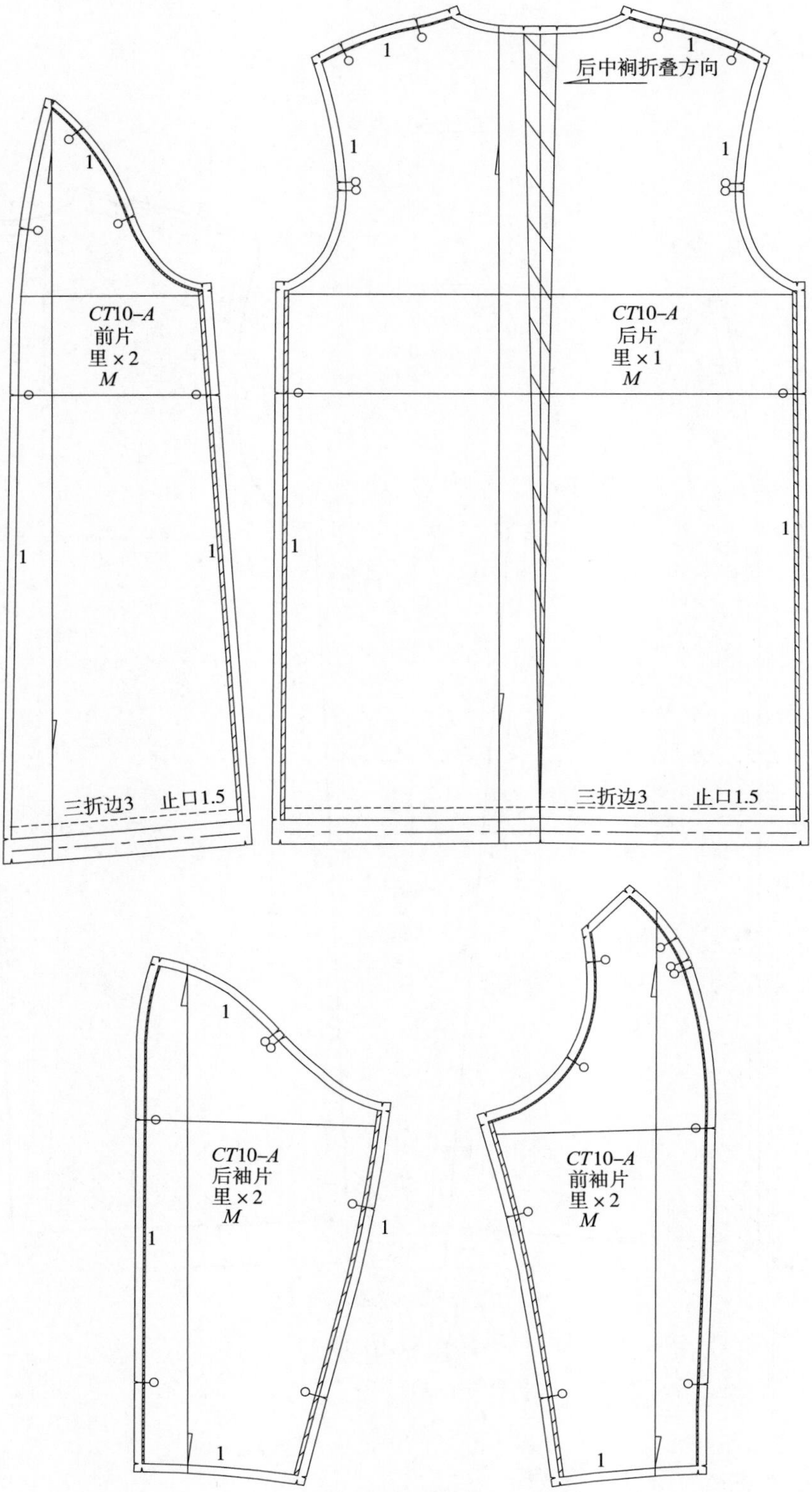

后中裥折叠方向

CT10-A
前片
里×2
M

CT10-A
后片
里×1
M

三折边3　　止口1.5

三折边3　　止口1.5

CT10-A
后袖片
里×2
M

CT10-A
前袖片
里×2
M

(2)男装里布缝份加放及标注图

图 15-41　男装里布配置图

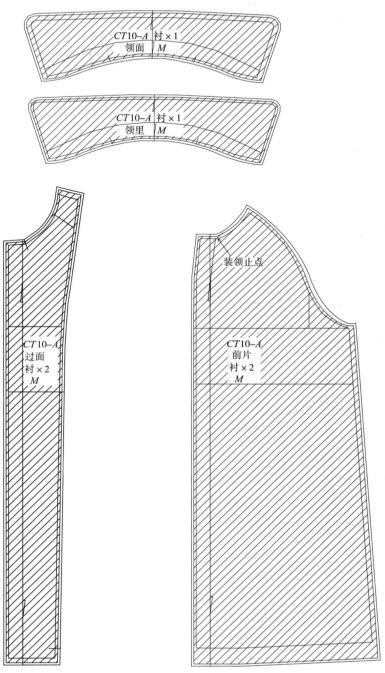

CT10-A 衬×1
领面 M

CT10-A 衬×1
领里 M

CT10-A
过面
衬×2
M

装领止点

CT10-A
前片
衬×2
M

(1)里布整体黏衬部位示意图

图 15-42

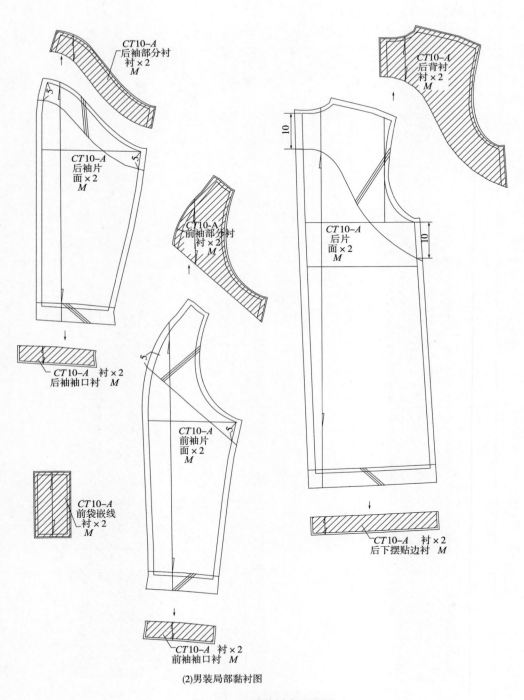

(2)男装局部黏衬图

图 15-42　男装衬布配置图

二、男装样板推档

（一）推档规格设定（表 15-11）

表 15-11 推档规格表　　　　　单位：cm

部位 ＼ 号型	165/84A S	170/88A M	175/92A L	规格档差
衣长	83.5	86	88.5	2.5
肩宽	46.8	48	49.2	1.2
背长	41.5	42.5	43.5	1
领围	41	42	43	1
胸围	116	120	124	4
袖长	60.5	62	63.5	1.5
袖口围	31.2	32	32.8	0.8

（二）推档公共线设定

前片：胸宽线、袖窿深线；后片：背宽线、袖窿深线；袖片：袖侧线、袖山高线；零部件：某一端为公共线。

（三）各主要部位规格档差与推档数值处理（表 15-12）

表 15-12 规格档差与推档数值处理表　　　　　单位：cm

部 位	规格档差	比例分配系数	推档数值
衣长	2.5	—	2.5
前、后肩宽	1.2	肩宽档差 /2	0.6
背长	1	—	1
领围	1	—	1
前、后胸围	4	胸围档差 /4	1
袖长	1.5	—	1.5
袖口围	4	0.2 胸围档差	0.8
领圈宽	1	0.2 领围档差	0.2
领圈深	1	0.2 领围档差	0.2
摆围	4	胸围档差 /4	1
胸宽	1.2	肩宽档差 /2	0.6
背宽	1.2	肩宽档差 /2	0.6
袖窿深	4	0.15 胸围档差	0.6
袖肥宽	4	0.15 胸围档差	0.6

（四）推档图

男装面板推档，如图 15-43 所示。

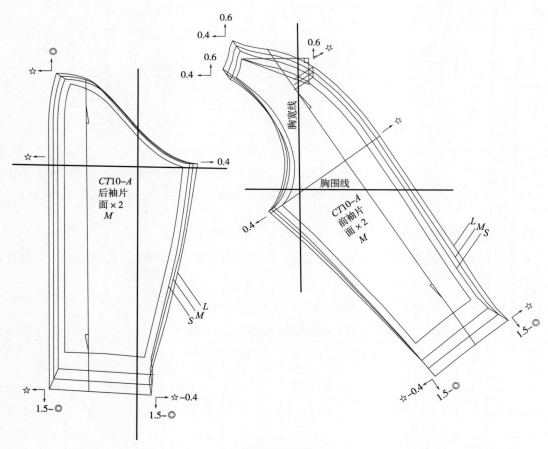

(1)男装袖片面板推档图

注 ☆为根据袖隆深（0.6cm）取袖中线的平行线而得到的推移量；◎为袖山高的量。

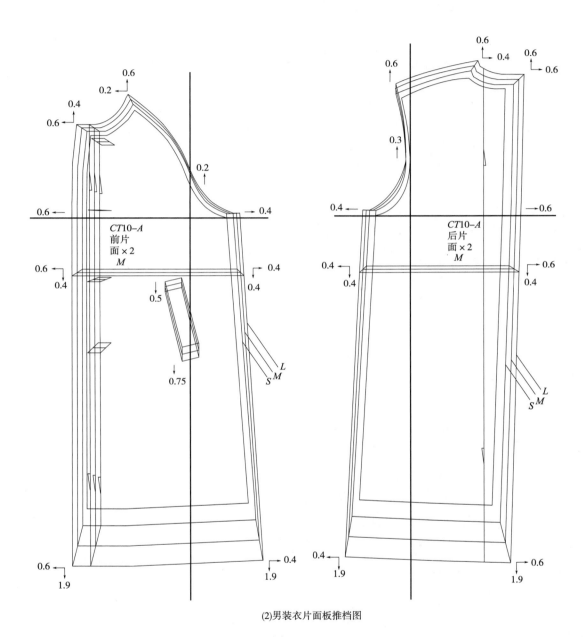

0.6
0.2
0.4
0.6
0.6
0.2
0.6
0.4

*CT*10–*A*
前片
面 × 2
M

0.6
0.4
0.4
0.4
0.5
L
M
S
0.75

0.6
1.9
0.4
1.9

0.6
0.6
0.4
0.6
0.6
0.3
0.4
0.6

*CT*10–*A*
后片
面 × 2
M

0.4
0.4
0.6
0.4
L
M
S

0.4
1.9
0.6
1.9

(2)男装衣片面板推档图

图 15–43

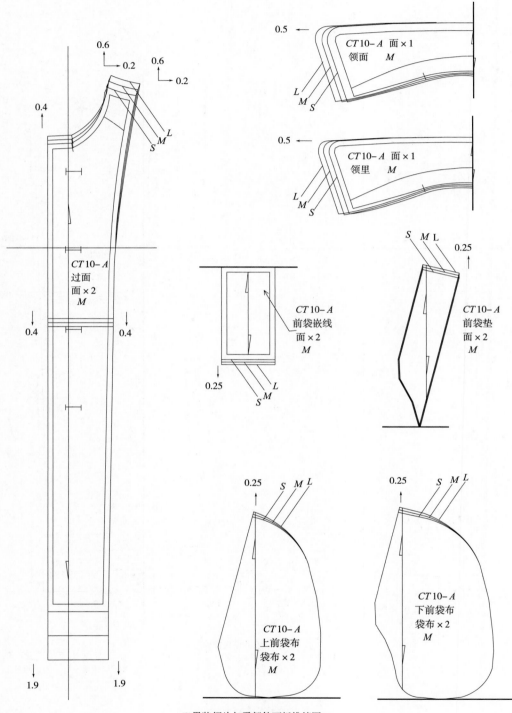

(3)男装领片与零部件面板推档图

图 15-43 男装面板推档图

男装里板推档，如图 15-44 所示。

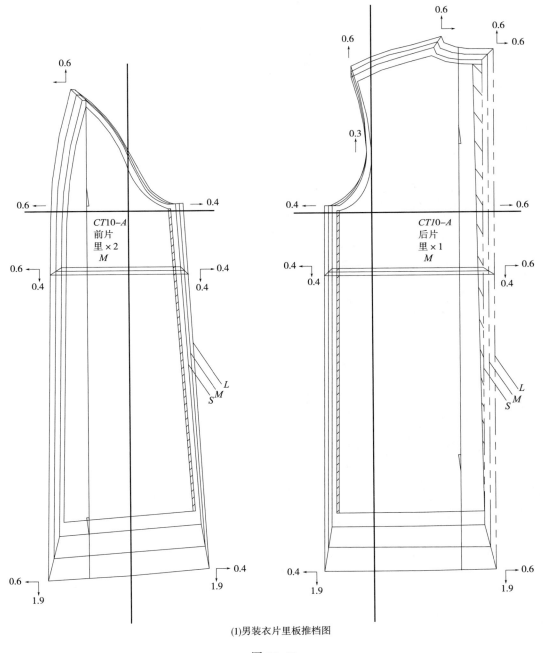

(1)男装衣片里板推档图

图 15-44

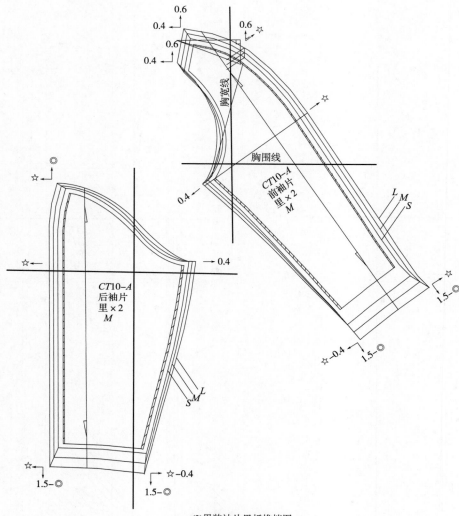

(2)男装袖片里板推档图

图 15-44　男装里板推档图

男装衬板推档，如图 15-45 所示。

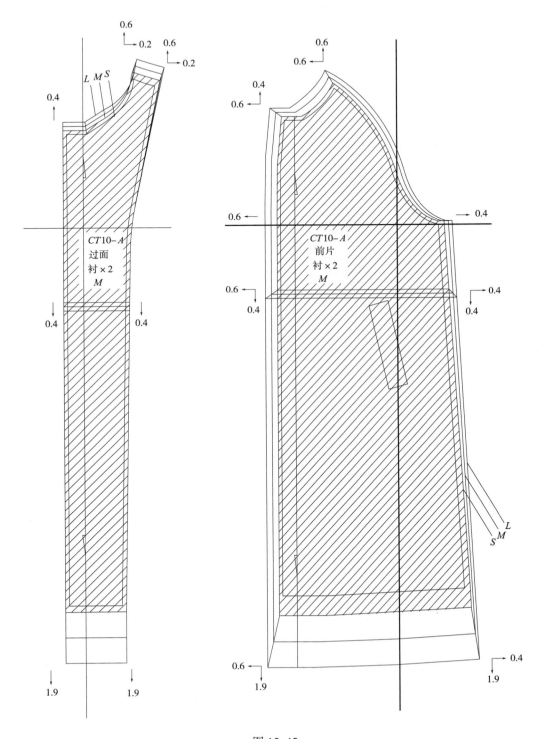

图 15-45

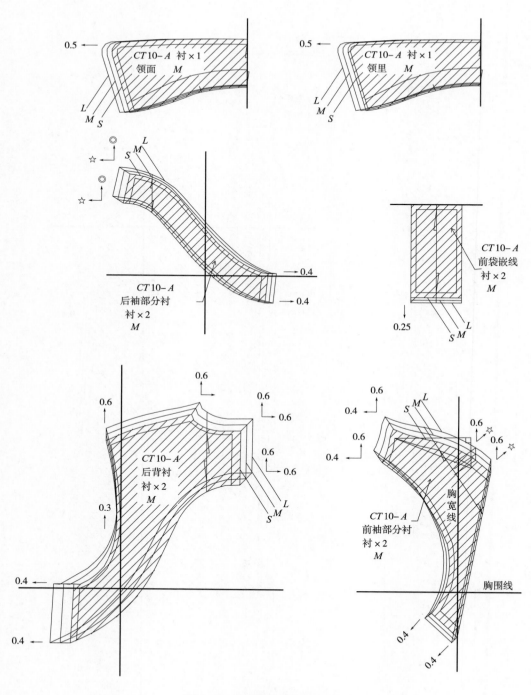

图 15-45　男装衬板推档示意图

三、男装样板排料

（一）男装面板排料，如图 15-46 所示。

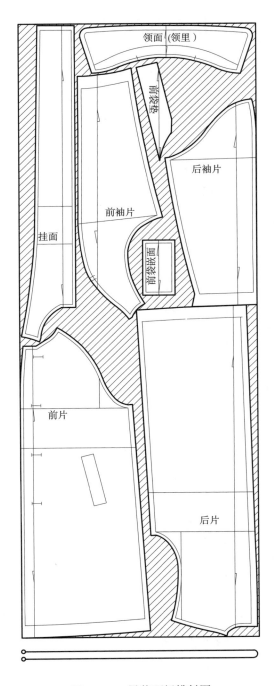

图 15-46　男装面板排料图

（二）男装里板排料，如图 15-47 所示。

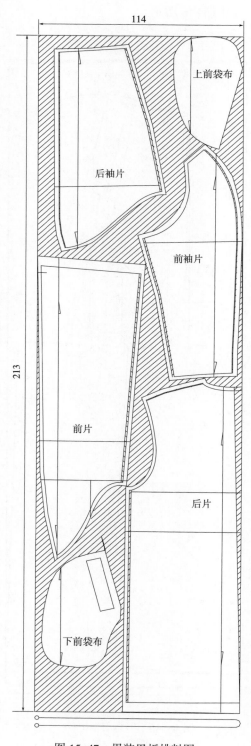

图 15-47　男装里板排料图

（三）男装衬板排料，如图 15-48 所示。

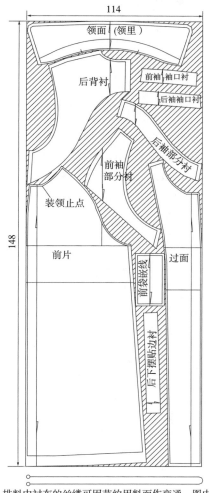

排料中衬布的丝缕可因节约用料而作变通，图中
的后下摆贴边衬将要求的横向排料变通为纵向排料

图 15-48　男装衬板排料图

思考题

1. 自选一款裙装制作全套样板。

2. 自选一款裤装制作全套样板。

3. 自选一款女装制作全套样板。

4. 自选一款男装制作全套样板。

参考文献

［1］蒋锡根.服装结构设计——服装母型裁剪法［M］.上海：上海科学技术出版社，1994.

［2］包昌法，顾惠生，徐雅琴.服装规格设计与样板制作［M］.上海：上海科技教育出版社，1998.

［3］徐雅琴.服装结构制图（第五版）［M］.北京：高等教育出版社，2012.

［4］李青，徐雅琴，苏石民.服装制图与样板制作［M］.北京：中国纺织出版社，1994.

［5］徐雅琴，谢红，刘国伟.服装制板与推板细节解析［M］.北京：化学工业出版社，2010.